山西大学建校 120 周年学术文库

运动心理理论与应用

石岩 著

山西出版传媒集团　山西人民出版社

图书在版编目（CIP）数据

运动心理理论与应用 / 石岩著. -- 太原：山西人
民出版社，2023.7
　　ISBN 978-7-203-12524-2

Ⅰ.①运… Ⅱ.①石… Ⅲ.①体育心理学 Ⅳ.
①B804.8

中国国家版本馆CIP数据核字（2023）第116173号

运动心理理论与应用
YUNDONG XINLI LILUN YU YINGYONG

著　　者：石　岩
责任编辑：陈俞江
复　　审：傅晓红
终　　审：梁晋华
统　　筹：张慧兵
装帧设计：李　一

出 版 者：山西出版传媒集团·山西人民出版社
地　　址：太原市建设南路 21 号
邮　　编：030012
发行营销：0351-4922220　4955996　4956039　4922127（传真）
天猫官网：https://sxrmcbs.tmall.com　电话：0351-4922159
E-mail：sxskcb@163.com 发行部
　　　　　sxskcb@126.com 总编室
网　　址：www.sxskcb.com

经 销 者：山西出版传媒集团·山西人民出版社
承 印 厂：天津中印联印务有限公司

开　　本：710mm×1000mm　1/16
印　　张：25.5
字　　数：384 千字
版　　次：2023 年 7 月第 1 版
印　　次：2023 年 7 月第 1 次印刷
书　　号：ISBN 978-7-203-12524-2
定　　价：98.00 元

序

　　运动心理学是心理学一个重要的分支学科，同时也是体育科学中用途广泛的一门应用学科。运动心理对于教练员和运动员来说，其重要性是不言而喻的。在追逐冠军与梦想的道路上，参赛运动员不仅要具备良好的体能、技能和战术能力，还必须拥有健康而奋进的超常心理品质。随着中国体育事业的快速发展，我国的运动心理学取得了长足的进步，并在多个维度上为竞技选手的运动训练与竞技参赛实践提供了良好的心理保障。但是，还不能满足我国竞技体育事业不断发展的迫切需求。因此，有必要对运动心理理论与应用进行深入的探索。

　　本书作者石岩教授融合了心理学、运动训练学和体育教育学等多学科的丰富知识，在从事运动心理学理论与应用研究三十多年实践经验和取得的丰硕成果基础上，完成了这部新的著作。本书立足于中国国情，勇于在竞技运动实践中探索，并针对中国运动心理应用的薄弱环节，对运动员从事竞技运动中各种心理现象的客观规律作出科学的阐述和较为深刻的总结。

　　书中瞄准并试图解答目前广大体育爱好者和竞技选手运动心理活动中的一些主要问题："究竟是体育运动使人变得外向，还是外向的人选择了体育运动？""如何在运动技能学习中实现又快又准？""在运动训练与参赛中，什么样的唤醒水平是最适宜的？如何进行精准调控？""运动员心理品质是先天遗传的，还是可以通过后天心理训练加以改变的？""是什么心理使得运动员在比赛中有卓越表现？""运动员还会患上心理疾病？""为运动员心理健康而战是否值得？"等。

这些前沿性问题对于运动心理学科的发展有着重要的理论价值和现实意义。该书共十章,其中在运动人格、运动唤醒、运动流畅、正念训练、参赛压力应对、运动员心理健康和运动心理干预等重要问题的理论与方法研究上取得了令人瞩目的进展,是中国运动心理理论与应用研究的最新成果之一,并且许多研究成果已在竞技运动实践中取得了良好效果。

石岩教授亦十分关切体育科学研究方法的研究与应用。全书着力于对运动心理理论与方法进行简洁、明晰和深入浅出的阐释,力求将理论与应用紧密结合起来,同时辅以优秀运动员典型范例,对于解决运动员心理问题、提高运动技术水平并在比赛中取得优异成绩起到举足轻重的作用。

本书是一部富有探索精神和创新成果的学术专著,融入了作者的诸多心血,突出地反映了作者在运动心理学领域的新思路、新观点、新方法和新理论。相较于以往的同类著述,本书具有较高的理论性、前瞻性和可操作性,在观点、理论广度和深度、系统和结构以及表述方式上都有所创新,是中国运动心理学研究中很有价值的新进展。

看到作者即将付梓的这部书稿,作为他的博士生导师,很是欣慰。相识多年,他那永葆初心的乐观心态、矢志不移的治学之道和不畏艰辛的钻研精神,给我留下了深刻的印象。我真诚祝贺石岩教授新作的出版,同时,希望石岩教授一如既往地在这一领域"深耕"下去,牢记使命,不负重托,为中国运动心理学理论建设与应用作出更大的贡献。

田麦久

2022 年 2 月

目 录

第一章　运动心理引论

引子：Johan Huizinga: *Homo Ludens*（游戏的人）

　　Johan Huizinga（1872—1945）是荷兰著名文化史学家、语言学家，曾任莱顿大学（Leiden University）校长一职，早在 20 世纪 40 年代就已被公认为当时最伟大的文化学代表人物，被视为游戏理论的鼻祖，一生著述颇丰。其所著 *Homo Ludens*（游戏的人）（又译为《人：游戏者》）一书富有深刻的内涵，是一部文化研习中经久不衰的力作，书中所述"人是游戏者"的著名命题对于深入探讨存在已久的竞技运动游戏论具有重要的理论价值。

　　国际体育科学与体育教育理事会（International Council of Sport Science and Physical Education，简称 ICSSPE）在"竞技宣言"中将竞技运动定义为："凡含有游戏的属性并与他人进行竞争以及向自然障碍进行挑战的运动，都是竞技运动。"竞技运动无疑是具有游戏属性的，这一点得到了来自学界观点的支持。日本学者今村浩明（1979）认为，竞技运动从广义上来讲与游戏同义，从狭义上来讲可以认为竞技运动是游戏的各种形式之一。[1] 与此相似，Schmitz（1988）指出："竞技运动从根本上讲是游戏的延长，它的基础在于游戏，其主要价值是从游戏中派生出来的。"[2] Daryl（2001）认为，并非所有的

---

① 今村浩明. 竞技运动文化与人类 [M]. 日本：大修馆出版社，1979：28.

② MORGAN K J, MEIER K V. Philosophic Inquiry in sport[M]. 1st ed.Illinoi: Human kinetics. Sport and play: Suspension of the ordinary, 1988, 29.

游戏都是竞技，但是所有的竞技都是游戏。①

不仅诸多国外学者关注并认可竞技与游戏间紧密的关联，中国学者中也不乏该理论的支持者。周爱光（1996）提出，把竞技运动概念只解释为高水平选手的运动竞技是不妥的，竞技运动从游戏派生并发展而来。② 张军献（2010）认为，竞技源于玩耍，是逐渐规则化的游戏；身体活动性是竞技的本质属性，游戏是竞技的本质，竞技就是身体活动性游戏。③

对于我们是否有权把竞赛纳入游戏范畴这个问题，我们可以毫不犹豫地给予肯定的回答④。在 Huizinga 看来，游戏通常具有道德意义，因此往往具有一丝严肃性，在许多情况下，玩游戏是为了测试玩家的力量、智力、努力、毅力、身体灵活性、空间推理能力等，公平竞争的理念也暗含在许多游戏核心的道德评价元素之中，而这些也正是竞技体育不可缺少的重要元素。正如他在《游戏的人》中指出，游戏与竞赛具有本质同一性，竞赛具有游戏的全部形式特征，同时也具有游戏的大部分功能。

不难看出，竞技脱离不了游戏的范畴。从历史的发展来看，众多运动形式都起源于早期人类的游戏，如现代足球受到中国古代蹴鞠游戏启蒙演变、篮球由早期竹篮装球游戏演变而来、酒瓶打木塞诞生了乒乓球运动，还有冲浪、雪橇、马术等数不胜数的现代竞技体育项目都起源于人类早期的游戏。可以说，游戏构成了体育活动中除"项目的发源地精神核心与自我精神核心"以外的又一个精神"核心"。认可体育活动中的"游戏精神核心"，有利于我们对体育活动体验乃至整个体育运动领域中精神"核心"体验的系统而全面化的审视。⑤

---

① DARYL S. Introduction to physical education, fitness and sport[M]. California:May field Publishing Company, 2001: 92-95.

② 周爱光 . 试论"竞技运动"的本质属性：从游戏论的观点出发 [J]. 体育科学，1996，16（5）：4-12.

③ 张军献，沈丽玲 . 竞技本质游戏论——本质主义的视角 [J]. 体育学刊，2010，17（11）：1-8.

④ 胡伊青加 . 人：游戏者 [M]. 成穷，译 . 贵阳：贵州人民出版社，2007.

⑤ 王珽珽，雷巍 . 游戏：体育运动中的精神"核心"——基于赫伊津哈游戏论的分析与考究 [J]. 山东体育学院学报，2014，30（2）：34-41.

游戏是竞技活动的初始形态，而竞技运动是游戏较高的发展形式，游戏符合竞技活动对起点的一切要求，将游戏确定为竞技活动的起点是恰当且合理的。[①] Huizinga 强调游戏是"自由的"，而竞技体育来源并发展于游戏，具有游戏的本质特征和功能，作为一种游戏的竞技体育最主要属性在于它的自由性，即游戏的人在想做游戏时才做的自由，竞技体育回归游戏本原保证了竞技体育的纯粹性。[②] Huizinga 为世界打开了对游戏与竞技体育的考察之门，使我们能全面了解游戏的本来面目，有利于对体育运动的洞见，因为互补的两者本就是文明进程中无比亲密的孪生兄弟，缺少了哪一方都会失去原本的精彩。[③]

在心理学世界里，竞技与游戏也有着千丝万缕的联系。对于运动员来说，若能够怀着 Huizinga 所强调的"游戏的"心态去面对被外界认为枯燥乏味的训练或比赛，往往需要强大的自我内在动机支撑，并且这种心态有助于运动员体验到比赛时的流畅状态，也有助于运动员在遭遇压力等不利局面时产生心理上的逆转而进入竞技状态。

"游戏的"心态是有利于运动员提升竞技能力并在比赛中实现高水平发挥的充分条件，而上述概念都与心理学相关理论息息相关。对于心理学在体育领域的重要性，运动员的体验称得上是最有说服力的证据，最终决定高手之间胜负的关键因素就是在心理能力影响下的临场发挥。换句话说，谁能把自己的心理状态调控到一个最佳水准，谁就有更大的胜机。[④]

将游戏与竞技之间紧密的关联从心理学的视角来进行解读是非常重要且必要的，究竟具备怎样心理素质与状态的运动员更有可能在比赛中获取优胜？当运动员或团队遇到令人棘手的心理问题而导致参赛成绩不佳的时候该如何

① 孙玮. 游戏理论视域下的竞技起点研究 [J]. 吉林体育学院学报，2013，29（3）：1-5.
② 徐勤儿，高晶. 论竞技体育的游戏本原回归——由禁用兴奋剂引发的思考 [J]. 体育学刊，2007，14（2）：25-28.
③ 刘欣然，李亮. 游戏的体育：胡伊青加文化游戏论的体育哲学线索 [J]. 体育科学，2010，30（4）：69-76.
④ 温伯格，古尔德. 体育与训练心理学 [M]. 谢军，梁自明，译. 北京：中国轻工业出版社，2016.

利用心理学的原理进行有效的调整？

本章以重要人物及其贡献为主要线索，依次阐释自我决定理论、逆转理论、情绪认知评价理论、正念理论和流畅状态理论及其在竞技运动实践中的应用。

1　自我决定理论与实践

1.1　自我决定理论概述

自我决定理论（Self-determination Theory，简称 SDT）是由 Edward L.Deci 与 Richard M.Ryan 等在 20 世纪 70 年代提出的有关人类动机、情感和人格的宏观理论，是一种关于人类自我决定行为的动机过程理论。其目的是解释有哪些条件在促进人类行为内在动机。[①] 该理论主要研究了个体行为动机、个体行为自我决定及自我整合，阐述了外部环境因素对人类个体行为产生影响的因果关系路径，探究了社会环境因素、个体基本心理需求、个体动机和人类行为之间存在有机辩证关系，强调个体自我的能动调节作用。[②]

具体来看，自我决定理论将动机分为内部动机、外部动机和无动机 3 种类型，其中，内部动机是指人们因活动本身的兴趣驱动而从事某种行为；外在动机是由活动的外部结果所引起的；无动机是指个体对活动不产生任何动机，导致个体不参加或停止活动。[③] 自我决定理论认为人是积极的有机体，具有先天的心理成长和发展的潜能，并具有积极的自我整合、自我完善和不断学习的倾向，但这种倾向的发生并非自然而然的，而是需要通过外部各种社

---

① 卡尔.积极心理学 [M].丁丹，等，译.北京：中国轻工业出版社，2017.

② DECI E L, RYAN R M. Intrinsic motivation and self-determination in human behavior[M]. New York: Plenum Publishing Co,1985.

③ 项明强.促进青少年体育锻炼和健康幸福的路径：基于自我决定理论模型构建 [J].体育科学，2013, 33（8）：21-28.

会因素的支持和给养才能实现，社会因素既可促进也可阻滞个体积极行为和健康心理的形成和发展，基本心理需求的满足与否是个体能否健康成长和发展的关键，当基本心理需求得到满足时，个体将朝向积极健康的方向发展；反之，个体将朝向消极方向发展或产生功能性障碍。[①]

Ryan 和 Deci（2000）还指出，内部动机与出于内在兴趣的事情本身有关，而不是外在的可分离的结果，自我决定的潜能可以引导人们从事自身所感兴趣的、有益于能力发展的行为，这种对自我决定的追求就构成了人类行为的内部动机。所谓自我决定，是指个体基于对自身需求以及社会环境的充分认识，对行动所进行的自由选择[②]，而这种出于内在动机所做出的自我决定对于运动员的个人能力提升与训练竞赛十分重要。自我决定理论自提出后被广泛应用于教育学、心理学、体育学、管理学等诸多领域。

1.1.1　Deci效应

Deci 效应是自我决定理论的核心概念，是指不适当地使用外部动机会削弱内在动机，在竞技运动中，应鼓励运动员尽可能成为内在动机驱动的人。

1970 年，我来到罗切斯特大学，开始重新研究内在动机，想知道外部奖励对人的动机的激励作用到底有多大，于是便用我十分喜欢的玩具：立体积木拼图 Soma Puzzle（索玛拼图）来做个实验。让两组人员玩拼图，一组给金钱奖励，另一组不给奖励，最后有非常明显的结果：给金钱奖励的那一组，在休息时间（更多人）不会去碰那个拼图。原因是他把这个拼图当作了任务和工作，是外部的激励。但是那些没有金钱奖励的被试，就会由于过程的乐趣性而继续拼图。

Deci 自述

---

① 刘靖东，钟伯光，姒刚彦. 自我决定理论在中国人人群的应用[J]. 心理科学进展，2013, 21(10): 1803-1813.

② 刘海燕，闫荣双，郭德俊. 认知动机理论的新进展——自我决定论[J]. 心理科学，2003, 26(6): 1115-1116.

Deci 早期所做的一项实验——索玛（Soma）拼图实验对自我决定理论的发展起到了奠基性的作用，也是 Deci 效应被发现的重要依据。

实验内容是邀请 A、B 两组学生在不同的房间玩立体积木拼图游戏，每个房间都放置有娱乐杂志。随后，要求他们在规定的时间内使用积木拼出指定图案，并告诉 A 组学生，如果拼图正确则有金钱奖励，而 B 组没有被告知，也没有奖励。在实验中途，实验组织者分别告诉他们，实验时间已到，将离开房间 10 分钟以录入数据，被试（学生）可以自由活动。但实际上，施测者并未录入数据，而是通过隐秘的单面镜观察两个房间内学生的不同反应。

实验发现，A 组在自由活动时间往往会放下积木拼图跑去翻杂志，而 B 组则会继续玩积木拼图。

这个实验揭示了一个非常有趣的结果——金钱等外部奖励会带来疏离，会削弱人类的行为动机。如果你定义了自己的工作需要给钱才能做，那么一旦可以不做的时候，你就会立刻停止工作。后来，心理学家们开始尝试把金钱奖励换成威胁或竞争，结果同金钱奖励一样，都会让参与者把专注度不再放在拼图上，而是放在赢这件事本身上。

这一著名的实验揭示了错误的奖赏、威胁和竞争都会限制自主，在这种状态下很难使人们的自我内在动机得到最大限度的激发，这也被称作 Deci 效应。

1.1.2　不同色彩所对应的动机类型

自我决定理论能更好地解释外部奖励对内部动机既促进又削弱的矛盾效应。[①] 图1-1为自我决定论图解，从最左到最右，黑色、红色、橙色、深黄色、黄色、绿色分别呈现了动机从弱到强的不同状态。

[①]　赵燕梅，张正堂，刘宁，等 . 自我决定理论的新发展述评 [J]. 管理学报，2016，13（7）：1095-1104.

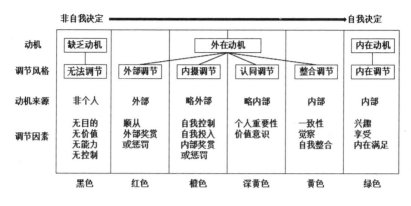

图 1-1　自我决定论图解[①]

在图 1-1 中，黑色部分代表极端的机器人，最缺乏动机，他的行为无法调节，无论你用尽各种方法，威逼或者利诱，你说什么，他都无动于衷，就像是机器人一样。在此动机状态下的人表现出无目的、无价值、无能力与无控制的特征，个体什么也不做或没有意向地行动，完全不存在内部与外部动机。

红色部分代表雇佣军，如果用简单的一句话来形容，那就是谁出价高为谁干活。在这种状态下，人的动机完全来自外部，属于外部调节的风格，即个体表现出某种行为是为了满足外部的需要（如为了获得奖励或避免惩罚）。个体常表现出顺从及跟随外部奖赏或惩罚的特征。

橙色部分代表浪子，会利用社会规则见风使舵，虽然拿了钱，但是偶尔会为了避免内疚或焦虑等而做点好事。在这种状态下，人的外部动机相较于红色雇佣军类型来说已大大减少，属于内摄调节的风格，指个体吸收外部规则，但并不完全接受外部规则，做出某种行为是为了避免焦虑、愧疚或为了提高自尊。个体会表现出自我控制、自我投入并服从内部奖赏或惩罚的特征。

深黄色部分代表机灵少年，他意识到个人价值的重要，如果发现对自己

① RYAN R M, DECI E L. Self-determination theory and the facilitation of intrinsic motivation, social development, and well-being[J]. American Psychologist, 2000, 55(1): 68-78.

有帮助，尽管不一定有内在动机，他也会接受。在这种状态下，人的动机已有少部分来自内部动机，属于认同调节的风格，即个体认同所从事活动的价值，感觉活动是重要的。在此动机状态下的个体在行为过程中体现出了个人重要性以及价值意识。

黄色部分代表上进青年，他熟悉各种的社会规则，清楚明白自己想要什么，但其相应的行为是为了得到直接结果而不是内在满足感。这种人的内部动机较深黄色机灵少年来说进一步增强，属于整合调节风格，整合调节下的外部规则会内化为个体的一部分，通过个体的自我和其他活动也会表现出来，在行为过程中体现出了更多的一致性、觉察以及自我整合特征。

绿色部分代表内在动机驱使的人，纯粹是兴趣、享受和内在满足驱动，高度自主，即使没有外在奖励和惩罚，个体也会行动。内在驱动的个体因为活动内在的满意度而行动，处于高度自治的状态，是自我决定的范例。内在动机驱动的行为能为行为个体带来快乐、成就、意义和传承，从而更加幸福。这时人在行动时已完全由内部动机所驱使，属于内在调节风格，在行为过程中体现出了兴趣、享受与内在满足的特征。

基于自我决定理论，一方面，当有人出于活动本身的原因而非其他原因参与某项有趣的活动时，他的参与是出于内部动机；另一方面，如果某人出于外部原因而参加某项活动，则他是受外部动机驱动的。如果外部动机是可以获得一定的奖励，那么我们可以假设，奖励可能是此人参加该活动的部分原因。

经过几十年研究，自我决定理论已逐渐形成了一套较完善的关于人类动机和人格的理论体系，被广泛应用于各实践领域，特别是在竞技体育领域的重要应用价值已为体育界所关注。该理论十分强调自我本身在动机中的能动作用，而这一点与运动员在残酷的竞技运动中所能取得成功的原因密不可分。

对于指导运动员参加竞技比赛的教练员以及运动员自身来说，应当明确以下3点[①]。

---

① 考克斯.运动心理学[M].王树明，等，译.上海：上海人民出版社，2015.

一是若鼓励运动员将参与运动的原因归因于外部因素，如金钱等外部奖励，则会降低内部动机，教练员不应鼓励运动员将任何形式的外部奖励看作比参加运动本身还重要。

二是运动员如果把外部奖励视作对优异成绩的奖励和对继续参加活动的激励，就会增强内部动机，这种情形属于正确利用了外部动机。

三是运动员内部动机和自信心的培养应当是青少年运动计划的终极目标，教练员与管理者应根据参与者所能获得的内在价值来确定项目目标。

1.2　自我决定理论在竞技运动中的应用

Deci 和 Ryan 是自我决定理论的奠基者。该理论是一个基于社会情境下探索人格特征和发展的动机理论，解释人类意志行为和自我决定的程度，即人们在多大程度上反映出对自己的行为认同，以及对自己行为选择的能力理解程度。自我决定理论把内在动机定义为一种追求新奇和挑战、发展和锻炼自身能力、勇于探索和学习的内在倾向。

1.2.1　闻名世界的"贝氏弧线"是如何练就的？

David Beckham 是世界巨星级的足球任意球大师，对踢任意球的强烈兴趣引领他始终在强大的自我内在动机的激励下自主苦练任意球功夫。

为了练习任意球以提高水准，他将一个旧汽车轮胎挂在球门死角，每天不把球送进轮胎圈，就不结束训练，每次训练之后，还会再加练五十次任意球射门。可以说，闻名于世的"贝氏弧线"就是在强大的自我动机决定引导下练就的。

1.2.2　"你见过凌晨四点的洛杉矶吗？"

另一个与自我决定理论密切相关的故事发生在已故世界篮球巨星 Kobe Bean Bryant 的身上。

"你见过凌晨 4 点的洛杉矶吗？"这句 Kobe 生前的名言已经成了在自我动机下努力追求成功的励志名言了。"你为什么能如此成功？"记者问。"你知道洛杉矶每天早上 4 点钟是什么样子吗？"Kobe 反问道。记者摇摇头说：

"不知道。"Kobe 说:"每天早上 4 点,我就起床行走在黑暗的洛杉矶街道上。一天过去了,洛杉矶凌晨的黑暗没有改变;两天过去了,凌晨的黑暗依然没有改变;10 多年过去了,洛杉矶凌晨 4 点的黑暗仍然没有改变,但我已变成了肌肉强健、有体能、有力量、有着很高投篮命中率的运动员。"

能够十年如一日地坚持在凌晨 4 点钟起床去独自进行训练,支撑 Kobe 如此坚持的内在动力就是他对于篮球运动的深度热爱,这种热爱作为强烈的内部动机驱使他不断地通过刻苦训练来提高球技与竞技能力,实现了篮球巨星的梦想。

Kobe 的例子能够反映出自我决定理论在竞技运动领域的重要内涵,即运动员可以在自主动机的驱使下付出主观努力来追求并获得职业生涯的巨大成功。

动机的内部化程度越强,往往越倾向于与活动和行为的积极结果相关,提供正面选择和积极反馈能够促进自主性动机[1],正是出于对自身所从事体育项目的强烈热爱与对取得成功的渴望,自身内在动机得到了充分的激发,以上两位世界级体育巨星都是自我决定论中所倡导的"绿色自我动机者"的典型代表。

在竞技运动中,鼓励运动员们成为受内在动机驱使的人,人们通过该理论注重认知特征对于动机的直接作用,为动机培养与激发提供了具有重要价值的理论依据,同时,注重内部动机的积极作用,主张从内部激发动机,具有正确性。

---

① STONE D N, DECI E L, Ryan R M. Beyond talk: creating autonomous motivation through self-determination theory[J]. Journal of General Management, 2009, 34(3): 75–91.

2　逆转理论与实践

2.1　逆转理论概述

逆转理论或称反转理论，是由 Michael Apter 等提出的有关动机、情绪和人格的一种理论。该理论试图解释人类是如何从对立的一端转向另一端，感觉唤醒和享乐基调发生了哪些变化，同时主张应该将动机和情感恢复为核心关注点，与认知处于同等地位，动机和情感不能被仅仅简化为认知过程，而必须根据它们自己的逻辑进行探索。

逆转理论的重点是文化普遍性，它的假设是人性在任何地方和任何时候都是基本相同的。该理论是一种明确的现象学理论，处理的是动机的经验，被更准确地描述为元动机和情感理论，而不是动机理论。

逆转理论的大部分研究都与目的状态（telic）和并行状态（paratic）之间的逆转有关。目的状态具有严肃、目标导向和回避唤醒的特征，而并行状态具有嬉戏和寻求唤醒的特征，换句话说，目的状态是以目标为导向的、严肃的、避免唤醒的，而并行状态是自发的、好玩的和寻求唤醒的。

逆转理论的基本思想在 1982 年 Apter《动机的经验》中第一次被充分表达，从那以后，该理论吸引了越来越多人的兴趣。Richard J.Gerrig 与 Philip G.Zimbardo 在《心理学与生活》中专门介绍了心理学的逆转理论，指出逆转理论所包含的四对元动机状态（metamotivational states）分别为：有目的 / 超越目的、顺从的 / 逆反的、控制 / 同情、自我中心的 / 他人取向的。[①] 每个动机分别代表一种价值理念，在某一时刻只有一个动机处于活跃状态，如果它

---

① 格里格，津巴多．心理学与生活 [M].16 版．王垒，王甦，译．北京：人民邮电出版社，2003.

被另一个动机取代，就表明逆转发生了。①

逆转理论的第一个基本成分是可变性动机状态。可变性动机状态是一种假设的交替状态，在这些状态下，一个人可以在一段特定时间体验到不同的动机。② 此外，国内学界对于逆转理论的动机状态也有"目标定向状态和非目标定向状态"、"有目的状态"与"无目的状态"的表述。

如今，逆转理论已被用于阐明许多不同的社会现象，如犯罪暴力、戒烟行为、军事战斗、性行为、家庭关系、足球流氓、组织文化、领导力、团队运动、社会宣传和课堂管理等。

2.1.1　逆转理论倒U形曲线（Reversal Theory）

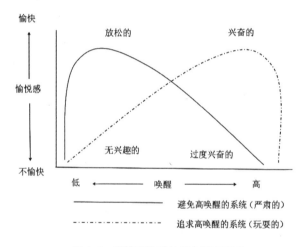

图 1-2　逆转理论倒 U 形曲线示意图

倒 U 形曲线是逆转理论最核心的一个概念，重点在于关注唤醒水平与情绪的关系取决于个体对自己的唤醒水平的认知性解释。对于参与竞技运动的运动员来说，高唤醒水平可解释为激动（兴奋），亦可解释为焦虑；低唤醒水平可解释为放松，亦可解释为单调。

---

① 　APTER M J, CARTER S. Mentoring and motivational versatility: an exploration of reversal theory[J]. Career Development International, 2002, 7(5): 292-295.

② 　马启伟，张力为 . 体育运动心理学 [M]. 杭州：浙江教育出版社，1998.

从图 1-2 可见，在以目标定向为特征的有目的的元动机状态下，这时高唤醒水平是一种消极的情绪，如焦虑，从而使表现下降，所以应当在这种情况下避免高唤醒状态，而在以活动定向为特征的无目的的元动机状态下，如享乐型模式，高唤醒水平则成为一种积极的情绪，而降低唤醒可能通过某种干预最终导致厌烦无聊。因此，运动员应当在这种情况下追求更高唤醒的状态，并注意最好的状态是保持中等或中高强度的唤醒水平。

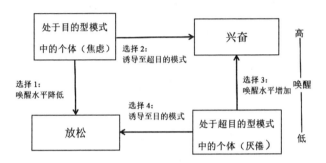

图 1-3 运动员在目的模式下体验高焦虑或在超目的的模式下体验厌倦的不同选择 [①]

图 1-3 也说明了同样的道理，表示了运动员在目的模式下体验高焦虑或在超目的的模式下体验厌倦的不同选择，对于感觉无聊的运动员应努力获得较高的兴奋和热情，而对于抑郁的运动员则应努力寻求平静和放松。如具有较强超目标取向（目的型）的个体（运动员）应该争取参与富含兴奋和具有一定身体冒险的体育运动（如滑雪、冲浪、跳水），而具有强烈目标取向（超目的型）的人应追求一些安全的、使人放松的运动项目（如瑜伽、慢跑）。

2.1.2 心理逆转影响情绪状态的变化

在运用逆转理论来指导训练时需注意，如果一名处于目的型模式的运动员正在遭受消极焦虑之苦，他有两种可能的选择：一是通过压力管理策略（渐进放松）来降低唤醒水平；二是诱导一次逆转，转换为享乐模式，如果这个逆转能够完成，运动员将会把使其烦恼的焦虑情景转变为令人兴奋的和有

---

① KERR J H. Anxiety, arousal, and sport performance: An application of reversal theory[M]. New York: Hemisphere Publishing Corporation, 1989.

挑战性的情境,而不是威胁性的和不愉快的情境。

同样,一名正遭受厌倦之苦,处于享乐型模式的运动员也有两种可能的选择:第一种是提高唤醒水平从而提高兴奋感(心理促进策略);第二种是诱导一次逆转,转向目的型模式,假如能够完成这一逆转,运动员将会把不愉快的情景转变为放松与平静,而不是枯燥乏味。

对于心理逆转的产生过程,Apter 以参加冒险性运动项目(如跳伞)为例说明了人的心理逆转,即危险会激发运动员的高唤醒水平,这种高唤醒水平在有目的的元动机状态下产生的是焦虑情绪;当危险被控制时,这种焦虑情绪会突然逆转为在无目的的元动机状态下的高唤醒,即兴奋。例如,人们在跳伞和攀岩等危险运动中无缘无故地面对风险,以达到高度(而不是中等)的唤醒,这种高度唤醒可能会被视为焦虑,但如果克服了危险(从而建立了保护框架),那么就会切换到并行状态,这将导致兴奋与焦虑一样强烈,并有望更持久。在竞技运动中,心理的逆转可以引起人的情绪状态突然发生变化,从而影响比赛成绩。

2.2　逆转理论在竞技运动中的应用

2.2.1　张继科奥运会赛场的反败为胜

这是一个在赛中暂停时使用心理逆转而扭转战局的经典案例。

在 2016 年里约奥运会乒乓球赛场上发生的一幕至今还让中国乒乓球球迷们记忆犹新。张继科在一场关键的比赛开始之后一段时间内总是打不起精神,比分始终落后于对手,但教练很清楚这并不是选手实力的原因,于是,刘国梁决定利用一次暂停的机会提高张继科的唤醒水平,他对张继科大吼:"醒醒吧!这是奥运会,开始了!明白吗?"自此,张继科终于打起精神,一改此前低迷状态而奋起直追并反败为胜。

我们可以认为,张继科从一开始的无精打采到经历逆转后的势如破竹,主教练及时的言语刺激起到了决定性的逆转调整作用。这个例子就是一次心理促进策略的成功案例。

2.2.2 美国男篮的心理逆转案例

这种心理逆转不仅会发生在个人身上，也会在团队中发生。

在 1972 年慕尼黑奥林匹克运动会上，美国男子篮球队对阵苏联队，当队员们确知赢得金牌时，他们高兴地跳跃、拥抱（此时为享乐模式），但当他们被告知比赛还未结束，比赛时间还剩 3 秒钟时，他们的心理状态马上转变为目的模式。然而就在这最后 3 秒内，通过第三次有争议的掷界外球，苏联队最终以 1 分优势赢得冠军，短时间内错失冠军的美国队经历了巨大的心理落差。比赛结束后，美国队的运动员抵制颁奖仪式，并拒绝接受亚军的银牌奖章。

Apter 所提出的逆转理论试图解释人类行为是如何从对立的一端转向另一端，感觉唤醒和享乐基调发生了哪些变化。该理论的提出具有开拓性的意义，为唤醒、动机和情绪研究开启了一处全新的观察与研究视角。

逆转理论认为运动员在不同动机状态下，相同愉快感所需的唤醒水平存在差异，当愉快感达到峰值后，随着唤醒水平继续升高，愉快感骤然下降，从而影响运动表现。

在竞技运动情境下，运动员与教练员应根据实际情绪的状态以及所要实现的目的来采取相应的逆转措施，达到最适宜的唤醒程度、动机状态与情绪状态，通过有效的调整，使个体进入最有利于竞赛发挥的竞技状态。

3 情绪认知评价理论与实践

3.1 情绪认知评价理论概述

3.1.1 竞技体育中的压力

压力是心理压力源和心理压力反应共同构成的一种认知和行为体验过程。如果生理与心理需求未获满足会导致严重后果，且需求与响应能力之间存在重大失衡，压力就会产生。[①] 由于竞技体育本身具有的挑战性，运动员不可避免地长期处于高压状态，这种竞赛压力通常产生于竞赛环境中，压力的产生作为一个动态的、循环的过程涉及一系列的因素，包括个体因素、环境因素、认知评价、应对以及结果。[②] 此外，职业运动员所面临的压力来自四面八方，压力源可能是比赛、对手、观众、教练、亲朋好友，甚至是自己。

竞赛压力会给运动员带来诸多负面影响，如引起运动员的焦虑情绪、攻击行为、低满意度等，进而影响其竞赛成绩和身心健康。[③] 巨大的心理压力往往会造成原本实力强劲的运动员在比赛中发挥失常。

俄罗斯网球名将 Maria Sharapova 在 2007 年"澳网"女单决赛前，面临着首次打进"澳网"女单决赛以及希望以冠军的佳绩为比赛日当天生日的母亲庆生的双重压力源，结果，重压之下的 Sharapova 接连错失局点与破发机会，两次失误且一发得分率仅 40%，最终败在 Serena Williams 手下，失去了重要的冠军奖杯。她在赛后表示："我的发球表现不好，在比赛中很难做到高质量的发球，同时在接发球方面也做得不好。"

无独有偶，意大利足球明星 Roberto Baggio 在 1994 年美国世界杯决赛面对巴西队的点球大战中罚丢了至关重要的一个点球，世界杯冠军梦想瞬间破灭，多年后他回忆说："那个点球是个巨大的失望，不仅仅是我个人的失望，在以后的几年里，每当看到足球，我就情不自禁地想到那个点球。"

这两个事例都在告诉我们，在面对"一定要赢"的压力时，运动员技术变形、连续失误、无法正常发挥的情况很容易发生。

3.1.2　交互与关联意义下的压力认知

在运动领域的压力研究中，围绕压力的概念与操作化的定义是大多数学

① 温伯格，古尔德. 体育与训练心理学 [M]. 谢军，梁自明，译. 北京：中国轻工业出版社，2016.

② 王斌，叶绿，吴敏，等. 竞赛压力的概念、分类及其理论模型 [J]. 武汉体育学院学报，2013，47（7）：58–63.

③ MELLALIEU S D, NEIL R, HANTON S, et al. Competition stress in sport performers: Stressors experienced in the competition environment[J]. Journal of Sports Sciences, 2009, 27(7): 729–744.

者所关注的核心问题。总体来看，主要有两类观点占据主流，一类是将压力看作一种环境刺激或个人反应，另一类是将压力定义为个体与环境之间交互作用的结果。第一类的研究认为压力是环境刺激施加给运动员的需求，而压力源通常与竞技表现、运动员所处的体育组织和个体的生活事件等相关；而第二类的研究则强调运动员对环境刺激需求的反应，即运动员身体对需求的非特异性反应。

对于这两种说法，在某些情况下，运动心理学家认为压力既是一种刺激也是一种反应，如 Smith（1998）采用两种不同但相关联的方式来界定压力：首先，压力与情境相关（压力源），指的是赋予个体的重要需求；其次，压力是个体对压力源的反应，包括负面情绪状态，如焦虑、抑郁和愤怒[①]，但将压力作为一种环境刺激或个人反应存在忽略了个体差异以及无法充分体现整个压力过程的动态性等缺陷。

近些年来，更多的运动心理学家更倾向于将压力作为一种交互作用和关联意义来看待，而这种观点的代表人物是 Richard S. Lazarus。

Richard S. Lazarus 是美国著名心理学家、压力研究的先驱、应对压力研究的领导者、情绪认知理论的集大成者。Lazarus 于 1957 年开始在加州大学伯克利分校任心理学教授，因其对压力应对研究具有开创性贡献，1989 年获美国心理学会（APA）颁发的杰出科学贡献奖，2002 年被评为 20 世纪最著名的 100 位心理学家之一，名列第 80 位。

他所提出的情绪认知评价理论是心理学导论教材不可回避的经典成果，其本人被认为是情绪认知评价理论的代表性人物，主张情绪是人与环境相互作用的产物，情绪可以看成是对感知的评价，由此引发身体生理变化和动作。[②]

1984 年，他与 Folkman 共同提出压力是环境需求和个体资源之间的一种持续互动，伴随着这些需求和资源之间的不平衡，个体会出现紧张反应。在

---

① 吴敏. 我国优秀运动员组织压力源结构、测量与作用机制 [D]. 武汉：华中师范大学，2014.
② 刘婷婷，刘箫，许辉煌，等. 基于情绪认知评价理论的虚拟人情绪模型研究 [J]. 心理科学，2020，43（1）：53–59.

Lazarus 的理论视域下，压力既不定位于个体也不定位于环境，而是个体与环境两者之间的关系，用关联意义来描述压力过程的整体动态性最合适。[①]

此外，Lazarus 提出了压力应对的过程观，认为在情绪活动中，人们需要不断地评价刺激事件与自身的关系，不仅要评价刺激与自身的利害关系程度和反应控制，也要评价自身情绪和行为反应[②]，并强调了评价在压力应对中的重要作用，这对以往的应对特质观是一个有益的补充和完善。

对于常年从事竞技运动的运动员群体来说，如何面对并处理压力是一个永恒的话题。可以明确的是，压力会对运动员的体育经历造成重大影响，包括运动员的能力表现、自信心、流畅状态、团队精神、身体状态、运动乐趣，甚至过早退役等。

无论任何运动、比赛位置或运动水平，若运动员们想发挥自己的能力水平潜力以及实现个人的比赛目标，则大多数运动员必须学会处理压力。因此，应该充分合理地应用在交互作用和关联意义视域下提出的情绪认知理论作为指导来处理各种各样的压力问题。

3.1.3　情绪认知评价——初评价、次评价与再评价

个体与环境的相互作用是压力形成的基础，在此基础上个体会进行认知评价，以决定个体与环境的关系是否存在压力。[③] 在 Lazarus（1984）看来，当人们认为一件事情充满压力时，这件事情就是压力事件，而当人们不这样认为时，它就不是压力事件了。

对于正确面对并处理压力，Lazarus 关于压力的情绪认知评价——初评价、次评价与再评价模型是十分重要的压力应对理论。从定义上看，情绪是个体对环境事件知觉到有害或有益的反应。在情绪活动中，人不仅接受环境中的刺激事件对自己的影响，同时要调节自己对于刺激的反应，需要不断地评价

---

① LAZARUS R S. Cognitive-motivational-relational theory of emotion[M]// Y.L.HANIN. Emotions in sport. Champaign, IL: Human Kinetics, 2000.

② LAZARUS R S. Emotion and adaptation[M]. Oxfordshire: Oxford University Press, 1991.

③ 王斌，叶绿，吴敏，等．竞赛压力的概念、分类及其理论模型 [J]．武汉体育学院学报，2013，47（7）：58–63.

刺激事件与自身的关系。具体来讲，有三个层次的评价：初评价、次评价和再评价。

初评价是指确认刺激事件与自己是否有利害关系，以及这种关系的程度。初评价判断所遭遇的事件分为三类：（1）无关的（irrelevant）；（2）良性—积极的（benign-positive）；（3）压力性的（stressful）[①]。对于压力性的评价又分为三种类型，即伤害/丧失、威胁和挑战。伤害/丧失是指个体已经遭受的损害，特征是对个体的损害已持续发生，如伤残、疾病、失去亲人等。威胁是指预期的伤害或丧失，特征为更关注潜在伤害，以恐惧、焦虑和愤怒等消极情绪为主。挑战是指有可能掌控或受益的事件，特征是关注收益或内在成长的可能，更多体现愉快的情绪。对于运动员来说，只有在重大竞争要求的情况下才会感受到压力，即运动员在不确定能否实现重要目标时，会感受到压力。

次评价是指人对自己反应行为的调节和控制，它主要涉及人们能否控制刺激事件，以及控制的程度，也就是一种控制判断。次评价是关于什么可以做且能做的一种判断。它包括评估一种特定的应对选择是否会达到预期效果，即是否能有效地应用某一特定策略，以及评估在其他需求和限制的情况下使用特定策略的后果。对于运动员来说，个人控制指其对自身管理竞争要求以及实现重要目标程度水平的看法。这取决于两方面因素，一是运动员是否认为压力来源是可以克服的，二是运动员是否认为自己具备足够的表现能力去克服压力。[②]

再评价是指个体由于从环境中获取了可以减少或增加个体压力的新信息，以及从个体自身反应中获取了信息而导致原有评价发生了改变，是人对自己的情绪和行为反应的有效性和适宜性的评价，实际上是一种反馈性行为。同时，再评价是基于环境和（或）人的新信息而变化了的评价。再评价和评价

---

① LAZARUS R S, Folkman S. Stress, Appraisal and Coping[M].Oxfordshire:Springer Publishing Company. 1984.

② 伯顿，雷德克 . 教练员必备的运动心理学实践指南 [M]. 陈柳，译 . 北京：人民邮电出版社，2017.

的区别仅在于它是在先前评价的基础上做出的。对于运动员来说，若认为能够实现自己的目标（如击败对手）以及自信有能力实现目标而积极地看待情形，将情形看作挑战，此时会产生乐观的情绪，选择建设性处理策略来提升表现水平；反之，若运动员认为无法改变竞争要求（如不可能战胜对手）或缺少满足要求的表现能力（如准备不充分）时，会将情形评价为威胁，从而感到悲观并采用无效的问题管理策略，最终影响竞技能力水平发挥。

3.1.4　压力应对的两种方式

在评价后，按照 Lazarus 压力—评价模型，下一步为压力应对阶段。应对是通过不断变化的认知和行为努力来管理特定的外部或内部需求，这些需求被评估为重负或超过个体资源。

应对共有两种方式，分别为以问题为中心的应对（problem-focused coping）和以情绪为中心的应对（emotion-focused coping）。

以问题为中心的应对是指用于管理或改变引起痛苦的问题的应对，一般在遇到具有有害性、威胁性或挑战性的环境条件时，并且被评价为可以改变时更可能发生。简单来说，就是需要找到令自己感到压力的问题，针对这个问题来做出解决的回应。对于从事竞技体育的运动员来说，以问题为中心的应对会减少或消除压力来源，同时包含很多解决竞争问题的技巧，如计划、提升努力水平及使用能力表现常规。

压力应对的另一种方式是以情绪为中心的应对，是指用于调节针对问题的情绪反应的应对。就是说当人们已经做出评价——已经没办法改变具有有害性、威胁性或挑战性的环境条件了，这种应对方式就会发生。这种应对要求我们应该缓解由此产生的紧张、焦虑、无助等情绪。对于运动员来说，即使在不改变问题源的情况下，如通过社会支持、放松、积极思考和积极重新解释策略，以情绪为中心的应对方式同样能够减少情绪痛苦，提高积极情绪。

通常情况下，运动员会根据所遇到的情形本质来综合运用以问题为中心的应对方式与以情绪为中心的应对方式，当运动员将所遇情形评价为挑战时，一般会更倾向于使用问题为中心的应对方式，同时在有必要的情况下添加以情绪为中心的应对方式。但是，当运动员将情形看作威胁时，则会倾向于较多使用以情绪为中心的应对来缓解、提高或改善情绪，在这种情况下的运动员会较少关注问题管理，原因是他们已经认为问题是无法解决的，或是他们自身缺少让情形转优的能力。

总之，使用有效的以问题为中心的应对管理方式有利于运动员更佳的表现，而以情绪为中心的应对有助于其形成更好的心态，但却不一定能够提高运动表现。

3.2　情绪认知评价理论在竞技运动中的应用

3.2.1　以问题为中心的应对案例

一名职业篮球运动员在日常训练中罚球命中率高且稳定，但一到正式比赛就失去水准，问题很大程度上出在现场观众带来的压力。

面对如此情形，教练员与运动员通过评价过程，一致认为这种压力是可以通过正确的训练方法而得以克服的，关键在于练习方法的科学性、有效性与针对性。于是，教练安排他分别做以下练习：首先想象身处无人场馆投篮；然后想象在同伴观看下投篮；接着想象自己在有现场观众的情形下投篮；最后想象自己在现场观众的嘘声中投篮。这一训练让他在下一次的比赛中显著提高了罚球的命中率。也就是说他针对赛中压力源的应对得到了成功。

往往以问题为中心的压力应对指向运动员的赛中压力源，赛中压力源常常由运动员自身技术能力短板、身体上的劣势或者心理上的问题引发。

3.2.2　以情绪为中心的应对案例

以情绪为中心的压力源往往在赛前出现，运动员尝试受到赛前来自环境的压力影响，这时就需要进行合理的应对。

瑞典铁饼名将 Danial Stahl 在 2020 年东京奥运会男子决赛投球前几秒钟感受到了压力带来的负面情绪。面对此种情形，Danial 多年来的比赛经验起到了重要作用，通过对于压力的认知评价，他认为这种在比赛中产生的巨大压力往往可以通过激发强烈的民族自豪感而得以克服，于是，他突然对自己大喊道："啊！我是瑞典维京人！"最终，他以 68.90 米的成绩夺得男子铁饼冠军。在此案例中，Danial 通过对自己大声地呐喊来提高唤醒水平并提振士气的同时，使用积极的肯定与自我暗示（维京人在瑞典人心目中是勇敢且无所不能的精神形象），想象自己的成功，重新建立信心来克服压力带来的负面情绪从而保证在比赛中的超水平发挥，这是解决赛前压力的有效方法。

Lazarus 被认为是情绪认知评价理论的代表性人物。他认为，情绪是人与环境相互作用的产物，情绪可以看成是对感知的评价，由此引发身体生理变化和动作反应。[①] 在情绪活动中，人们需要不断地评价刺激事件与自身的关系，不仅要评价刺激与自身的利害关系程度和反应控制，而且要评价自身情绪和行为反应。该理论对于常处于巨大竞赛压力的运动员来说具有现实指导意义，在遇到赛前或赛中出现的压力源时，运动员与教练员要合理运用评价与应对帮助自身调节到可实现最佳发挥的竞技状态。

4 正念理论与实践

4.1 正念理论概述

正念源于东方的佛教禅修，一般是通过各种正式的冥想练习来完成。Jon Kabat-Zinn 是正念领域非常重要的人物，他是正念减压疗法（Mindfulness-Based Stress Reduction，MBSR）的创始人，其引用向智尊者（Nyanaponika Thera，1901—1994）的著作《The Heart of Buddhist Meditation》将正念称为"佛教禅修的精髓"。

Kabat-Zinn 于 1944 年出生于纽约一个犹太人家庭，是家中最小的孩子。1964 年，Kabat-Zinn 从哈弗福德文理学院（Haverford College）毕业，进入麻

① 刘婷婷，刘箴，许辉煌，等 . 基于情绪认知评价理论的虚拟人情绪模型研究 [J]. 心理科学，2020，43（1）：53-59.

省理工学院（MIT）攻读分子生物学博士，师从诺贝尔奖得主 Salvador Luria M.D.。在 MIT 求学期间，Kabat-Zinn 参加了禅师 Philip Kapleau 的禅修讲座，第一次接触禅修概念并认定禅修就是他一生在寻找的东西。此后，他如饥似渴地学习禅修，先后跟随包括一行禅师在内的多位佛教高僧修习，同时，还在内观禅修社（Insight Meditation Society）研习，并最终成为那里的一名禅修导师。

在 MIT 医学中心任教时，Kabat-Zinn 深刻认识到，很多人都不会主动到禅修中心去学习，而且这些地方所用的语言和形式也非大众所能直接接受，如果能把禅修变成一种生活常识，乃至一种美国式词汇，既能触及核心，又不会给需要的人们造成理解的障碍，那将是非常有价值的事业。

4.1.1　正念的含义

"正念"指心不散乱，意不颠倒，将思想固定在某个对象上，专注地观察它，以保持思虑的稳定、不飘荡。[1] 正念是从巴利文 Sati 翻译过来的，指的是心于当下能够清楚地觉知目标而不纯粹只是回忆过去。[2] 正念的目标是唤醒我们的心理、情感和身体过程的内部运作。目前学术界引用最多的是 Kabat-Zinn 的定义："正念是以一种特定的方式来觉察，即有意识地觉察（on purpose）、活在当下（in the present moment）及不做判断（nonjudgementally）。"

正念提倡我们将注意力维持在当下的内部和外部经验，意识到当下正在发生什么并采纳一种接纳但不做评判的态度，即对当下的行为保持专注而不受外界干扰，全身心地参与到此时此刻的行为过程中，从而提高生活中行为的有效性，提高体验生活的质量。

在竞技运动中，运动员个体在追求价值观的过程中会遇到各种各样的困难，产生迷茫与困惑，甚至怀疑当下的价值观，但若能够通过提高觉悟来帮助运动员更好地处理这些问题，并且通过提高觉悟来帮助运动员更好地为自己的价值观服务，那么不仅对他们的运动生涯有所帮助，而且对他们整个人

---

① 少林寺．八正道 [EB/OL]．（2011-11-7）.http://www.shaolin.org.cn./newsinfo/62/65/13644.html.

② 释如石．阿姜查语录：之道次第辑要与禅宗会通．台北：财团法人文教基金会出版社，2011.

生的发展也将有所裨益。[①]

4.1.2 正念训练与正念疗法

（1）正念训练

正念训练（Mindfulness Training，MT）是一系列以"正念"为基础的心理训练方法的总称，正念训练有助于培养把注意力集中于某一点、维持注意力和重拾注意力的能力，也有助于对当下实际情况的高水平觉知和接受。

美国奥委会（USOC）运动心理学家 Peter Haberl 对正念干预和认知行为疗法具有浓厚的兴趣。在他看来，正念冥想对意识和注意力是一种很好的训练方法，正念冥想既是一系列技巧，也是一种存在方式，知道自己注意力在哪里，并能把注意力指向需要的地方，是高水平运动员在奥运会上取得好成绩所需具备的重要能力。

正念通常能够通过下述几个方面对运动员产生作用[②]：一是帮助运动员有效地控制注意力，保持对当前运动比赛任务的专注，并在注意力分散的时候让注意力重新回到当前任务上；二是提升身体觉知能力，帮助运动员更加清楚身体对比赛时可能出现的压力的反应，这会帮助运动员有效地应对可能出现的 Choking 的情况；三是面对逆境和挫折或情绪起伏的时候，运动员能够不去对这些刺激进行评判和反应，从而能够解决之前固有的情绪反应模式带来的负面影响；四是运动员能够不以自我为中心来觉知当下的训练和比赛，从"无我"的角度来客观地觉知持续变化的事物，借此帮助运动员从比赛时胜负的概念中解脱出来。

Kabat-Zinn 等首次将正念训练正式应用到运动心理学领域，他们为大学生运动员和奥运会赛艇运动员提供了正念冥想训练，其中，大学生运动员的表现超出了教练员的预期，在奥运会获得奖牌的运动员则指出正念冥想帮他

---

① 姒刚彦，张鸽子，苏宁，等．中国运动员正念训练方案的思想来源及内容设计 [J]．中国运动医学杂志，2014，33（1）：58-63．

② 钟伯光，姒刚彦，张春青．正念训练在运动竞技领域应用述评 [J]．中国运动医学杂志，2013，32（1）：65-74．

们实现了最大的潜能。[①]

Kabat-Zinn 认为，人们当前的生活方式，常常是被无知无觉的、惯性的自动化行为与思维模式所推动着，常常是被之前的经验所推动着。[②]

正念训练（MT）的目的，就是要从这种惯性模式与自动化行为中解脱出来，时刻保持一种警觉性，强调通过正念练习发展对当下事实的不加判断的注意能力，这些当下事实包括外部刺激和内部心理经验，也就是说意识到内外部事件进入意识之中但是不对其进行任何评价判断（好、坏、对、错、有用、无用等），个体只是被告知观察和描述这些经验，并且接受它们的存在，但是不对其进行判断和控制。[③]

该训练方式不过多关注运动员心理状态是否达到最佳，而是直接指向行为表现，把注意力放在与行为表现任务有关的行为上，即注意当下。那么，正念训练在运动竞技情境下是如何帮助运动员达到良好状态从而获得优异成绩的？其精髓就在于强调以不加评判的方式来对当下予以关注并充分体验，接受内部消极体验的存在，充分感知而不试图去消除、控制以及改变它们。

（2）Kabat-Zinn 的正念减压疗法（MBSR）

1979 年，Kabat-Zinn 将正念练习与宗教脱离，使其操作化，从而将正念从灵性修炼转化成以科学为基础的"正念减压疗法"（Mindfulness-Based Stress Reduction，MBSR），这是以正念训练为基础的心理疗法。多年来，Kabat-Zinn 的正念疗法已被广泛应用于竞技体育的训练与竞技状态的提升过程中。

正念减压疗法有三种主要的禅修练习，分别是身体扫描（body scanning）、坐禅（sitting meditation）和正念瑜伽（mindful yoga）。身体扫描是将注意力

---

① KABAT Z J, BEALL B, RIPPE J. A systematic mental training program based on mindfulness meditation to optimize performance in collegiate and Olympic rowers[C]. World Congress in Sport Psychology, Copenhagen, Denmark, 1985, June.

② 卡巴金. 正念——身心安顿的禅修之道 [M]. 雷叔云，译. 海口：海南出版社，2009.

③ KABAT Z J, MASSION AO, KRISTELLER J, et al. Effectiveness of a meditation-based stress reduction program in the treatment of anxiety disorders[J]. Am J Psychiatry, 1992, 149(7): 936–943.

从头顶到脚趾进行扫描，不加判断地将注意力集中于身体各部位感受，有节奏地呼吸；坐禅是需要观察随着呼吸而产生的腹部起伏运动，或者意守鼻端，观察鼻端与呼吸接触的感受；正念瑜伽要求觉察呼吸练习、放松及为强壮肌肉骨骼系统而设计的简单拉伸肢体姿势时身体的反应，观照当下的身心状态。

正念减压疗法是为期 8 周的团体训练课程，每次课为 2.5 小时至 3 小时，每天利用 45 分钟练习课堂的正念修行方法，同时整个干预课程中包含一次整天的密集禅修体验。课程内容为培养正念的坐禅、卧禅、行禅以及正念瑜伽等练习，同时还有一些正念训练以及如何应用正念来面对和处理生活中的压力和疾病的讨论。①

对于常年与竞赛压力打交道的运动员来说，正念减压疗法是帮助他们从压力中解脱出来并在比赛中正常或超常发挥的"有效武器"。

4.2 正念理论在竞技运动中的应用

4.2.1 精细觉察——正念训练对射击训练的帮助

我国男子手枪运动员王智伟在 2012 年至 2013 年接受了融合于技术训练的正念训练，要求"盯凭证自然响"，具体来说，"盯凭证"是注意分配做到靶虚具实；"自然响"是有意识觉察人枪一体、正直用力、均匀用力、预压实，达到自然响的良好效果。训练中要求他始终坚持注意指向于自己的动作本身而非结果，即坚持了思维的存在模式（时刻关心手头的事物），以较好实现"活在当下""定—静—稳—准"的要求，在奥运会比赛中发挥正常，获铜牌。次年，进一步加强了正念呼吸训练，在"有意识觉察"训练中，又将预感预报纳入其中，以加强对动作的精细觉察能力，最终获得全运会男子气手枪团体和手枪慢射两项冠军。

---

① 钟伯光，姒刚彦，张春青 . 正念训练在运动竞技领域应用述评 [J]. 中国运动医学杂志，2013，32（1）：65-74.

4.2.2 保持专注——正念训练对花样游泳训练的帮助

正念训练能够帮助运动员有效控制注意力，保持专注，提高运动表现水平。冯国艳等（2015）在对 6 名广东省花样游泳运动员进行 4 个月正念—接受—觉悟—投入训练（MAIC）[①]之后，发现这几位运动员的正念水平、注意力水平和运动表现水平均有所提高，并证明正念训练具有良好的干预效果。

近年来被广泛应用在竞技体育领域的正念训练是一种以接受为基础的心理行为训练方法，认为在伴随着消极心理状态时依然可以做到卓越行为表现，主张不加判断地觉察和接受内部心理事件，同时将自我内部心理事件去中心化，把注意焦点从自我关注转向任务关注，全身心地投入当下行为过程[②]。

常用的正念训练方法都是基于正念思想而发展和设计的，但在目标、体系和方法上都有各自特点与侧重，应用时要考虑结合项目心理规律与特点和实践者的匹配，更多被运用到射击、射箭、体操、游泳等技能主导类表现准确性与非对抗性的项目之中，但也可在大量对抗性项目的训练中起到辅助作用。

正念作为一种特定的觉察方式与运动过程中的最佳竞技表现存在密切关联，它被看作是一种不加控制的"无作为"的努力，这与流畅状态（flow）的核心成分以及最佳表现时的状态具有极高的相似性。

---

① 冯国艳，姒刚彦.花样游泳运动员正念训练干预效果 [J].中国运动医学杂志，2015，34（12）：1159–1167.

② 姒刚彦，张鸽子，苏宁，等.中国运动员正念训练方案的思想来源及内容设计 [J].中国运动医学杂志，2014，33（1）：58–63.

5 流畅状态理论与实践

5.1 流畅状态理论概述

5.1.1 流畅：一种独特的心流体验

Mihaly Csikszentmihalyi 对于流畅状态理论（flow thoery）的建立与发展做出了重要贡献，被认为是流畅（flow）概念的创造者，积极心理学奠基人之一、前美国心理学会主席 Martin E.P. Seligman 誉之为"世界积极心理学研究领军人物"。

1979 年，Csikszentimihalyi 使用"流畅"一词用以描述巅峰状态的过程，同时将人在从事某项活动或任务时，身体各组织器官发挥出最大潜能时所表现出的心理状态称为流畅状态。他认为，流畅是表达一种似乎不需要努力且本质上快乐运动的方式，是一种高度集中的、有利于生产的精神状态，指当个体因自我的原因或没有外部目的而从事一种有趣的活动时体验到的一种流畅状态。

作为一种独特的心流体验，我们可以通过一些运动员在经历流畅状态时的描述来进一步理解其精髓，在进入流畅状态后，运动员通常感受到完全专注于自身能力（忘我）表现，感受到完全把控局面，没有任何错误。例如，对于体操运动员来说，流畅状态产生时会感到平衡木变大了；棒球运动员感到棒球像板球一样大，甚至能看到球上的接缝；足球运动员会感到足球比赛动作变慢了。这些都是运动员在比赛中处于流畅状态时所体验到的真实感受。然而，需要明确的一个事实是：流畅状态是可遇而不可求的。

Susan Jackson 是首次将流畅概念应用到运动和锻炼实践中的重要人物。她还得出充分的身体和心理准备可以为进入流畅心理状态打好基础的结论。在她的一项研究中，通过测量 398 名参加大师赛运动员非竞争情境下的特质流畅状态与赛后即刻的流畅状态，得出了三项重要结论：一是流畅状态是与高技能水平和高挑战性紧密联系的；二是积极情绪能促进流畅体验，而消极情绪不可以，焦虑（担忧）是流畅的对立面；三是特质和状态性流畅测验都与内部动机呈正相关。此外，Jackson 和 Robert 等在对优秀运动员的研究中发现，流畅状态的心理过程与运动成绩呈显著正相关。

5.1.2　流畅状态的特征及影响因素

（1）流畅状态的特征

Csikszentmihalyi（1990）总结出流畅状态具备 9 个特征，分别为：

①挑战与技能水平平衡，即一个人的能力感和其面临的挑战之间的平衡；

②行为和意识的统一，运动员清楚其动作，但是不会费心思去思考清楚的原因；

③目标界定明确，即运动员设定了非常清晰的目标，因此非常清楚如何实现目标；

④清晰而明确的反馈；

⑤全神贯注于所操作的技能，即参与者对活动非常投入，没有什么事情能够干扰到他，有运动员曾报告称，他们感到自己好像是一束集中的能量；

⑥感觉处于控制状态，但并不需要努力来实现，此特征是指运动员不会积极注意控制问题，而只是确保自己不会因为失控而担忧；

⑦自我意识消失，有运动员曾报告称，在活动中会完全丧失自我意识；

⑧时间意识消失，经历过流畅状态的运动员经常反映时间好像变快了，但也有一部分人说时间好像变慢了；

⑨自身目的体验，即运动员不是为了奖励而参与活动，完全是因为活动本身而参与活动。

（2）流畅状态的影响因素

流畅状态是一种情感陶醉和个人最佳表现的结合，虽说流畅状态可遇而不可求，但毕竟有迹可循。在对流畅体验的研究过程中，Jackson 指出了可以促进或阻止流畅状态产生的各种因素（表 1–1）。促进流畅状态的 6 个因素为：

积极心态的发展、积极的赛前情绪、积极的比赛情绪、保持适当的注意集中、身体准备、与队友或教练保持一致。而阻碍流畅状态的 4 个因素为：感觉到身体问题和错误、无法保持适当的注意集中、消极心态、缺乏观众支持。

表 1-1　促进或阻止流畅状态发生的各种因素^①

流畅状态的作用	因素
促进 & Flow	1. 积极心态的发展 2. 积极的赛前情绪 3. 积极的比赛情绪 4. 保持适当的注意集中 5. 身体准备（准备知觉） 6. 与队友或教练保持一致
阻碍 & Choking	1. 感觉到身体问题和错误 2. 无法保持适当的注意集中 3. 消极心态 4. 缺乏观众支持

在竞技运动中，运动员们普遍期望在比赛中出现流畅状态，这就要求教练员与队员在赛前与赛中尽可能满足促进流畅状态出现所需的因素，规避阻碍流畅状态出现的因素，则更有利于运动员超水平发挥从而获取佳绩。

5.1.3　三种重要的流畅状态理论模型

关于流畅状态，目前在学术界有三种较为流行的理论模型。

Csikszentmihalyi 最初提出流畅状态三区间模型（图 1-4），意在描述日常生活和体育活动中的积极体验，若能力超过了任务的要求，就会导致厌倦；若能力不足，则会引发焦虑感。当任务要求高度集中，且个人能力和任务的要求相匹配时，流畅体验就会发生。一个人是否能体验到流畅完全取决于本人对挑战和技能的主观感知。

---

① 考克斯．运动心理学 [M]．王树明，等，译．上海：上海人民出版社，2015.

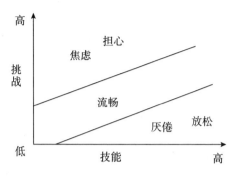

图 1-4　流畅状态三区间模型

意大利 Massimini 等在流畅状态三区间模型的基础上提出了四区间模型（图 1-5），同样，将流畅体验看作是技能和挑战间一种积极的交互作用。流畅状态四区间模型反映出：当高水平运动员在比赛中感觉到面临挑战时，最有可能产生流畅体验；如果运动员感受到竞争的挑战性，并认为自身的能力不足以迎接挑战，此时很容易产生焦虑；当个体面对一个低水平者，遇到一个无挑战性的情况，很可能会产生比赛冷漠；当一名高水平运动员面临无挑战性比赛情景时，很可能会产生厌倦情绪。四区间模型弥补了三区间模型中忽视了参与者进入流畅体验的一个前提是只有参与者在高挑战和高技能的条件下才有可能进入流畅体验的不足，同时，增加了低技能低挑战时参与者有可能会进入冷漠的情绪状态。

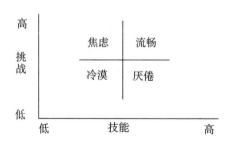

图 1-5　流畅状态四区间模型

Massimini & Carli（1988）提出了流畅状态的八区间模型（图 1-6）。该模型将各种不同的挑战感和技能水平高低分出了八个区。

总的来说，当外部挑战过高时，可能不会导致个体形成焦虑而会形成觉醒状态；同样，如果外部挑战只是略微大于个人的能力，那么个人可能会出现担忧状态且没有焦虑经历；当个体能力远高于他所面临的挑战时，便可以毫不费力地应对挑战且可能没有厌烦的经历，而是会产生一种例如放松和控制感的心理体验。①

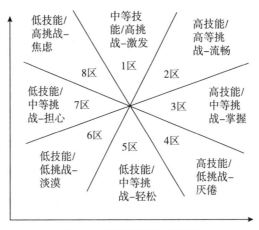

图1-6　流畅状态八区间模型

5.2　流畅状态理论在竞技运动中的应用

一名运动员若能够在比赛中进入流畅状态，这无疑有利于其竞技水准的发挥，从而更接近于比赛的胜利，然而，对于可遇而不可求的流畅状态来说，若刻意追求反而得不偿失，大多数运动员与教练员都希望能够在比赛中出现流畅状态，这就需要把握住上文所述能够促进其产生的六个因素，即使无法进入流畅状态，也要尽量通过适宜的心理调节避免 Choking 现象的发生。Choking 现象是指在比赛的关键时刻或重大赛事中出现的"比赛失常"，但并不是说未能进入流畅状态就一定会发生 Choking。

将这两种截然相反的运动竞赛状态在竞技比赛中发生的实践案例呈现出来，有益于更加直观地了解流畅状态所带来的益处。

---

① 夏英.运动员流畅状态的研究：结构模型、研究方法及影响因素 [J].体育科研，2019，36（6）：97–102.

5.2.1 运动员的流畅状态

一名铁人三项运动员描述自己在流畅状态下的体验时说：人们总是在问"你是怎么保持专注的？你当时在想些什么？"其实，根本没有时间可以用来想除了你正在做的事情之外的任何东西。即使是在铁人三项赛的 9 个小时里……当我感到状态不错时，我并没有在想等会回家了我要吃什么，或者是我要做什么。每一分钟我都在重新评估"这事我做得怎么样"以及"我是否摄入了足够水分"，诸如此类。

运动员达到流畅状态时常出现完全投入任务或者对当前进行的事情有浑然一体的感觉，这种情形随着运动员和项目的不同会有不同的表现方式。有时，运动员会觉得他们是这个世界上仅存的一个人；有时，运动员会感觉周围所有人和所有事都融入了自己的体验之中。

一名花样滑冰选手很好地描述了这一现象：其他所有事物都消失了；虽然你正精确地跟随音乐节拍做着动作，但一切都像是慢镜头；其他任何事情都不重要了；就是这么奇怪，有种怪异的感觉；观众从意识中褪去，除了某些掌声太大的短暂时刻——事实上那也只是我们的一部分。这些都是我们体验中的一部分，它们从未导致我们失去专注。相比起来，这两种描述很不一样，但是两名运动员的意识与其表现完全协调，这一点却是一致的。由于个体情况和运动项目不同，运动员在流畅状态中处理信息的方式自然有所不同。

5.2.2 与流畅状态相反的Choking现象

与流畅状态截然相反，Choking 现象的最典型代表是美国射击名将 Emmons 在连续两届奥运会最后一枪时的失常表现。

Emmons 是一位实力强劲的射击运动员，生长在猎人世家的他在 21 岁时就获得了世锦赛冠军，但在奥运会的舞台上，他却是个十足的失败者。除了先后在雅典和北京奥运会离奇错失金牌之外，他在这之后的伦敦奥运会与里约奥运会也继续着失常表现，在伦敦奥运会决赛中，在领先对手 1 环的情况下，最后一枪被对手反超，将几乎到手的金牌拱手相让；在里约奥运会时，虽然取得了卧射项目的满环成绩，却在立姿项目上无缘决赛。

究其原因，Emmons 脆弱的心理素质是导致其接连在重大比赛的决胜关头频现 Choking 现象的主要原因，巨大的压力使他一直无法产生比赛中的流畅状态，取而代之的是在最后一枪时的功亏一篑。

Csikszentmihalyi 提出流畅本质上是一种结果，是某种值得享受和欣赏的东西。运动员们在进行运动竞赛过程中不仅可以获得身体上的愉悦，而且在心理上也会达到一种最佳境界，即流畅状态。处于流畅状态的运动员没有紧张、没有焦虑，不在乎结果，完全沉浸在比赛过程之中，好像自娱自乐一般，主要表现为主体与客体高度融合。

Jackson 认为，通常在一些具有挑战性的任务中，当运动员具备应对挑战的技能时，流畅体验容易产生。虽说流畅状态可遇而不可求，但毕竟有迹可循。

6　结语

竞技运动来源于游戏，"游戏的"心态揭示了竞技运动的本质属性。一名运动员最佳的竞技状态应该是怀着"游戏的"心态，将每一场比赛都当作一次具有挑战性的游戏，以积极的、自信的、兴奋的情绪状态投入到竞技运动之中，寻找并保持所从事竞技项目最适宜的唤醒水平，避免被焦虑的、厌倦的或无趣的心态影响正常水平的发挥。

当受益于自我决定状态且由内在动机驱使的运动员遭遇逆境时，若能够恰当地运用逆转理论重回积极的心理状态，则有益于竞技状态在比赛中的激发与高水准的发挥，但无处不在的竞赛压力往往促使运动员或运动队在整个参赛过程一直面对来自心理上的各种挑战与困难，那么情绪认知评价理论所带来的压力认知、评价及其应对的指导可使其迅速摆脱压力及各种不良情绪的束缚，而正念训练及其减压疗法又是一种重要的辅助方式与训练手段，当运动员在竞赛过程中可不断地体会到流畅状态时，相信他（她）已蜕变为所从事项目中的佼佼者。

第二章　运动与人格

　　每当我们在体育比赛中看到一些体育明星出色的表现时，常会认为他们与众不同的背后一定是独特的人格。的确，这些优秀选手具有许多相同的好的心理品质，如情绪稳定、自信、聪慧、意志坚强等，也就是这些人格特征帮助他们在比赛中表现出色，取得优胜。由于运动项目差异，乒乓球、排球、举重、国际象棋等不同项目世界冠军们的人格特点也有一定的区别。需要说明的是，人无完人，再好的人也会有人格弱点，这些体育明星也不例外。目前，还不能完全依据人格特征来选拔运动员，因为还没有直接证据表明优秀运动员具有共同的人格特征模式。对于运动与人格，还有许多未解之谜。

1　人格理论与测量

　　运动员人格测量的理论和方法与通常的人格测评基本一致。需要指出的是，每一种评估人格的方法都有相对应的人格理论依据。在运动员人格研究中，研究者一直在试图寻找适宜的人格理论作为其理论基础[①]。下面简要介绍五种主要的人格理论及其测量方法。

1.1　经典精神分析人格理论

　　Freud 经典精神分析人格理论是现代心理学中出现较早、影响较大的一种理论。Sigmund Freud（1856—1939）认为，人格是由本我（id）、自我

---

① 张力为，李安民．特质学派及五因素模型与运动心理学人格研究 [J]．北京体育大学学报，
　　2000，23（1）：27-31．

（ego）和超我（superego）三部分组成，其中，"本我"是一种原始的力量源泉，是生来就具有的本能，如温饱、睡眠、性需要等。"本我"按快乐原则行事，是非道德和无逻辑的，是无意识的，但可以对无意识或意识产生影响。"自我"控制着意识，按现实原则行事，是理性的、合乎逻辑的，检查和控制着"本我"的盲目冲动。"超我"是人格的道德或公正部分，是一个人的道德准则，其作用是抑制"本我"冲动，劝说"自我"以道德目标替代现实目标。[①]

Freud 用冰山图示来说明其人格结构。露出水面的是意识部分，水下的是无意识部分。水下部分远远大于水上部分。"本我"占据无意识的最下层，所占面积也最大；"超我"也大部分在无意识中，仅小部分进入意识；"自我"在意识和无意识中约各占一半。

Freud 强调无意识的作用，认为无意识可以对人的行为产生巨大影响。他提出的自我防御机制这一概念可用来解释运动情境中的一些现象，如一名运动员在生活中对某人很气愤，他可能在比赛时将愤怒的情绪发泄到另一个人身上。此外，球迷的不文明行为等都是"转移作用（displacement）"这种自我防御机制的结果（Cratty，1989）。

Freud 精神分析理论对运动心理学的贡献之一是将投射技术用于运动员人格的测量。投射技术主要包括罗夏墨迹测验（Rorschach Test）和主题统觉测验（Thematic Apperception Test，TAT）两种测验。由于投射测验的信度和效度问题一直受到人们的质疑，因此罗夏墨迹测验通常不用于运动员（Cox，1985）。主题统觉测验也面临同样的问题。

在 20 世纪 80 年代，有一些运动心理学家就开始采用投射测验来研究运动员的人格，但与采用其他方法相比，这方面研究还是很少，也没有引起多少关注。随着投射测验在评价客观和准确等方面的不断完善，一些投射测验有望在运动员人格测评上得到广泛应用，并可能引起运动员人格测评理论和方法的一次新的革命。

---

① 珀文. 人格科学 [M]. 周榕，等，译. 上海：华东师范大学出版社，2001.

1.2 特质理论

特质理论的主要代表人物是 Gordon Allport（1897—1967）、Raymond B. Cattell（1905—1998）和 Hans J.Eysenck（1916—1997）。Allport 认为，人格是可以测量的心理现象，这个测量的单位就是特质（trait）。特质构成了一个人完整的人格结构，体现了人的差异性和独特性。它使一个人对不同事物以相同的方式来反映，使每个人具有独特的行为一致性。有的运动员一到比赛时就情绪过分紧张，从而导致失利。是什么原因造成这样的不良后果？是人格特质——焦虑。Allport（1937）将人格分为共同特质（common traits）与个体特质（unique traits），其中，个体特质又分为首要特质、中心特质和次要特质。

Cattell 是特质理论强有力的支持者，发展了 Allport 的特质理论。表面特质（surface traits）与根源特质（source traits）是 Cattell 理论中最重要的概念。根源特质是人格的内在基本因素，是人格结构中最重要的部分，是一个人行为的内部根源。表面特质只是根源特质的外在表现，是可以直接观察得到的行为表现。Cattell 采用因素分析（factor analysis）方法将众多人格特质合并为 35 个表面特质，以后进一步分析得出 16 个相互独立的根源特质（如乐群性、聪慧性和稳定性等），并制定了 16 种人格因素（Cattell sixteen personality factor questionnaire，简称 16PF）。Cattell 认为，在每个人身上都具备这 16 种人格特质，只是在不同人身上表现的程度不同，人格的差异主要表现在量的差异上。[①]

英国 Eysenck 在人格理论方面的贡献可与 Cattell 相提并论。他们都采用因素分析法来研究人格结构，都发展了人格特质理论。Eysenck 与 Cattell 有两点不同：一是他比 Cattell 强调的特质维度少；二是 Cattell 强调根源特质，而 Eysenck 则更强调较高层次的次级表面特质。Eysenck 提出人格的三个基本维度——内外向、神经质、精神质，通常用首写字母 E（extraversion，外向）、N（neuroticism，神经质）、P（psychoticism，精神质）来代表这三个维

---

① 石岩. 运动员感觉寻求特质与人格特征的研究 [J]. 山西体育科技，1992，12（4）：51–57.

度。他还编制了 Eysenck 人格问卷（Eysenck Personality Questionnaire，简称 EPQ），专门用于测量这三个基本特质维度的个体差异（Eysenck，1975）。

与 Cattell 16 种人格因素问卷相比，Eysenck 人格问卷（EPQ）在美国人格心理学研究中的成果相对较少，但在运动心理学文献中它却显得非常重要（Cox，1985）。也就是说在运动员人格测评中，EPQ 比其他人格量表更适合。对此我们应给予足够的关注，探讨其原因，并在运动实践中充分发掘 EPQ 的应用价值。

Martens（1975）在对 1950—1973 年发表的运动员人格研究进行文献综述后指出，大多数运动员人格研究是以特质理论为基础的。然而，Vealey（1989）在回顾了 1974—1987 年有关运动员人格研究后发现，使用特质理论的运动员人格研究明显减少，以特质—状态交互作用理论作为基础的研究有所增加，而使用认知理论的研究明显增加[①]。

1988 年以来，人格心理学家运用词汇学方法来研究不同文化下的人格模式。他们对几十万个人格词汇进行分类统计，再经过因素分析得出了五个人格特质。这五个人格特质分别是神经质（Neuroticism）、外向性（Extroversion）、开放性（Openness to experience）、随和性（Agreeableness）、意识性（Conscientiousness），并被称为人格大五（big five）或五因素模型（five-factor model，简称 FFM）（Costa & McCrae，1992；John，1990；McCrae & John，1992）。目前，通常采用 NEO-PI 五因素调查表（Costa & McCrae，1992）来测量这五大人格特质因素。五因素模型的出现给一度沉寂的特质研究注入了新的活力，随着 NEO-PI 中国修订本的出现，我们也会很快感受到它对中国运动心理学人格研究的影响（张力为、李安民，2000）。

1.3　学习人格理论

学习理论强调环境决定人的行为，行为的产生受当时行为条件的制约，

---

① VEALEY R S. Sport personology: a paradigmatic and methodological analysis[J]. Journal of Sport & Exercise Psychology, 1989, 11(2): 216-235.

即行为会因情境而改变。学习理论认为学习是人格形成的决定因素，学习有条件作用学习（Conditioning learning）和社会学习（social learning）。学习人格理论的主要代表人物是 Burrhus Skinner（1904—1990）和 Albert Bandura（1925—2021）。

Skinner 是操作性条件作用学习理论的创始人。在 Skinner 看来，人格可以看作是个体的独特行为方式或这些方式的组合。他使用"强化"概念来解释动物和人类的学习，认为学习是强化的结果，也用来说明人格的形成与发展。按人格操作条件作用论的观点，人的行为产生于先前的强化，曾经强化过什么，他的行为就是什么；行为可以在进行中的条件作用下直接形成，行为可以塑造，行为可以改变，行为可以治疗。

Bandura 的社会学习论不同于传统的学习理论，它认为学习在没有强化的条件下也会发生，强化只是促使这种习得行为表现出来，行为是观察学习的结果。Bandura 曾明确指出，人的人格发展可以通过观察别人的行为而获得，人类通过观察模仿习得新的行为模式，即人的思想、情绪和行为不仅受直接经验的影响，而且往往还通过观察别人的行为表现及其后果进行学习。按照社会学习理论的观点，人的行为是有机体与环境交互作用的结果；既要重视环境对人格形成的作用，也要重视人的认知发展和自我调节对人格的影响。

1.4　人本主义人格理论

人本主义人格理论的主要代表人物是 Abraham Maslow（1908—1970），其人格理论的主要内容是需要层次论和自我实现。Maslow 认为，人的需要层次由低到高梯状排列依次是生理需要（physiological need）、安全需要（safety need）、爱与归属的需要（love and belongingness need）、尊重的需要和自我实现（self-actualization）的需要。每个人在低层次需要得到满足以后，就有可能产生更高层次的需要。Maslow 用需要层次来说明人格的发展，强调每一层次需要与满足将决定一个人人格发展的程度或水平。自我实现是 Maslow 人格理论的中心。所谓自我实现，是指在人的成长过程中，其身心各方面的潜能得到了充分展示，是人的发展和人生追求的最高境界。[①]Maslow 在对一些历史上成功人士进行分析后，发现了自我实现者的 16 个人格特征，并认为这些人格特征是他们得以自我实现的主观条件。

需要一提的是，Maslow 本人始终没有为其人本主义人格理论寻找实验证据，但是在他去世后不久，一些追随者开始采用实验法来验证需要层次论，根据其理论设计出可信而有效的个人定向调查表（Personal Orientation Inventory，简称 POI）来评价人的自我实现程度。[②]

1.5   认知人格理论

认知人格理论的主要代表人物是 George Kelly（1905—1967）。其代表作是 1955 年出版的《个人建构心理学》。Kelly 在对人格本质进行描述时提出了一个重要的观点，即人是科学家。他认为，所有的人都像科学家一样，在人生过程中不断地建构着自己的人格世界。

"建构（construct）"是其人格理论的核心概念，是人用来知觉、分析或解释世界的方式。Kelly 把建构看成是一种观察、比较、分类的产物。一个建构就是一种思想、观点或看法，人们用它来解释自己的主观经验和预测现实。一个生活幸福的孩子会以乐观的方式去观察和解释世界，乐观就是他的一个建构，而一个缺乏母爱的孩子则会以冷眼的方式来看待世界，冷漠与疏远就是他的建构，表现在他的人格中。Kelly 强调，人是用不同的建构来总结过去、认识现在与预测未来；所谓人格就是在不同的环境中培养起来的独特的建构系统。[③]

角色建构贮存测验（Role Construct Repertory Test，RCRT）是 Kelly 创建

①   MORGAN W P. Sport personology: The credulous--skeptical argument in perspective[M]// W. F. STRAUB. Sport psychology: An analysis of athlete behavior.Ithaca NY: Movement. 1980a.

②   RUSHALL B S. The status of personality research and applications in sports and physical education[J]. Journal of Sport Medicine and Physical Fitness, 1973, 13(4): 281-290.

③   MORGAN W P, O'CONNOR P J, ELLICKSON A E, et al. Personality structure, mood states, and performance in elite male distance runners[J]. International Journal of Sport Psychology, 1988,19: 247-263.

的一种人格测量方法，专门用来评价个人建构系统的内容与结构。实际上，这种角色建构贮存测验是对经典投射测验的一种改进。RCRT 测试时，先给被试者一张角色项目表，上面列举了各种角色，尤其是对被试者人格的形成有重要影响的角色，然后要求被试者填出适合这些角色的名字。

2 运动员人格研究的基本问题

研究运动员人格曾经是许多运动心理学家热衷的工作。有研究者兴趣的原因，也有可以直接采用现有的人格量表进行测查的便利缘故，更有试图通过这样的研究来用于运动员选材目的的驱使。然而，运动员人格成为研究热点以后，经历了较长时间的沉默，对此人们不禁要问：运动员人格研究怎么了？出路在哪里？

2.1 运动员人格研究的目的

为什么要进行运动员人格研究？最初人们研究运动员人格，在很大程度上是放在不同项目运动员人格特征的描述和解释上，主要目的是探讨项目之间的人格差异，特别是对奥运会冠军等优秀选手人格特点的测评上（Cattell，1965），试图了解他们与众不同之处。这一点在国外的研究中比较明显。

20 世纪 80 年代初，我国开始进行运动员人格特征的研究，但是研究是为了运动员的选材工作。他们使用 Cattell 的 16PF、Eysenck 的 EPQ 等人格量表先后测查了田径、射击、跳水、划船、摔跤、足球、游泳等许多不同项目运动员人格特征，后来发展到几乎所有的运动项目运动员人格特征都有人研究过了。到现在还有人在不断重复这方面的工作。[1]

通常，研究者假设某一项目或所有项目的优秀选手应具有相同的主要人格特征，因此，可以根据测查到的人格特征进行运动员选材或运动成绩预测。

---

[1] 邱宜均. 运动员个性特征研究的几个问题 [J]. 体育科学，1986，6（2）：68–72.

需要指出的是，把运动员人格研究的结果应用于我国运动员选材或成绩预测中的做法，并没有取得预期的效果。原因何在呢？一个主要原因是优秀运动员的人格差异明显，并不存在我们认为的优秀运动员理想人格模式。如果按现在所谓的运动员人格特征模式进行选材或成绩预测的话，可能把一些未来的世界冠军过早地淘汰出局。另外，目前运动员人格研究整体处于初级阶段，把它应用于运动员选材或成绩预测还很不成熟，其风险较大。从这个意义上讲，对于将运动员人格研究结果用于选材或成绩预测需要慎重。

目前开展这方面研究的主要目的不应停留在为运动员选材服务上。那么，现在研究运动员人格的主要目的是什么？在运动员人格测查中，可以看到，同一项目不同运动员的人格特征并不一样，有时，一些优秀选手的人格差异还很大。在运动实践中，我们通过对不同人格特征运动员采用不同方法进行训练，取得较好的效果。从现实的角度来看，研究运动员人格的主要目的应放在为个性化训练（技术训练与心理训练等）和心理咨询等提供参考依据上。个性化训练和心理咨询等工作的前提之一是了解运动员的人格特征，并把它作为设计、安排和指导运动员训练的重要理论依据。可以预见的是，随着运动员人格研究的不断深入，它在这方面的重要作用将日益显现出来。

2.2 运动员人格研究的内容

始于 20 世纪 40 年代的运动员人格研究，在 70 年代曾一度成为运动心理学研究的热门课题与主流。然而，进入 80 年代以后，运动员人格研究开始逐渐减少并处于低潮。这种受冷落的趋势直到目前也没有好转的迹象。近些年来，人格大五因素模型的建立被认为是人格心理学发展的转折点（张力为、李安民，2000）。由于人格大五因素模型及其相应的测查工具可以为运动员人格研究提供良好的条件，新一轮运动员人格研究有可能即将兴起，但是要想很快出现以往那样研究热潮的时机还不成熟。

运动员人格是较早引起运动心理学家感兴趣的研究内容，主要是从以下几个方面进行探讨：（1）运动员与普通人之间、男女运动员之间以及不同技能水平运动员之间在人格方面是否存在显著差异？（2）不同项目的优秀运动员是否具有相同或相似的人格特征？（3）运动可以改变运动员的人格吗？（4）参加同一项目的运动员有哪些类似的人格特征？（5）运动员人格特征模式能否用于运动员选材或成绩预测？

2.3 遗传与环境对运动员人格的影响

在运动与人格问题上，许多研究表明，运动员比非运动员更为外向，最初人们认为运动会使人变得外向，也就是说运动可以改变人格。按这种观点，内向的人经常参加运动，可以变得外向；紧张的人长期从事运动，可能成为情绪稳定的人。然而，这种强调环境作用而忽视遗传影响的做法，在现实中是行不通的。令人遗憾的是，现在国内有的研究由于研究方法上的问题还在得出这样的结论，坚持认为运动可以改变运动员或参加者的人格，并夸大运动有利于人的人格发展功能。国外在这个问题上支持运动对人格有影响的研究者较少，而许多研究者（Folkins & Sime，1981；Buffone，1984；Hughes，1984；Morgan，1982，1985；Sachs，1984）认为竞技运动一般不会影响运动员人格。

通过观察和测量可以发现，不同运动项目的运动员人格是不一样的（如举重运动员多为情绪不稳定，射击和射箭运动员多为内向等）；即使是在同一个运动项目中，由于运动员场上位置或打法的差异，其人格也表现为不同（如排球中二传手、副攻手和主攻手的人格差异）；同时，这种人格差异最明显地表现在参加集体项目的运动员与参加个人项目的运动员之间。[①] 对此有的研究者（Yanada & Hirata，1970；Kane，1970；Rushall，1970）提出，这是自然选择的结果。也就是说，不同人格特征的运动员选择了适合自己从事的运动项目以及场上位置、打法等；具有某种人格特征的人倾向于参加体育运动。

遗传对人格的作用历来受到重视。人格在很大程度上取决于人的基因，

---

① CARRON A V. Personality and athletics: A review.[M]// B S Rushall. The status of psychomotor learning and sport psychology research. Dartmouth, Nova Scotia: Sport Science Associates, 1975: 5.1–5.12.

每个人都是他父母基因的偶然组合，环境能对人格做一定程度的矫正，但影响极为有限；人格如同智力，遗传影响占绝对优势，环境对二者只能做一些轻微的改变或起到某种限制、促进作用。（H. Eysenck & G. Wilson，1982）在运动实践中，我们可以建议运动员根据人格特征来选择运动项目、运动位置和打法等，但是不能强迫他们做这件事。如果能按照人格特征进行专项训练与比赛的话，可以在强调遗传的基础上发挥后天训练等环境因素的最大作用。

遗传与环境对运动员人格影响是一个历史上争论不休的问题。最初探讨的是：是遗传决定还是环境决定？后来变成：遗传和环境谁的影响大一些？再后来变成：遗传与环境是如何交互作用的？现在看来，人格的发展总是遗传与环境交互作用的功能体现（Plomin，1990）。这也意味着在运动与人格的研究上，"没有环境，遗传便不起作用；没有遗传，环境也不起作用"。运动员人格研究应重视遗传与环境的交互作用问题。

3　运动员人格特征

3.1　运动员人格的主要特征

3.1.1　运动员与非运动员的人格差异

运动员与非运动员在许多人格特征上都不同。Schurr 等（1977）研究表明，与非运动员相比，集体和个人项目运动员更为独立、客观和较少焦虑。[1]Hardman（1973）在分析 1952—1968 年 27 篇使用 Cattell 16 种人格因素量表的研究结果后发现，运动员与普通人相比，智力水平要高一些。[2]此外，

[1] SCHURR K T, ASHLEY M A, JOY K L. A multivariate analysis of male athlete characteristics: Sport type and success[J]. Multivariate Experimental Clinical Research, 1977, 3(2): 53–68.

[2] HARDMAN K. A dual approach to the study of personality and performance in sport[M]// H T A. Whiting, K Hardman, L B HENDRY, et al. Personality and performance in physical education and sport. London: Kimpton. 1973.

Cooper（1969）在综述 1937—1967 年有关运动员人格研究后指出，运动员与非运动员相比，更有自信心、竞争性，性格开朗。[1] 这似乎与 Morgan（1980）和 Kane（1976）有关运动员外向和低焦虑的研究结果相同。

我国运动心理学者（邱宜均等，1984；方兴初等，1986；周工等，1987；张力为等，1994）采用 16PF 测查不同运动项目运动员的人格特征，并与非运动员人格常模进行比较，都发现了在许多人格特征上运动员与常人有所不同。石岩（1992）采用 Eysenck 人格问卷（EPQ）对 324 名 16 个项目运动员进行测查表明，运动员较一般人具有外向和情绪不稳定的人格特征。[2]

尽管有许多研究支持上述的结论，但是笼统地、不考虑其他因素或无条件地认为所有运动员都具有这样的人格特征，这显然是不符合实际情况的。这方面研究结果只是表明，多数运动员与非运动员相比存在人格特征上的差异。

3.1.2 女运动员与男运动员的人格差异

在过去的运动员人格研究中测查的对象大多是男运动员，而以女运动员为被试的人格研究所占比例要小。客观地讲，许多运动员人格研究结果是通过对男运动员测验得出的。这些研究结果是否可以外推于女运动员，本身就是一个值得进一步研究的问题。"普通（normative）女性与成功女运动员的人格特征明显不同，特别是女运动员在自信、成就定向、支配、自满、独立、攻击、智力和缄默等个性特征方面更像普通男性和男运动员。而普通女性则趋向于被动、顺从、依赖、情绪化、社交性、低攻击性和低成就需要。"[3] 女运动员的某些人格特征与男运动员有所不同（Kane，1970；Ogilvie，1971），但 Kennick（1972）在对大学女运动员调查后发现，女运动员的一些或特定

---

① COOPER L. Athletics, activity and personality: A review of the literature[J]. Research Quarterly for Exercise and Sport, 1969, 40, 17–22.

② 石岩. 运动员感觉寻求特质与人格特征的研究 [J]. 山西体育科技，1992，12(4)：51–57.

③ WILLIAMS J M. Personality characteristics of the successful female athlete[M]// W F STRAUB. Sport psychology: An analysis of athlete behavior. Ithaca, NY: Movement.1980.

的人格特征只表现在运动情境中。[①]

3.1.3 不同运动项目运动员的人格

这方面早期是对健美运动员人格的研究（Henry，1941；Thune，1949；Harlow，1951）。此后，许多研究人员开始研究两个或两个以上项目运动员人格特征。与此同时，比较不同项目相似位置或角色运动员人格特征的研究也引起了有关研究人员的兴趣和重视。

Kroll 等（1970）使用 16PF 对橄榄球、摔跤、体操和空手道等项目高水平运动员人格特征进行了比较，结果表明：橄榄球、摔跤运动员与体操和空手道运动员的人格特征明显不同；体操运动员与空手道运动员的人格特征彼此不同，而摔跤运动员和橄榄球运动员人格特征则相似。[②]

Singer（1969）使用爱德华个人喜好量表（EPPS）测查了大学生棒球和网球运动员后发现，作为集体项目的棒球运动员人格特征与个人项目的网球运动员相比，有显著的差异；特别是，网球运动员在成就、省察（intraception）、自主、支配和攻击等分量表上得分高于棒球运动员，而在谦逊（abasement）分量表上得分较低。[③]

Shurr 等（1977）使用 16PF 的研究表明，集体项目运动员与个人项目运动员的人格特征存在着差异；身体直接接触项目运动员与非身体接触项目运动员人格特征也不同。具体地讲，集体项目运动员与个人项目运动员相比，较为焦虑、依赖、外向和警觉，在感受性和想象（sensitive-imaginative）方面较差；身体直接接触项目（如篮球、橄榄球和足球等）运动员与非身体接触项目（如排球和棒球等）运动员相比，较为独立和较低的自我力量（ego

---

① KENNICK L. Masks of identity[M]// D. Harris, Conference on women in sports. University Park: Pennsylvania State University Press. 1972: 157–168.

② KROLL W, CRENSHAW W. Multivariate personality profile analysis of four athletic groups[M]// Contemporary psychology of sport: Second International Congress of Sport Psychology. Chicago: Athletic Institute. 1970.

③ SINGER R N. Personality differences between baseball and tennis players[J]. Research Quarterly for Exercise and Sport y, 1969, 40(3):582–587.

strength)。[1]

不同运动项目运动员的人格特征存在差异。由于采用的研究工具不同，差异表现就可能不一样。正如 Carron（1980）和 Hardman（1973）在对运动员有关人格研究文献的综述中指出的：许多类似研究的结果并不一致。

3.1.4　不同运动水平运动员的人格

几十年来，研究人员一直在想方设法摸清不同运动（或技能）水平运动员的人格特征上的差异所在，并试图通过人格测验结果来预测运动员的运动水平（或运动成绩）以及选拔运动员。这也是教练员梦寐以求的愿望。

Williams（1980）使用 16PF 测查 18 名国际水平、34 名全国水平和 33 名俱乐部男子冰球运动员的人格特征，结果表明，国际水平运动员与俱乐部运动员在人格特征上有显著不同，但是全国水平运动员的人格特征与其他两组运动员没有明显区别。[2]

由于运动员运动水平的高低并非决定于某一因素，因此，在过去几十年里，一些研究人员（Kroll，1967；Morgan，1980；Rushall，1972，1973）使用人格测验未能成功地区分不同运动水平的运动员。正如 Cox（1986）指出的，即使是有经验的教练员也很难根据对运动员技能的测量和观察来区分。那么，我们为什么还要期望仅使用人格测验结果来了解运动员运动水平？不幸的是，有人把人格测验用于选拔和筛选运动员，使一些运动员受到伤害。

3.1.5　优秀（或成功）运动员的人格特征

优秀（或成功）运动员人格的研究是运动心理学领域中热门的研究课题。尽管现在这方面的研究进展缓慢，研究结果尚不能彻底揭示优秀或成功运动员人格之谜，但是必将会随着对人类心理活动的认识而吸引更多的运动心理学家去研究。

---

[1]　SCHURR K T, ASHLEY M A, JOY K L. A multivariate analysis of male athlete characteristics: Sport type and success[J]. Multivariate Experimental Clinical Research, 1977, 3(2): 53–68.

[2]　WILLIAMS J M. Personality characteristics of the successful female athlete[M]// W F STRAUB. Sport psychology: An analysis of athlete behavior. Ithaca, NY: Movement. 1980.

最早从事这方面研究工作的是 Griffith（1926，1928）。他在观察和与大学及职业运动员交谈后，认为优秀或伟大运动员的特征是：强健、勇敢、聪慧、精力充沛、快活、善于情绪调节、乐观、认真、机灵、忠诚和尊重权威。这反映了 Griffith 所处时代运动员的特征。

Morgan 等（1979）采用多维度心理测验方法，即除采用 POMS 外，还使用了在运动员人格研究中应用效果较好的 Eysenck 人格问卷（EPQ）中内—外向和情绪性两个分量表以及 Spielberg 的状态—特质焦虑量表（STAI），对几个项目美国优秀运动员进行了测查研究。研究结果表明，成功运动员与普通人相比有较多的积极心理健康特征和较少的消极心理健康特征。但这绝不意味着，具有积极心理健康的运动员就会成功；竞技运动中的成功可以加强积极的心理健康和产生更加积极的心境状态。它们是相关的关系，而不是因果关系。[①] 石岩（1992）研究发现，优秀运动员人格特征一般是外向情绪稳定、内向情绪稳定或介于两者之间，但并不是具有这样人格特点的运动员就是优秀运动员，优秀运动员当中也有一些人并不具备这一特点。[②]

Auweele 等（1993）指出，优秀运动员的特征是：（1）更有信心；（2）在比赛前和比赛期间较少焦虑；（3）注意力高度集中于比赛过程；（4）面对比赛中的落后和失误有其他的应对策略；（5）有较多的积极思维。[③]

总之，优秀运动员的人格特征是多种多样的，不能简单地说谁好谁坏，每一种人格特征都有自己的优劣利弊。对于优秀运动员而言，重要的是发挥各自的人格特征优势，改善自己的人格弱点。

3.2　运动员的冰山人格模式

在这一领域最受关注的是 Morgan 等使用心境状态剖面（POMS）的系列

---

① MORGAN W P. Prediction of performance in athletics[M]// P KLAVORA, J V DANIAL. Coach, athlete and the sport psychologist. Champaign, IL: Human Kinetics. 1979.

② 石岩. 运动员感觉寻求特质与人格特征的研究[J]. 山西体育科技，1992，12(4)：51–57.

③ AUWEELE Y V, CUYPER B D, MELE V V, et al. Elite performance and personality: from description and prediction to diagnosis and intervention[J]. Mcmillan, 1993, 257–289.

研究。他们使用 Mcnair 等（1971）这种心境状态剖面分别测查了摔跤运动员（Gould et al，1981；Highlen et al，1979；Morgan et al，1977；Silva et al，1981）、长跑运动员（Morgan et al，1972，1977）、划船运动员（Morgan et al，1978）、自行车运动员（Hayberg et al，1979）、速度滑冰运动员（Gutmann et al，1984）和跳水运动员（Demers，1983）等。

POMS 不是设计用于人格测验的，而是测查心境状态的。由于 POMS 得分与 Minnesota 多相人格测验（MMPI）的分量表分数有显著相关（Morgan，1986），Morgan（1988）认为，POMS 得分类似于特质类概念。

一些 POMS 研究报告，成功运动员 POMS 得分曲线呈"冰山剖面"（Morgan，1974，1980，1985；Morgan et al，1978，1987，1988；Nagle et al，1975）。成功运动员在精力方面是在 Mcnair 报告的标准分数 50 以上，而在紧张、抑郁、愤怒、疲劳和慌乱等方面则在这一常模标准之下。成功的世界级运动员的剖面图很像一座冰山，而没有成功的运动员的剖面图则较平。需要指出的是，并不是每个成功运动员都呈"冰山剖面"，许多没有成功的运动员也确有这种剖面（Gill，1986）。那么，如何理解 Morgan（1978，1988）所说的"POMS 在预测高水平运动员成功方面是有效的"？Morgan 本人从未推荐使用这种 POMS 来选拔运动员（Cox，1985），但是，POMS 作为运动员成功的一种预测指标被广泛应用（Mastro et al，1987）。

3.3 运动员感觉寻求人格特质

感觉寻求（sensation seeking）人格特质并不是由人格心理学家凭空想象出来的，而是在感觉剥夺（sensory deprivation）实验中发现的。所谓感觉寻求特质是指寻求变化的、奇异的和复杂的感觉或体验的一种人格特质。这个特质反映了每个人所特有的稳定的寻求刺激的人格倾向以及所期望保持的理想唤醒水平。感觉寻求特质在每个人身上都会存在，只是有强弱的差别。高感觉寻求者热衷于追求体力或精神方面的刺激，具有较低的生理可唤醒性，而低感觉寻求者总是信赖确切可靠和可以预知的事物，躲避那些没有把握和有风险性的事物，具有较高的生理可唤醒性。极限运动是一些富有刺激体验的活动，高感觉寻求者可以从中体验到一种快乐的满足，而低感觉寻求者则体验到一种极度的恐惧。

最早研究感觉寻求特质的是美国 M.Zucherman（1928—2018）。在 20 世纪 60 年代 Zucherman 主持编制了感觉寻求量表（Sensation Seeking Scale，简称 SSS），1979 年推出感觉寻求量表第五式（SSS-V），1984 年第五式修订本问世。

感觉寻求量表第五式由 4 个分量表构成[①]。这 4 个分量表分别是：

（1）寻求激动和惊险（Thrill and Adventure Seeking，TAS），表示渴望参加激烈的、具有一定危险性的户外活动。这些活动如飞行、赛车、潜水、登山等，大都是被社会所承认或接受的。参加这些活动目的不在于竞争，而在于参与。

（2）寻求体验（Experience Seeking，ES），表示通过独立思维和感觉去寻求各种新异的体验。

（3）放纵欲望（Disinhibition，DIS），表示热衷于使人情绪亢奋的、不受任何限制和约束的活动。

（4）厌恶单调（Boredom Susceptibility，BS），表示厌恶平庸乏味的人或事，讨厌重复和停滞。

虽然感觉寻求量表（SSS）并不是专为体育运动研制的，但是它是一种测评运动员人格的有效工具，特别是适用于高风险性项目运动员的研究。Hymbaugh 等（1974）发现，跳伞运动员在感觉寻求上的得分显著高于非跳伞运动员。[②]Straub（1982）研究过 80 名男运动员（伞翼滑翔参加者 33 人、赛车选手 22 人、保龄球选手 25 人）的感觉寻求特质，正如人们预料的那样，保龄球选手在总分和两个分量表分数上显著低于伞翼滑翔和赛车选

① ZUCKERMAN M, KOLIN E A, PRICE L, et al.Development of a Sensation-Seeking Scale[J]. Journal of Consulting Psychology, 1964, 28(6): 477-482.

② HYMBAUGH K, Garrett J. Sensation seeking among skydivers[J]. Perceptual and Motor Skills, 1974, 38(1): 118.

手。^①Rowland 等（1986）研究发现，高感觉寻求者比低感觉寻求者更喜欢参加具有高风险性的运动（如高台跳水、高山滑雪、登山等）；前者倾向于参加多种运动项目，后者则更喜欢长期坚持从事某一种运动项目。^②

张雨青等（1989）对感觉寻求量表第五式根据中国被试特点做了修订和标准化，制定了感觉寻求量表中文版（SSS-ⅤC）使用手册。^③石岩（1992）和祝蓓里等（1994）分别采用 SSS-ⅤC 对中国许多项目运动员进行了测查研究。由于这两个研究所测查运动员的项目等方面有一些不同，两个研究的结果也不尽相同。在体育运动中应用 SSS-ⅤC 的研究中，让人感兴趣的还是优秀运动员是否都是高或较高感觉寻求者，但是在研究中也看到了一些优秀选手并非如此。这方面有关问题尚待进一步探讨。

4 运动与人格研究进展

体育运动与人格研究是运动与锻炼心理学的基础性议题。20 世纪 60、70 年代，该问题受到众多国外学者关注，研究主题丰富，至 20 世纪 80 年代，开始出现低迷，原因在于心理学、运动心理学等方面研究者的质疑，包括方法不合理、无理论支撑和推论宽泛等。

国内运动心理学领域体育运动与人格研究也曾风靡一时，但由于更多地采用人格心理学特质学派常用的相关分析模式，因此研究结果很难得出人们最为关注的因果结论。^④张力为等（2000）认为，人格心理学大五人格理论

① STRAUB W F. Sensation seeking among high and low-risk male athletes[J]. Journal of Sport Psychology, 1982, 4(3) : 246-253.
② ROWLAND G L, FRANKEN R E, HARRISION K. Sensation seeking and participation in sporting activities[J]. Journal of Sport Psychology, 1986, 8(3): 212-220.
③ 张雨青，等.感觉寻求量表中文版（SSS-ⅤC）使用手册 [R]. 北京大学心理系，1989.
④ 张力为，任未多，等.体育运动心理学研究进展 [M]. 北京：高等教育出版社，2000.

的出现会给一度沉寂的运动心理学人格研究带来曙光[①]，然而，我国运动心理学人格研究依旧处于较为冷清的状态。

相比而言，大五人格理论却唤起了国外体育运动与人格研究的新一轮热潮。国外体育运动与人格研究最大的转变在于不仅只关注一些高级特质，如外向性、神经质等，其他与体育运动密切相关的次级特质也已进入研究者视野，如心理韧性（mental toughness）、情绪智力（emotional intelligence）、特质焦虑（trait anxiety）、感觉寻求（sensation seeking）等。此外，锻炼心理学人格研究也随着大五人格理论的出现逐渐增多，体育锻炼与人格的关系引起关注。

通过 Web of Science TM 核心合集数据库进行检索，收集 20 世纪 90 年代以来体育运动与人格相关研究（体育运动检索词为：physical activity、exercise、sport；人格检索词为：personality、big five、five-factor model、trait、extraversion、neuroticism、neurotic、psychoticism、openness、emotional stability、agreeableness、conscientiousness、mental toughness、mental hardiness、sensation seeking、BIS、BAS、behavioral approach），共获得 610 篇文献，采用 HistCite 及 Sci2 绘制引文耦合及关键词聚类图谱发现，国外体育运动与人格研究主要集中在心理韧性、体育锻炼与人格关系以及感觉寻求三大主题。本文结合引文耦合及关键词聚类图谱总结体育运动与人格研究三大主题的研究成果，以引文走向和高被引文献为线索，归纳体育运动与人格研究的相关证据，缩短已知与应知的差距。在此基础上，对未来体育运动与人格研究进行展望。

4.1　体育运动中的心理韧性

综合引证关系网络中的关键性文献及引文走向可以发现，研究主题一为

---

① 张力为，李安民.特质学派及五因素模型的局限与运动心理学人格研究 [J].北京体育大学学报，2000，23(1)：27–30.

体育运动中的心理韧性。国外运动心理学领域对心理韧性的研究源于这样的思考，即优秀运动员较普通人是否具有一些独特的或更具优势的心理特征。

4.1.1　心理韧性的维度

心理韧性操作化问题首先引起关注，主要通过质性研究，自下而上析出心理韧性维度。

从引文走向来看，Jones 等（2002）的研究为引证关系链中的起点，属于开创性和高被引文献。在此之前，Loehr（1982）认为心理韧性反映了运动员紧要关头时对能量（energy）的使用能力和面对挑战和逆境时的积极态度①，但该理解过于宽泛，尤其是"energy"很难被量化。Jones 等（2002）针对心理韧性的操作化问题，采用质性研究归纳出心理韧性的 6 个维度：自信（self-belief）、渴望 / 动机（desire/motivation）、压力和焦虑应对（dealing with pressure and anxiety）、专注：与运动表现相关的（focus：performance-related）、专注：与生活方式相关的（focus：lifestyle-related）、疼痛 / 困难因素（pain/hardship factors）。② 然而，单从运动员视角出发探索心理韧性显然是不全面的。

因此，后续质性研究开始注重结合教练员、队友、父母等与运动员密切相关群体的访谈材料，取得了一些成果（表 2-1）。

---

① LOEHR Y S. Athletic excellence:mental toughness training for sports[M]. New York: Plume, 1982.

② Jones G. What is This Thing called mental toughness? an investigation of elite sport performers[J]. Journal of Applied Sport Psychology, 2002, 14(3): 205-218.

表 2-1 质性研究中心理韧性的维度

作者	维度
Bull 等（2005）[1]	自我责任感（personal responsibility）、奉献和投入（dedication and commitment）、信念（belief）、压力应对（coping with pressure）
Jones 等（2007）[2]	1. 态度/心态（attitude/mindset）：信念、专注；2. 训练（training）：基于长期目标的动机定向（using long-term goals as a source of motivation）、控制环境（controlling the environment）、追求极致（pushing to the limit）；3. 竞赛（competition）：保持专注（staying focused）、调节能力（regulating performance）、处理压力（handling pressure）、意识和控制思维、情感（awareness and control of thoughts and feeling）、坚定不移的自我信念（having an unshakeable self-belief）；4. 赛后：处理失败（handling failure）、处理成功（handling success）
Gucciardi 等（2009）[3]	期望（hope）、乐观主义（optimism）、毅力（perseverance）和弹性（resilience）

上述心理韧性维度均是基于质性研究得出，存在较大的差异。此后，Coulter 等（2010）在 Gucciardi 等（2009）基础上增加了取胜心态和渴望（winning mentality and desire）维度。[4]Driska 等（2012）在 Jones 等（2007）基础上补充了可塑性（coachability）和心理控制（psychological control）两个维度。[5] 此外，还出现了诸如坚持或不放弃（persisting or refusing to quit）、拥有超强的心理技能（possession of superior mental skills）等。总之，不同研究之间虽有共性，但心理韧性维度至今未达成共识。值得一提的是，质性研究

[1] Bull S J, Christopher J, Shambrook W, et al. Towards an understanding of mental toughness in elite english cricketers[J]. Journal of Applied Sport Psychology, 2005, 17(3): 209-227.

[2] Jones G, Hanton S, Connaughton D. A framework of mental toughness in the world's best performers[J]. Sport Psychol, 2007, 21(1): 243-264.

[3] Gucciardi D F. Do developmental differences in mental toughness exist between specialized and invested Australian footballers?[J]. Personality & Individual Differences, 2009, 47(8): 985-989.

[4] COULTER T J, MALLETT C J, GUCCIARDI D F.Understanding mental toughness in Australian players, parents and coaches[J]. Journal of Sports Sciences, 2010, 28(7): 699-716.

[5] Driska A P, Kamphoff C, Armentrout S M. Elite swimming coaches' perceptions of mental toughness[J]. Sport Psychol, 2012, 26(2): 189-206.

得出的心理韧性维度较多，但没有研究者对其结果进行量化验证，如在质性研究结果基础之上编制测量工具。

是否所有与最佳运动表现有关的因素都能纳入心理韧性概念范畴？显然，从心理韧性维度可见，心理韧性的概念广度似乎没有边界，尽管又有研究得出积极能量（positive energy）、爱国主义精神（patriotic spirit）等维度。Caddick 等（2012）针对此问题进行了批判，认为目前心理韧性的构念反映出了一种精英理想（elitist ideal），在探索其维度的过程中总是以浪漫式的叙述（romantic narrative）来描写"好莱坞英雄"（Hollywood hero）式的运动员，而忽略运动员失败时的心理和道德表现，这些应是建构心理韧性的基础。[1] 同时，研究者认为目前心理韧性是一个伪科学构念（pseudoscientific construction）。Coulter 等（2016）对此观点给予了支持，认为心理韧性被假定为一个内隐的概念，其代表着男性主义理想（idealised form of masculinity）和精英价值观（elitist values），研究者认为在建构心理韧性时，运动员所处的情景规范（contextual norms）是一个不可忽略的因素。[2]

此外，以质性研究范式探索心理韧性具有一定优势，质性研究倾向于无理论导向去建构理论，而关键在于理论止于何时，怎样的心理韧性维度才能较为准确和完整地反映心理韧性的本质，这也是未来研究需要思考的问题。

4.1.2 心理韧性的测量

心理韧性的质性研究执着于探索心理韧性的维度。与之不同的是，Clough 等（2002）率先关注到心理韧性的评价问题，提出了心理韧性的 4C 维度（控制 Control，投入 Commitment，挑战 Challenge，自信 Confidence）并以此为基础编制了心理韧性量表（MTQ 48）。[3]Golby 等（2007）在 Loehr

---

① Caddick N, Ryall E. The Social Construction of "Mental Toughness" ——a Fascistoid Ideology? [J].Journal of the Philosophy of Sport, 2012, 39(1): 137-154.

② Coulter T J, Mallett C J, Singer J A. A subculture of mental toughness in an Australian Football League club[J]. Psychology of Sport & Exercise, 2016, 22(1): 98-113.

③ Clough P, Earle K, Sewell D. Mental Toughness: the concept and its measurement [M]. London:Thomson,2002.

（1986）所编制的心理操作调查表（Psychological Performance Inventory, PPI）基础上，开发了用于心理韧性测量的 PPI-R，包括决心（determination）、自我信念（self-belief）、积极认知（positive cognition）和视觉化（visualization）四个维度。[①]

此后，Sheard 等（2009）又编制了运动心理韧性问卷（Sports Mental Toughness Questionnaire, SMTQ），包含自信（confidence）、坚定（constancy）和控制（control）三个维度。[②]

测量工具的出现引起研究者对其信度和效度检验，Gucciardi 等（2012）及 Gucciardi（2012）分别对 MTQ48 和 PPI-R 进行了评价，结果表明，MTQ48 的结构效度存在较大问题[③]，PPI-R 结构效度理想，但内部一致性信度系数低于 0.7[④]，说明其理论构念存在问题。Golby 等对此没有回应，但 Clough 等（2012）对此进行了反驳，引起了心理韧性测量方面的一次争论。Clough 等（2012）主要提出三个问题：（1）文献综述不全面；（2）唯验证性因子分析；（3）样本取样问题（网络调查）。[⑤]Gucciardi 等（2013）又逐条进行了回应，尤其是在样本方面，研究者重新对回收数据清洗，并进行验证性因子分析，测量模型的拟合指标依旧没有得到改善。[⑥]随后 Perry 和 Clough 等（2013）

① Golby J, Sheard M, Van W A. Evaluating the factor structure of the Psychological Performance Inventory[J]. Percept Motor Skill, 2007, 105(1): 309-25.

② Sheard M, Golby J, Van Wersch A. Progress toward construct validation of the Sports Mental Toughness Questionnaire (SMTQ)[J]. European Journal of Psychological Assessment, 2009, 25 (3): 186-193.

③ Gucciardi D F, Hanton S, Mallett C J. Progressing measurement in mental toughness: a case example of the Mental Toughness Questionnaire 48[J]. Sport, 2012, 1(3): 194-214.

④ Gucciardi D F. Measuring mental toughness in sport: a psychometric examination of the psychological performance inventory-A and its predecessor[J]. Journal of Personality Assessment, 2012, 94(4): 393-403.

⑤ Clough P, Earle K, Perry J L, et al. Comment on "Progressing measurement in mental toughness:a case example of the Mental Toughness Questionnaire 48" by Gucciardi, Hanton, and Mallett[J]. Sport, 2012, 1(4): 283-287.

⑥ Gucciardi D F, Hanton S, Mallett C J. Progressing measurement in mental toughness: a response to Clough, Earle, Perry, and Crust[J]. Sport Exercise & Performance Psychology, 2013, 2(3): 157-172.

选取了 8207 个样本（运动员、高管、员工等），采用验证性因子分析结合探索性结构方程模型（ESEM）的方法，证实了 MTQ48 适合心理韧性的测量，并且信度和效度较好。[①]

　　Gucciardi 团队与 Clough 团队的争论暂时告一段落，但 Gucciardi 研究团队又提出了将心理韧性理解为单维概念的建议。Gucciardi 等（2015）编制心理韧性调查表（Mental Toughness Inventory, MTI）时发现，单维模型的拟合度最好，共 8 个条目，认为直接用观测指标衡量心理韧性较合适。[②]之后 Gucciardi 等（2016）对其 MTI 进行了跨文化检验（澳大利亚、马来西亚、中国），该调查表可以在这些地区使用。[③]值得注意的是，Gucciardi 等（2015）采用心理测量范式来编制 MTI，但在其编制过程中存在一些不容忽视的问题：首先，虽有理论支撑，但纳入"维度"标准过宽，且"维度"不全面。研究中"维度"的纳入标准为"在应激情境下，能对个体表现产生积极作用的……"，共纳入了 7 个维度（自我效能、情绪调节等），那么在这一标准下，目前较为热点的自我控制也能作为其维度范畴；其次，缺少必要的项目分析，虽在内容效度方面收集了大量专家意见，但项目分析是编制专业测量工具必不可少的一部分；最后，研究过程中直接进行了测量模型的构建，以自上而下的研究范式编制测量工具，探索性因子分析是不可或缺的，其结果可以指导验证性因子分析时模型的构建。至于单维还是多维，仅从发展概念的角度来看，多维性不仅对构建心理韧性理论有益，且在探讨如何发展心理韧性的问题上，心理韧性的多维性也能为训练实践提供更多的方略。

　　综上所述，心理韧性的维度和测量工具方面依旧存在争议，较为关键的是心理韧性的维度问题，关乎着量化研究的准确性。虽然已有研究者编制了

①　Perry J L, Clough P J, Crust L, et al.Factorial validity of the Mental Toughness Questionnaire-48[J]. Personality & Individual Differences, 2013, 54(5): 587-592.

②　Gucciardi D F, Hanton S, Gordon S, et al. The concept of mental toughness: Tests of Dimensionality, nomological Network, and traitness[J]. Journal of Personality, 2015, 83(1): 26-44.

③　Gucciardi D F, Zhang C Q, Ponnusamy V, et al. Cross-cultural invariance of the mental toughness inventory among Australian, Chinese, and Malaysian athletes: a bayesian estimation approach[J]. Journal of Sport & Exercise Psychology, 2016, 38(2): 187-202.

相关测量工具，但理论研究依旧是该问题的核心。

目前心理韧性的质性研究已经积累了较多的研究成果，但是由于受样本选择、研究者经验等影响，研究结果差异较大。针对这一情况，未来研究可以从两个方面进行突破：其一，对已有质性研究进行综合；其二，使用扎根理论探索心理韧性的维度，提高研究的信度和效度。对研究结果进行综合，目前元分析方法（meta-analysis）已经相当成熟。随机对照组实验、相关性研究等研究结果都可以使用元分析进行综合。然而，质性研究的结果为文字，元分析并不能处理。Thomas 等（2008）介绍了一种用于质性研究结果综合的方法——主题集成（thematic synthesis）[①]，并开发了专门用于主题分析的软件EPPI-Reviewer。主题集成的重要作用是可以超越过去的研究，与传统的文献总结方式有明显的不同，集成强调的是提出对已有结果新的解释。针对目前心理韧性质性研究的现状，主题集成的研究方法显然是一个突破点，通过该方法对已有研究结果进行综合，提炼出共性的心理韧性维度。

扎根理论作为心理韧性维度探讨的另一个突破点，表现为扎根理论在建构理论方面的优势。从关键词聚类中可见，三角检验（data triangulation）作为一个小聚类群凸显，可以说明，研究者在质性研究的操作中已经开始关注研究信度的问题。在访谈方法上，焦点小组访谈和单样本深度访谈应用最多。然而，材料的归纳方法，只有 Gucciardi 等（2008）使用了扎根理论的分析程序。从目前心理韧性质性研究中可以发现，研究基本上为目的性抽样，样本量基本在 10 个左右，虽然是基于建构主义视角，但研究者都是在探索心理韧性的核心维度或是一般维度，样本的控制显然限制了理论建构的全面性，信度虽有三角检验保证，但研究效度可能还有待提高。扎根理论操作程序中的理论抽样能很好弥补这一缺陷，且编码程序也相对规范。与此同时，理论饱和的报告也未见有研究进行呈现，这无疑使研究效度问题更加凸显。另外，在访谈方法上，未来研究应尽可能使用单样本深度访谈，焦点小组访谈虽能

---

① Thomas J, Harden A. Methods for the thematic synthesis of qualitative research in systematic reviews[J]. BMC Medical Research Methodology, 2008, 8(1): 45–52.

使运动员、教练员围绕心理韧性展开自由讨论，但"从众效应"不容忽视。单样本深度访谈也应避免单次性，以理论引导访谈及访谈内容。总之，未来研究应高度重视研究效度问题。

由于心理韧性维度及测量的争议性，未来研究还有可能尝试编制新的量表，可尝试将层面理论（facet theory）引入，其优势在于可将理论建构和实证研究系统地结合起来，"迫使"研究者用一种范式化的研究方式组织研究所涉及的所有概念，界定研究范畴，形成研究框架，并依据此框架设计或选择研究工具（问卷和项目），提出假设，再通过诸如最小空间分析方法来检验假设，从而探索和验证理论结构。[①]层面理论对心理韧性研究存在的问题具有较强的针对性，尤其是映射语句技术，可对目前心理韧性的维度进行系统考量。

4.1.3　心理韧性与运动员应对

虽然心理韧性的理论研究面临种种困境，但心理韧性的实证研究还是逐渐增多，原因在于心理韧性测量工具的发展。研究热点主要集中在心理韧性与运动员应对问题。Nicholls 等（2008）作为主题一引证关系链中的高被引文献，首次较为系统地研究了心理韧性与运动员应激应对的关系，研究指出，心理韧性强的运动员在面对压力时倾向于使用问题为中心（problem-focused）的应对策略。[②]随后，Kaiseler 等（2009）[③] 和 Kurimay 等（2017）[④] 得出了相同的结果。Andrews 等（2014）研究表明，男运动员的心理韧性强度要高于女运动员，且男运动员更加倾向于使用问题为中心的应对策略。[⑤]

[①] 赵守盈，江新会. 行为科学研究设计与理论建构的一种重要策略——层面理论述评 [J]. 贵州师范大学学报（自然科学版），2006，24（2）：113 118.

[②] Nicholls A R, Polman R C J,Levy A R,et al. Mental toughness,optimism, pessimism, and coping among athletes[J]. Personality & Individual Differences, 2008, 44(5): 1182–1192.

[③] Kaiseler M, Polman R, Nicholls A. Mental toughness,stress,stress appraisal, coping and copingeffectiveness in sport[J]. Personality & Individual Differences, 2009, 47(7): 728–733.

[④] Kurimay D, Pope-Rhodius A, Kondric M. The relationship bctween stress and coping in table tennis[J]. Journal of Human Kinetics, 2017, 55(1): 75–81.

[⑤] Andrews P, Chen M A. Gender differences in mental toughness and coping with injury in runners[J]. Journal of Athletic Enhance, 2014, 3(6): 1–5.

　　运动员之所以能高效率应对压力，原因可能在于较强的心理韧性能使运动员感知压力的强度减小，也可能是由于运动员拥有较强的控制能力，继而采取更有效的应对策略。Mattie 等（2012）研究表明，心理韧性强的运动员面对压力时，通常会使用心理调节策略，如放松技术、自我暗示等。[①]然而，这些推论均是基于研究者经验及对运动员的访谈。心理韧性与运动员应对的深层机制是什么？ Dewhurst 等（2012）采用定向遗忘实验范式（directed forgetting paradigm）回答了此问题，研究表明，认知抑制（cognitive inhibition）是心理韧性的心理机制之一[②]，也就是说，心理韧性强的运动员拥有过滤与目标无关信息的能力，继而影响其应对压力的方式。心理韧性的前因变量探索也为此问题提供了一些线索。Gowden 等（2014）研究表明，智谋（learned resourcefulness）是心理韧性的前因变量，二者的相关系数达到0.79，因此研究者认为智谋很有可能是心理韧性的一个维度。[③]Gowden（2016，2017）又证实情绪智力（Emotional Intelligence）和自我意识（self-aware）是心理韧性的前因变量，其中心理韧性在情绪智力和运动员压力应对之间起完全中介作用。[④⑤]

　　由此可见，研究者从最初将心理韧性视为自变量，到目前寻找更多心理韧性的前因变量，将心理韧性视为中介变量，始终围绕运动员应对这一核心

---

① Mattie P, Munroechandler K. Examining the relationship between mental toughness and imagery use[J]. Journal of Applied Sport Psychology, 2012, 24(2): 144–156.

② DEWHURST S A, ANDERSON R J, COTTER G, et al. Identifying the cognitive basis of mental toughness: evidence from the directed forgetting paradigm[J]. Personality & Individual Differences, 2012,53(5):587–590.

③ Cowden R G, Fuller D K,Anshel M H.Psychological predictors of mental toughness in elite tennis: an exploratory study in learned resourcefulness and competitive trait anxiety [J]. Percept Motor Skill,2014, 119(3): 661–678.

④ Gowden R G. Mental Toughness,Emotional Intelligence,and Coping Effectiveness: an analysis of construct interrelatedness among high-performing adolescent male Athletes[J]. Percept Motor Skill,2016, 2(4): 1–17.

⑤ Gowden R G. On the mental toughness of self-aware athletes: evidence from competitive tennis players[J]. South African Journal of Science, 2017, 113(1/2): 1–6.

问题。然而，心理韧性与运动员应对的关系还未很明朗，原因还是在于心理韧性的维度，Bull 等（2005）以及 Jones 等（2007）析出的心理韧性维度都包含了应对因素，那么心理韧性与运动员应对到底是两个独立变量还是包含与被包含的关系？未来研究除追求多因素模型外，还应着重探讨该问题。

4.2　体育锻炼与人格的关系

综合考证主题二的引证关系链及关键词的聚类分布可以判定，该主题主要为锻炼心理学的人格研究。该主题涉及两个重要问题，即人格对体育锻炼的影响效应和体育锻炼能否改变人格。

4.2.1　人格对体育锻炼的影响效应

随着大五人格理论的成熟及相关测量工具的开发，Courneya 的研究团队推动了锻炼心理学人格研究的发展。受早期运动心理学人格研究的"无理论导向"问题的启示，Courneya 等（1999）首次将计划行为理论（Theory of Planned Behavior, TPB）引入研究，结果表明，外向性和尽责性与体育锻炼行为呈正相关，神经质与体育锻炼行为呈负相关，TPB 在外向性、神经质和体育锻炼行为之间起部分中介作用，同时，在控制 TPB 时，外向性与体育锻炼行为有直接效应。[1] 之后有研究也发现外向性能直接预测锻炼行为。[2][3] 这些研究虽然样本量不是很大，但已经开始注意抽样问题，因此，研究效度明显提高。"外向的人更倾向于有规律的体育锻炼"一度成为当时的主流观点。

[1] Courneya K S, Bobick T M, Schinke R J. Does the Theory of Planned Behavior Mediate the Relation Between Personality and Exercise Behavior? [J]. Basic and Applied Social Psychology, 1999, 21(4): 317-324.

[2] Hoyt A L, Rhodes R E, Hausenblas H A, et al. Integrating five-factor model facet-level traits with the theory of planned behavior and exercise[J]. Psychology of Sport & Exercise, 2009, 10(5): 565-572.

[3] Roberts B W, Luo J, Briley D A, et al. A systematic review of personality trait change through intervention[J]. Psychol Bull, 2017, 143(2): 117.

受这一趋势的影响以及 Rhodes 等（2003）[1]的呼吁，社会认知理论（Social Cognitive Theory）和自我决定理论（Self-Determination Theory）也被应用到体育锻炼与人格关系的研究中。自我决定理论中的动机变量受到关注，但是与锻炼动机有关的特质只有开放性。[2]

与该研究结果不同的是，Bowman（2015）研究发现，外向性、宜人性、尽责性和情绪稳定性都与锻炼内部动机存在正相关关系，而开放性与锻炼内部动机呈负相关。[3]Costa 等（2014）研究指出，人格和动机都能有效地预测有规律的锻炼行为。[4]

社会认知理论的最新研究表明，社会认知结构能解释体育锻炼的 35.6% 的变异，其中目标设置是一个关键性的预测变量，大五人格整体上对体育锻炼没有影响。目标设定、自我效能、神经质和尽责性能预测个体的锻炼行为。[5]MacCann 等（2015）延续了 Courneya 等的研究，结果表明，人格预测体育锻炼意向和行为都为小效果量，人格也可能不会直接影响锻炼意向和行为，在这条路径上，TPB 发挥着重要的中介作用。[6]

由此可见，研究者对人格预测体育锻炼行为的研究思路已经较之前有很大变化，虽然依旧有研究坚持人格对体育锻炼的直接效应，并且增加了自变量的数量，但人格对体育锻炼的影响为间接效应这一趋势已经逐渐明晰。

————————

[1]　Rhodes R E, Courneya K S. Relationship between personality, an extended theory of planned behavior model and exercise behavior[J]. British Journal of Health Psychology, 2011, 8(1): 19–36.

[2]　Reza N, Azadeh M, Nasrin J. The relationship between personality traits and exercise behaviors: self-determination theory[J]. Developmental Psychology, 2014, 10(9): 275–284.

[3]　Bowman K. The relationship between personality type and exercise motivation[D]. Eastern Kentucky University, 2015.

[4]　Costa S, Oliva P, Cuzzocrea F. Motivational aspects and personality correlates of physical exercise behavior[J]. Physical Education and Sport, 2014, 12(2): 83–93.

[5]　Smith G, Williams L, O'Donnell C, et al. The influence of social-cognitive constructs and personality traits on physical activity in healthy adults[J]. International Journal of Sport & Exercise Psychology, 2016, 1–16.

[6]　Maccann C, Todd J, Mullan B A, et al. Can personality bridge the intention –behavior gap to predict who will exercise? [J]. American Journal of Health-system Pharmacy, 2015, 39(1): 140–147.

为平息人格与体育锻炼之间的直接相关性的争论，Wilson 等（2015）对人格与体育锻炼的相关性研究进行了元分析，人格与锻炼行为的相关性分别是外向性（r=0.1076）、神经质（r=-0.0710）、尽责性（r=0.1037）、开放性（r=0.0344）以及随和性（r=0.0020）。[①] 除神经质外，其他四种特质都与锻炼行为呈低度的正相关关系。然而，相关系数元分析的合并方法使用还不是很广泛，纳入文献质量的评价方法还没有权威标准，研究者并没有对文献质量进行评价。人格各维度的亚组分析结果表明，相关性的大小主要受样本影响，如样本年龄、性别、地区等。

从研究效度来看，未来可补充元分析研究，并严格控制纳入文献质量，可借鉴 Sanderson 等（2007）[②] 介绍的观察性研究的质量评价工具对纳入文献质量进行评估。

Vo 等（2015）对之前研究者应用的理论进行了整合，提出了用于解释人格对体育锻炼影响的效应模型——倾向—信念—动机模型（Disposition-Belief-Motivation Model）。[③] 该模型整合了计划行为理论、社会认知理论以及跨理论模型（The Transtheoretical Model, TTM），其中倾向部分包括外向性的次级特质活跃（activity）以及尽责性的次级特质勤奋（industriousness），信念部分包括知觉行为控制、态度、主观规范、期望和自我效能，动机部分包括意向和跨理论模型中的行为变化过程（behavioral processes of change），因变量为体育锻炼行为。结构方程模型分析表明，该模型的拟合较好；路径分析结果表明，倾向通过信念和动机影响体育锻炼行为。该模型较为充分地解释了人格对体育锻炼影响的间接效应，也为未来研究提供了较为广阔的拓展

① Wilson K E, Dishman R K.Personality and physical activity:a systematic review and meta-analysis[J]. Personality and Individual Differences,2015, 72(1): 230–242.

② Sanderson S, Tatt I D, Higgins J P. Tools for assessing quality and susceptibility to bias in observational studies in epidemiologya systematic review and annotated bibliography[J]. International Journal of Epidemiology, 2007, 36(3): 666–676.

③ VO T, BOGG T. Testing theory of planned behavior and neo-socioanalytic Theory models of trait activity, industriousness, exercise social cognitions, exercise intentions, and physical activity in a representative U.S.sample[J]. Frontiers in Psychology, 2015, 6(8): 1–13.

空间。模型中倾向部分只涉及了与体育锻炼相关度较高的外向性和尽责性，且选择了次级特质，根据 Wilson 等（2015）的元分析结果，除神经质外，大五人格的其他维度也与体育锻炼呈低度正相关，未来可以拓展倾向部分，验证高级特质在模型中的适应性。另外，信念部分和动机部分都有可拓展的空间，如加入锻炼取向、偏好等变量。总之，人格对体育锻炼的影响为间接效应已逐渐成为共识。

4.2.2　体育锻炼对人格的影响

相对于人格对体育锻炼的影响效应，体育锻炼能否改变人格的话题更具吸引力。Demir 等（2016）认为针对该问题的研究有很多[①]，但是以科学主义标准来评价，针对该问题的结论多是一种反向的推理，即经常参加体育锻炼的人外向性较高，就说明体育锻炼能使人外向，这显然是一种诡辩逻辑。目前国外研究者对该问题也出现了前后不一的论述，如 Allen 等（2014）[②] 对此问题持乐观态度，认为体育锻炼能改变人格，但 Allen 等（2015）又认为体育锻炼能否对人格产生影响，这一问题依旧不能下结论。[③] 究其原因，还是缺乏有力的证据。

其实该问题研究的难度非常大，无论是追踪研究还是实验室研究都要考虑很多无关变量的影响，且在评价标准上也很难足够客观。Popescu（2014）设计了约一年半（2012 年 10 月—2014 年 5 月）的干预研究，对实验组实施复杂的训练计划（体能、健身操、拉伸等，每周 3 次），对照组则正常上体育课，结果表明，干预结束后，实验组在自信、社交性、活跃性上有明显提升，

---

① Demir E, Sahin G,Sentürk U, et al. Effects of tennis training on personality development in children and early adolescents[J]. J Educ Train Stud,2016, 4(6): 28–34.

② Allen M S, Laborde S. The role of personality in sport and physical activity[J]. Current Directions in Psychological Science, 2014, 23(6): 460–465.

③ Allen M S, Vella S, Larborde S. Sport participation,screen time, and personality trait development during childhood[J]. Britsh Journal of Developmental Psychology , 2015, 33(3): 375–390.

且被试的自我意象也有很大的提升。[①] 同样，Stephan 等（2014）的纵向追踪研究也表明，经常参与体育锻炼的成年人在尽责性、外向性、开放性和宜人性的下降程度比不经常参与体育锻炼的成年人要低。[②] 研究者认为体育锻炼能通过延缓认知衰退或形成更积极的压力应对方式来维持期望的人格特质。探索机制问题是其中的关键，体育锻炼影响人格应更多关注生理机制。对这一问题进行回答首先应明确人格的决定因素，行为遗传学倾向于基因和环境的交互作用，而神经科学倾向于脑结构决定人格。

以基因与环境交互作用推论，体育锻炼应属于环境影响部分，即体育锻炼属于后天习得，Vukasović 等（2015）的元分析研究表明，人格的遗传力为0.40[③]，如果不将环境和个体因素结合起来去解释体育运动中的问题是得不到有说服力的结果的，如不同项目运动员的遗传倾向。[④] 因此，为最大限度区分遗传与环境因素，研究取样必须为同卵双生子，且均应无锻炼习惯，继而进行干预。体育锻炼对人格产生的影响有多大，这种影响的效能能持续多久，或者是不是一种短时效应，也是必须考虑的问题。以神经科学视角探讨体育锻炼影响人格问题空间较大，原因在于人格神经科学研究已经积累了一定成果，较为共识的是从脑干到前额叶至少与人格的某个方面有关。同时，体育锻炼改善大脑结构的研究国外也有较多积累。Cotman 等（2007）认为，体育锻炼能通过直接影响突触结构、增强突触强度以及增强代谢系统和心血管系统功能继而增强突触的可塑性，体育锻炼能改善海马体（hippocampus）结

① Popescu V. The influence of physical exercises on the personality of overweight and obese students from Bucharest economic studies academy[J]. Marathon, 2014, 6(2): 195–203.

② Stephan Y, Sutin A R, Terracciano A. Physical activity and personality development across adulthood and old age: evidence from two longitudinal studies[J]. Journal of Research in Personality, 2014, 49(1): 1–7.

③ Vukasović T, Bratko D. Heritability of personality: a meta-analysis of behavior genetic studies[J]. Psychol Bull, 2015, 141(4): 769–785.

④ Butovskaya P R, Lazebnij O E, et al. The relationship between polymorphism of four serotonic genes (5-HTTL, 5-HT1A, 5-HT2A, and MAOA) and personality traits in wrestlers and control group[J]. Molecular Genetics, Microbiology&Virology, 2015, 30(4): 165–172.

构。[1]Alkadhi（2017）认为，体育锻炼能预防（prevent）、恢复（restore）或改善（ameliorate）由脑结构功能失调引起的疾病，如痴呆症、帕金森综合征等[2]，并探讨了其中的机制问题。由此可知，体育锻炼对人格的影响很可能不是直接效应，神经系统在这条路径上发挥着重要的中介作用。未来可综合人格神经科学以及体育锻炼改善大脑的研究成果，探索体育锻炼影响人格的机制问题。综上所述，目前尚无坚实证据证明体育锻炼能否改变人格。

4.3 体育运动中的感觉寻求

感觉寻求是一种对于新异的、复杂的以及强烈的感觉和体验的追求，而且个体愿意为之冒生理、社会、法律以及财物方面的风险。[3]感觉寻求（sensation seeking）最早由 Zuckerman 等提出，他们提出用适宜刺激来解释在减少刺激需求方面的个体差异，其理论基础为最佳唤醒理论。高感觉寻求者如果低于最佳唤醒水平，唤醒水平的增加就是一种奖赏，反之，如果高于最佳唤醒水平，唤醒水平的降低就是一种惩罚。高感觉寻求者的动机就是寻求紧张和刺激。感觉寻求起初在心理学、社会心理学领域广泛应用于风险评估（risk appraisal）研究，其目的在于探索共性的风险评估倾向，风险评估以及风险行为量表编制也一度成为热点。Horvath 和 Zuckerman（1993）首次将体育运动纳入风险行为的研究框架。[4]高风险运动具有紧张、刺激等特点，运动心理学领域逐渐关注到感觉寻求。

4.3.1 感觉寻求与高风险运动参与

20 世纪 90 年代，运动心理学感觉寻求研究倾向于使用 Zuckerman 编制的感觉寻求量表（Sensation Seeking Scale, SSS）对运动员或高风险运动参与

① Cotman C W, Berchtold N C, Christie L A. Exercise builds brain health: key roles of growth factor cascades and inflammation[J]. Trends in Neurosciences, 2007, 30(9): 464–472.

② Alkadhi K A. Exercise as a positive modulator of brain function[J]. Molecular Neurobiology, 2017.

③ Zukerman M. Biosocial bases of sensation seeking[M]. New York: Guilford Press, 2006.

④ Horvath P, Zuckerman M. Sensation seeking, risk appraisal, and risky behavior [J]. Personality and Individual Differences, 1993, 14(1): 41–52.

者进行测量，按照项目将被试分为高风险项目参与者和低风险项目参与者，继而对比被试在感觉寻求量表中的得分。Zuckerman（2006）对之前研究总结指出，在感觉寻求倾向方面，年轻人要高于老年人，男性更倾向参与高风险运动，高感觉寻求特质个体的风险行为并不是出于理性（rational decisions），而是短时冲动（temporal impulses）。[①]

高风险运动参与者一般都是男性居多，且在感觉寻求量表得分上普遍高于女性，这与常识经验保持一致。比较共识的解释是，在冒险体验的主观感受上性别差异也许能用进化起源论中的生物学倾向来解释，或者可以从同伴压力和社会实践的角度来解释，因为社会鼓励男性尝试冒险运动而很少提及这些运动中存在的应激。[②]

随着研究不断深入，Llewellyn 等（2008）认为并不是所有高风险运动项目参与者都具有感觉寻求特质，他们的研究结果指向自我效能感高的个体倾向于承担更多风险因素[③]，也就是说，当个体对他们处理风险的能力有足够自信时，他们倾向于承担更高的风险。同样，有研究指出，除感觉寻求特质外，高风险运动参与者一般都具有更强的内部动机。[④]Cazenave 等（2007）认为，专业风险运动参与者在风险承担上更加理性。[⑤]尽管还有研究在报告单因素的结果，但高风险项目参与者的人格特征除了感觉寻求之外，确实存在一些其他心理变量需要去考证。Castanier 等（2010）研究表明，消极情绪和逃避自我意识策略能预测运动员的冒险行为，回归分析显示，当控制感觉寻求变

① Zukerman M. Biosocial bases of sensation seeking[M]. New York: Guilford Press, 2006.

② Kerr G A, Goss J D. Personal control in elite gymnasts: the relationship between locus of control, self-esteem and trait anxiety[J]. Journal of Sport Behavior, 1997, 20(1): 69-82.

③ Llewellyn D J, Sanchez X.Individual differences and risk taking in rock climbing [J]. Psychology of Sport and Exercise, 2008, 9(4): 413-426.

④ Diehm R, Armatas C. Surfing: an avenue for socially acceptable risk-taking, satisfying needs for sensation seeking and experience seeking[J]. Personality and Individual Differences, 2004, 36(3): 663-677.

⑤ Cazenave N, Le Scanff C, Woodman T.Psychological profiles and emotional regulation characteristics of women engaged in risk-taking sports[J]. Anxiety Stress & Coping, 2007, 20(4): 421-435.

量时，情绪模型依旧显著。[①]Barlow 等（2015）又将述情障碍（alexithymia）纳入高风险运动参与的影响变量范畴，认为除感觉寻求特质外，识别和叙述情感方面存在障碍的个体更倾向于参与高风险运动。[②]综上可知，高风险运动参与的个体一般具有高感觉寻求特质，但依旧有诸多未知的心理变量亟待探索。

除心理学因素外，Zuckerman（2008）总结了感觉寻求生理机制：多巴胺活性高（增加新异刺激），5- 羟色胺水平低（抑制行为能力差），去甲肾上腺素水平低（减少新异刺激的应激反应，降低惩罚的威胁感）。[③]近年来，感觉寻求与高风险运动参与的机制问题也引起关注。Thomson 等（2013）研究表明，多巴胺 D3 受体内含子多态性（rs167771）与滑雪运动员的感觉寻求特质存在着相关性。[④]随后，Thomson 等（2015）研究表明，高风险项目运动员的感觉寻求量表得分要显著高于低风险项目运动员，高风险运动参与与 stathmin 蛋白和脑源性神经营养因子（brain-derived neurotrophic factor）存在着相关性。[⑤]

4.3.2　感觉寻求的测量

感觉寻求研究在运动心理学领域取得较为显著的成果为 Thomson 等（2012）研制出了专用于滑雪运动参与者的感觉寻求量表（Contextual Sensation Seeking Questionnaire for skiing and snowboarding, CSSQ-S）。该量表的测量效度

[①] Castanier C,et al. Beyond sensation seeking: affect regulation as a framework for predicting risk-taking behaviors in high-risk sport[J]. Journal of Sport & Exercise Psychology, 2010, 32(5): 731-738.

[②] Barlow M, Woodman T, Chapman C, et al.Who takes risks in high-risk sport? The role of alexithymia [J]. Journal of Sport & Exercise Psychology, 2015, 37(1): 83-96.

[③] Zuckerman M. Personality and sensation seeking[M]. Los Angeles: Sage, 2008.

[④] Thomson C J, Carlson S R, Rupert J L. Association of a common D3 dopamine receptor gene variant is associated with sensation seeking in skiers and snowboarders[J]. Journal of Research in Personality, 2013, 47(2): 153-158.

[⑤] Thomson C J, Power R J, Carlson S R, et al. A comparison of genetic variants between proficient low and high risk sport participants[J].Journal of Sports Sciences, 2015, 33(18): 1861-1870.

要好于 Zuckerman 的冲动—感觉寻求量表（Impulsive Sensation Seeking scale, ImpSS）[1]。Thomson 等（2014）[2] 以及 Maher 等（2015）[3] 在研究滑雪运动员感觉寻求特质时都使用了该量表，其信度和效度正在不断被检验，并且在冬季项目运动员的感觉寻求测量时，该量表已经显示出了更强的项目适用性。北京获得 2022 年第 24 届冬季奥运会的主办权后，我国运动心理学领域必定会掀起一波冬季项目研究热潮，研究者可将感觉寻求作为一个很好的切入点，尤其是在运动员选材、损伤预防等方面。值得一提的是，目前还没有对 CSSQ-S 进行移植的研究，其文化适应性如何还不得而知。从目前该量表在国外的使用状况来看，有理由相信其在冬季项目运动员样本上的适用性。因此，建议尽快对其信度和效度进行验证，以供具体研究使用。

除 CSSQ-S 的编制外，感觉寻求的测量方面还出现了一个较为前沿性的变化，这一变化也应引起运动心理学领域研究者高度重视。目前使用较为广泛的感觉寻求量表为第 5 版（Sensation Seeking Scale, SSS-V），尽管 Zuckerman（2007）发表声明，认为 SSS-V 依旧具有很好的信度和效度[4]，但西班牙研究者发现，Zuckerman 等（1973）编制的 Zuckerman-Kuhlman 人格问卷（Zuckerman-Kuhlman Personality Questionnaire, ZKPQ）中的冲动—感觉寻求量表在评价感觉寻求方面更具优势。该量表共 19 个条目，8 个条目测量冲动性，测量感觉寻求的 11 个条目中，有 8 个题项是改编自 SSS-V，条目描述基本一致。McDaniel 等（2008）研究表明，在涉及高风险行为时，与 SSS-V 相比，ImpSS 显示出了更好的聚合效度（convergent validity）和预

① Thomson C J, Morton K L, Carlson S R, et al. The Contextual Sensation Seeking Questionnaire for skiing and snowboarding(CSSQ-S): development of a sport specific scale[J]. International journal of sport psychology, 2012, 43(6): 503-521.

② Thomson C J, Carlson S R. Personality and risky downhill sports: associations with impulsivity dimensions[J]. Personality and Individual Differences, 2014, 60(6): 67-72.

③ Maher A M, Thomson C J, Carlson S R. Risk-taking and impulsive personality traits in proficient downhill sports enthusiasts[J]. Personality and Individual Differences, 2015, 79(1): 20-24.

④ Zuckerman M. The Sensation Seeking Scale V (SSS-V): still reliable and valid[J].Personality and Individual Differences, 2007, 43(5): 1303-1305.

测效度（predictive validity）。[1] 信度方面，Robbins 等（2004）[2] 和 Capone 等（2009）[3] 报告的内部一致性系数分别为 0.78 和 0.76，除此之外，Fernández-Artamendi 等（2016）报告的内部一致性系数为 0.83，在涉及酒精、大麻等使用时，ImpSS 也显示出了更高的预测效度。[4] 在涉及高风险运动项目的研究时，是否需要引入冲动性感觉寻求的概念，并开始尝试使用 ImpSS，还是将冲动性和感觉寻求分离开进行探讨，目前还不得而知。

由于冲动性和感觉寻求存在中度的相关，Zuckerman 将两种特质合并为一个构念，提出冲动性感觉寻求。然而，近期 Zuckerman 等（2016）又表达了另一个立场，即冲动性与唤醒（arousal）相关，而感觉寻求与唤醒力（arousability）相关，认为唤醒是感觉寻求的附加现象（epiphenomena）而不是其主要动力。唤醒力则体现了个体面对刺激时的不同反应，强调个体差异。[5] Magid 等（2007）通过验证性因子分析建立了冲动性和感觉寻求的二因子模型及包含冲动性和感觉寻求的一因子模型，从模型拟合指标来看，二因子模型拟合指标要好于一因子模型。[6] 从以上结果可知，一方面部分研究者强调冲动性感觉寻求与高风险行为的相关性，另一方面将冲动性和感觉寻求

① Mcdaniel S R, Lii J E M. An examination of the ImpSS scale as a valid and reliable alternative to the SSS-V in optimum stimulation level research[J]. Personality and Individual Differences, 2008, 44(7): 1528-1538.

② Robbins R N, Bryan A. Relationships between future orientation, impulsive sensation seeking, and risk behavior among adjudicated adolescents[J]. Journal of Adolescent Research, 2004, 19 (4): 428-445.

③ Capone C, Wood M D. Thinking about drinking: need for cognition and readiness to change moderate the effects of brief alcohol interventions[J]. Psychology of Addictive Behaviors Journal of the Society of Psychologists in Addictive Behaviors, 2009, 23(4): 684-688.

④ Fernández-Artamendi S, Martínez-Loredo V, Fernández-Hermida J R, et al. The Impulsive Sensation Seeking (ImpSS): psychometric properties and predictive validity regarding substance use with Spanish adolescents[J].Personality and Individual Differences,2016, 90(1):163-168.

⑤ Zuckerman M,Glicksohn J. Hans Eysenck's personality model and the constructs of sensation seeking and impulsivity[J].Personality and Individual Differences, 2016, 103(1): 48-52.

⑥ Magid V, Maclean M G, Colder C R. Differentiating between sensation seeking and impulsivity through their mediated relations with alcohol use and problems[J]. Addictive Behaviors, 2007, 32(10): 2046-2061.

分离开来的趋势已经凸显。至于如何抉择，还有待后续研究跟进。

4.4　体育运动与人格研究展望

4.4.1　理论视角层面

目前人格心理学又掀起了一轮"分类"热潮，原因在于大五人格维度可能是非正交的。然而，对于人格理论的发展来说，"整合"似乎比"分类"更加有益于具体研究。体育运动与人格研究目前过于注重个体差异的探讨，倾向于将被试根据研究需要分成不同的组别，加之部分研究倾向于测量单个或几个人格的维度。Harwood 等（2012）认为，这种做法不利于我们对整体概念的理解。[①] 比如，我们知道某个运动员在各种比赛情境中都具有较强的心理韧性，但是这并不能解释为什么他会获得冠军以及胜利和失败对于他的意义。McAdams 等（2006）批判了人格心理学"理论大杂烩"的问题，继而提出了 5 条整合人格心理学理论的原则。[②]

对人格理论进行整合已有研究者进行过尝试，如 Hollaner（1967）提出的人格层次性结构：心理核心、典型反映及角色有关行为，Mayer（2005）提出的人格系统框架[③]，但从整体视角来看，McAdams 等（2013）[④] 提出的理论更具解释效度（图 2-1），且被接受程度较高。

该理论的核心在于将人格分为三个连续性的阶层，第一层为行动因素：特质。其代表着一系列宽泛的倾向，这些倾向预示着个体的行为、思想、情感等因素的跨时间、跨情景的一致性。特质是人格中最稳定的因素，是个体

①　Harwood T M, Beutlcr L E, Groth-Marnat G.Integrative assessment of adult personality [M]. New York: Guildford press, 2012.

②　Mcadams D P, Pals J L.A new Big Five: fundamental principles for an integrative science of personality[J]. American Psychologist, 2006, 61(3): 204-217.

③　Mayer J D. A tale of two visions:can a new view of personality help integrate psychology? [J]. American Psychologist,2005, 60(4): 294-307.

④　Mcadams D P. The psychological self as actor,agent, and author[J]. Perspectives on Psychological Science, 2013, 8(3): 272-295.

行为特征的粗略轮廓，其受基因和环境交互作用影响。目前主流的测量工具（如 NEO-PI）都可以用来测量特质，体育运动与人格研究对人格的了解大都止于特质。然而，特质很难描述个体完整的人格。因此，该理论的第二阶层为动力因素：目标和价值。该阶层包含不同种类的特征性同化（characteristic adaptations），这种特征性同化强调个体之间在诸多方面的差异，如动机、目标、社会认知（价值、信念等）、发展方式等。不同于特质，这些因素的发展主要决定于个体所处的环境以及社会规范。儿童时期，个体已经开始以所处环境（家庭、社会）的价值框架来定义自己，并形成在这种框架下的价值观、意识和目标体系。该理论的第一阶层给予个体"是怎样的"描述，第二阶层使个体具有独特的价值观和目标，进而作出自己的选择，如"我要成为世界冠军"。该理论的第三阶层为建构：主观诠释。McAdams（2013）认为，从特质和特征性同化角度不能实现对个体全面的理解，这两种因素不能描述个体自我建构的部分（一种基于过去、现在经验和未来憧憬基础上的认同），同时，自我建构也赋予了其生命的价值。记忆的自动化在儿童时期就已经开始，个体在青春期或 20 岁左右会发展为"自传作者"（autobiographical authors），使个体会从已有经验中标定"我是谁"，继而获得生命意义、认同及目标等的诠释，个体也会对自己所经历的事件进行重要性排序。

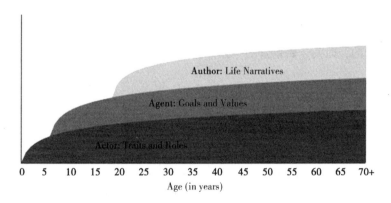

图 2-1　人格的三阶层框架（McAdams，2013）

人格的三阶层框架较特质论的最大优势在于不仅关注"是什么"的问题，而且更全面地解释了"为什么"的问题。该理论在体育运动与人格问题上还没有被研究者应用，具有较大潜力。以个体 A 痴迷于跳伞运动（高风险运动项目）为例，首先，传统研究可能会使用大五人格量表或感觉寻求量表对其进行测试，结果可能是个体 A 是一个高外向性、开放性以及高感觉寻求的人。还可能将个体 A 与个体 B 进行比较，得出个体 A 具有更高的感觉寻求特质。虽然感觉寻求、外向性等可能在一定程度上解释了个体 A 为什么痴迷于跳伞，但却是片面的，或者说只是了解了他是一个怎样的人。根据人格三阶层框架，还需了解个体 A 为什么痴迷于跳伞运动以及如何喜欢上这项运动的。根据第二阶层的内涵，需要了解诸多问题：个体 A 通过这种冒险运动达到什么目的，通过这种行为得到什么以及如何看待这种冒险运动等。可能个体 A 想通过跳伞来证明自己与众不同，或者所处的社会文化将冒险运动看作是不理智的，而在他的朋友圈，冒险运动却是时尚的代言词。McAdams 等（2010）认为，研究者可以参考特质来定义个体，同样也可以通过个体的目标、价值等特征性同化因素来定义个体。[①] 因此，将个体的价值观、目标、动机等因素与特质结合无疑会充实对问题的理解。人格三阶层框架的最顶层关注的是行为对于个体深层次意义。出于整体观的视角，还需知晓冒险运动对于个体 A 的意义，逐渐清晰其认同，了解他想要成为一个什么样的人。个体不同年龄阶段认同的发展很大程度受其成长过程中的重要事件影响。Pals（2006）将一些对个体有重要影响的事件称为转折点（turning point）[②]，如在访谈中类似于"假如没有……我会/不会……"的表达。从这一角度来看，需要了解个体 A 在其成长过程中是不是有一些重要的事件或较大的情感波动，这些与其热衷于冒险行为有没有联系。这一深层次的探知不仅是将个体 A 视为一个完整的个体，更重要的是对其冒险行为实现一种全新的诠释。不同人格阶层关注着不

---

① McAdams D P, Olson B D. Personality development: continuity and change over the life course[J]. Annual Review of Psychology, 2010, 61(1): 517–542.

② Pals J L. Authoring a second chance in life: emotion and transformational processing within narrative identity[J]. Research in Human Development, 2006, 3(2): 101–120.

同的问题，从心理学角度研究体育运动与人格问题必然离不开原因的解释。未来研究可尝试以此理论为基础对体育运动与人格问题进行全新的解释。

还有一个问题尤为关键，即如何操作。目前体育运动与人格主要有两种研究路径：一种是横断面研究，使用人格量表收集数据；另一种为纵向研究，同样也注重人格量表的使用。然而，以人格三阶层框架来看，单纯定量研究范式不能囊括完整的人格结构，需将定量和定性有效地结合起来。特质测量可以通过目前比较成熟的人格量表或Q分类测验，而人格三阶层框架中的二、三层由于所涉及的变量庞大，不可能全部考虑，因此，还需要根据相关理论以及具体的研究对象对变量进行权衡。应用人格三阶层框架，尤其是回答第三阶层问题时，引入深度访谈是必要的，访谈不仅发挥着帮助研究者尽可能以各种迂回和间接的方法去理解相关行为的意义作用，而且可能会挖掘出更多的相对个人化的因果模型。[①]也可将生命线图（portrait of life）及关键事件访谈（critical incident interview）技术引入。体育运动与人格研究虽开始使用回归方法进行统计，但回归模型只是一种因果假设，而不是因果模型，其自变量与因变量的确定很大程度上依赖于研究者的经验及相关理论。定性研究方法不仅能有效回答人格三阶层框架的问题，而且能为定量研究的因果假设转向可能的因果模型提供有力证据。

4.4.2　研究方法层面

虽然心理学是构建人格科学最安全的方法，但有一天可能会被生物模型追赶上。目前来看，人格生物学研究取向确实已经有赶超特质取向的趋势。人格生物学研究取向历来就有，只是在体育运动与人格研究中，特质学派理论及测量工具的成熟为研究者提供了更多便利。

将特定的基因与人格特质联系在一起是研究者一直努力的方向，如多巴胺受体D4（DRD4）与外向性的关系，五羟色胺转运体（5-HTT）与神经质的关系，Munafò 等（2003）以及 Clarke 等（2010）的元分析报告证实，DRD4对外向性并没有作用，而 5-HTT 对神经质的作用也不是很明

---

① 郑震 . 社会学方法的综合——以问卷法和访谈法为例 [J]. 社会科学，2016，38(11)：93-100.

显。[1][2]Petito 等（2016）以 133 名优秀运动员为测试对象，验证了 5- 羟色胺转运体基因连锁多态性区域（5-HTTLPR）与神经质、认知焦虑以及情绪控制的关联，证实了神经质与认知焦虑和抑郁之间具有显著的相关性，神经质水平在 5-HTTLPR 与认知焦虑和情绪控制之间起到调节作用。[3] 虽然该研究并没有直接触及体育运动与人格议题，但也从一个侧面提示，遗传因素在理解体育运动中的问题时是必须要考虑的因素。感觉寻求的基因研究同样提示我们，基因通过人格对个体的行为产生影响。Vukasović 等（2015）的元分析结果表明，人格的遗传力为 0.40。[4] 更有意思的是，体育锻炼行为似乎也受遗传因素影响。Stubbe 等（2009）采用双生子研究范式发现，体育锻炼（锻炼频率、坚持时间、锻炼强度）受到遗传因素的影响，而遗传力的大小受年龄的影响，年龄越大遗传力越小，总体范围在 0.3～0.8 之间。[5] 之前 Stubble 等（2006）发现体育锻炼的遗传力在不同国家的样本中也不同。研究结果提示，不同年龄和地区的人群，体育锻炼受遗传因素影响程度有较大差异。[6] 人格和体育锻炼都不同程度受到基因的影响，那么有没有可能影响二者的基因是同一种或者有相似的基因型？ Butković 等（2017）首次正面回答了这一问题，同样是采用双生子研究范式，该研究发现，影响人格和体育锻炼的基

① Munafo M R, Clark T G, Moore L R, et al. Genetic polymorphisms and personality in healthy adults:a systematic review and meta-analysis[J]. Molecular Psychiatry, 2003, 8(5): 471–484.

② Clarke H, Flint J, Attwood A S, et al. Association of the 5-HTTLPR genotype and unipolar depression: a meta-analysis[J]. Psychological Medicine, 2010, 40(11): 1767–1778.

③ Petito A, Altamura M, et al. The relationship between personality traits, the 5 HTT polymorphisms, and the occurrence of anxiety and depressive symptoms in elite athletes[J]. Plos One,2016, 11(6): e0156601.

④ Vukasović T, Bratko D. Heritability of personality:a meta-analysis of behavior genetic studies[J]. Psychol Bull, 2015, 141(4): 769–785.

⑤ Stubbe J H, DE Geus E J. Genetics of exercise behavior[M]. Berlin:Springer Verlag, 2009.

⑥ Stubbe J H, Boomsma D I, Vink J M, et al. Genetic influences on exercise par-ticipation in 37.051 twin pairs from seven countries[J]. Plos One, 2006, 1(1): e22.

因的确存在重叠的现象①，但遗憾的是，该研究使用了生物性状进行遗传力分析，并没有真正发现重叠的都是哪些基因。随着该研究的发表，锻炼心理学领域势必会逐渐意识到以基因视角解释体育锻炼与人格关系问题的优势。研究样本的增加以及基因检测技术的引入是未来研究中需要加强的。

近几年人格神经科学研究发展迅猛，同时也为体育运动与人格研究提供了新的导向。这为进行纵向研究设计以及实验研究提供了相对于纸笔测验更加客观的指标，同时在说明体育运动对人格的作用时，也便于回答"如何作用"的问题。目前研究者至少已经发现了部分与大五人格维度相关联的特定脑区，包括与外向性相关的伏隔核（accumbens nucleus）、杏仁核（amygdala）以及眶额皮层（orbitofrontal cortex）；与神经质相关的主要有杏仁核、前扣带皮层（anterior cingulate cortex）、前额皮层（prefrontal cortex）以及海马体（hippocampus）；与随和性相关的主要有颞上沟（superior temporal sulcus）、颞顶联合区（temporo-parietal junction）以及后扣带回皮层（posterior cingulate cortex）；与尽责性相关的主要是前额叶皮层；与开放性相关的主要有背外侧前额皮层（dorsolateral prefrontal cortex）和顶叶皮层（parietal cortices）。人格神经科学的研究正在不断地积累，这为理解与人格相关的一系列问题都带来了曙光。在体育运动与人格问题上，明确与人格相关联的脑结构后，可能解决的不仅是评价的问题，重要的是提供了更多的研究设计空间。

以神经科学方法探索体育锻炼对人格的影响目前较容易实现，原因在于大脑"人格区"以及体育锻炼改善脑结构功能研究的积累。研究者可以初步选择与体育锻炼和人格（神经质）都存在关联的海马体进行验证，探索体育锻炼是否会通过改善海马体结构功能继而对神经质产生影响。在感觉寻求的脑功能探索中，Joseph 等（2009）通过情绪诱导任务证实，高感觉寻求者在观看具有高唤醒的图片（暴力、极限运动、色情等）时，大脑中与唤醒和强

---

① Butković A, Hlupić T V,Bratko D. Physical activity and personality: a behavior genetic analysis[J]. Psychology of Sport and Exercise, 2017, 30: 128-134.

化相关的脑区激活度更高。[①] 目前核磁共振成像（fMRI）技术已较成熟，可以准确进行脑区定位，其中弥散张量成像（DTI）技术也能显示皮层和皮层下结构之间的联系，便于将系统和功能作为整体进行考察。未来可借助这些技术对体育锻炼与人格之间的深层机制进行解释。

4.4.3 实际应用层面

从实践角度来看，增加"体育运动是最好的人格教育"的证据无疑是未来体育运动与人格的主攻方向之一，而干预研究是最直接的方式。这一问题也是困扰我国运动心理学领域的一大难题，任未多（1996）对此问题进行了精练总结，困惑在于：纵向研究间隔时间短了，人格不可能发生变化，跨越时间长了，其他影响因素难以控制。[②] 由于国内很少有学者触碰该问题（特别是干预时间问题），这一困惑一直延续至今。国外目前虽然有几项体育运动干预人格的研究，但是不系统，这一问题的瓶颈在于科学干预方案的制定以及人格测量的客观性。目前临床心理学研究已经否定了"personality is a fate（人格决定命运）"的观点，正念训练、认知干预、社交技能的学习等都能对人格产生不同程度的影响。Roberts 等（2017）对 207 篇人格干预研究（真实验和前后测）进行元分析，结果表明，临床干预（药物、认知行为疗法等）会使人格发生改变，影响的大小排序为情绪稳定性、外向性、尽责性、宜人性和开放性（d=0.57,0.23,0.19,0.15,0.13）。[③] 干预效果并不受干预方式的影响，在干预时间方面，低于 4 周的干预效果量较小，8 周左右的干预效果最好，继续延长干预时间，人格的变化会微乎其微。对人格进行干预的关键在于，干预效果可能受到被试填答量表的准确性影响，即被试填答量表会受到诸多因素影响，如被试当时的心境状态。目前人格的基因研究以及神经科学研究还不能提供一个"完整"的、客观的人格框架，只能比较片面地反映一些人

---

① JOSEPH J E, LIU X, JIANG Y, et al. Neural correlates of emotional reactivity in sensation seeking[J]. Psychological Science, 2009, 20(2): 215–223.

② 马启伟，等 . 体育心理学 [M]. 北京：高等教育出版社，1996.

③ Roberts B W, Luo J, Briley D A, et al. A systematic review of personality trait change through intervention[J]. Psychol Bull, 2017, 143(2): 117.

格特质，这一阻力对于人格研究还会持续。体育运动与人格的研究可借鉴临床心理学研究，设计出有效的体育运动对人格的干预方案，正面回答体育运动到底能否改变人格。

　　将人格因素应用到运动员选材的评价中是否可行，这一问题也是运动心理学领域较为关注的。20 世纪 90 年代以来，关于该问题的讨论较少，主要以 Aidman（2007）及 Gee 等（2010）的纵向研究最具代表性。Aidman（2007）研究表明，人格特质结合教练员对运动员的潜力评级能 100%（人格特质单独预测的准确率为 84%）区分出发展成为专业运动员（n=13）的个体和退出训练的个体（n=19）[①]，Gee 等（2010）的研究也得出了类似的结果，即 "教练员经验 + 人格" 能有效预测运动员未来的运动表现[②]。换言之，如果在运动员选材时，能将人格因素结合教练员经验及相关运动能力评估等，可能会发掘出更具发展潜力的种子。我国运动心理学工作者，尤其是随队科研工作人员，可以积极展开这种尝试，积累数据，为科学选材开辟新的路径。

　　心理韧性与运动员的优异表现密切相关，虽然心理韧性的理论研究还相对较弱，但如何有效地发展心理韧性，近期已有研究者开始关注。近年来积极心理学的快速发展对运动与锻炼心理学带来了很多启发，其中就包括教练员与运动员的关系从 "控制" 到 "自主支持" 的视角。这给心理韧性的应用研究提供了突破点和理论基础，教练员自主支持在运动员心理韧性的发展过程中发挥着至关重要的作用。Weinberg 等（2016）对 15 位国际运动心理学家的访谈材料进行归纳，总结出心理韧性的发展路径，整体上是围绕教练员展开，包括两大方面：其一，教练员如何看待运动员、自己和相关管理人员（In how thinks about athlete and self/staff）；其二，教练员如何做（In what does…），包括逆境创设（create adversity）和心理技能训练（teach mental

① Aidman E V. Attribute-based selection for success: the role of personality attributes in long-term predictions of achievement in sport[J]. J Am Board Sport Psy, 2007: 1–18.

② Gee C J, Marshall J C, King J F. Should coaches use personality assessments in the talent identification process? A 15 year predictive study on professional hockey players[J]. International Journal of Coaching Science, 2010, 4(1): 25–34.

skill）。^① 所有的这些都指向一个关键变量——自主支持。自主支持是自我决定理论（Self-Determination Theory）的核心要素，认为当环境是控制性和限制性时，个体内部意愿和动机被抑制，不利于个体的适应与发展；当环境是自主支持时，个体受到外界的鼓励与支持，能够充分挖掘内在资源，积极主动地适应与发展^②。Mahoney 等（2016）首次设计了自主支持方案对 18 名赛艇教练员进行干预，干预形式为两个工作坊，主要讲授自我决定理论及自主支持的具体行为操作等。研究者也分成小组的形式对教练员跟进，及时解决问题，但结果表明，干预结束后，教练的控制行为并未减少，同时，运动员心理韧性及心理需求满意度也未见提高。^③ 研究者归纳干预后对教练员的访谈材料时指出，教练员对工作坊所发放的补充材料存在理解障碍，最为关键的是教练员认为工作坊提及的内容与训练实际相差甚远。该研究是《应用运动心理学杂志》刊登的为数不多的结果全为阴性的报告，但其对教练员的访谈结果应引起思考。理论与实践的鸿沟，如何填补？这也为干预方案提出了硬性标准，即干预方案不仅要有理论基础，而且要充分扎根于实践，切忌陷入"想当然"思维。其他领域研究基本指向感知自主支持与积极情绪、表现等的关联性。未来研究可进一步探讨运动员感知教练员自主支持与心理韧性的关系，继而服务于心理韧性的培养。

4.5　小结

（1）目前体育运动与人格研究主题呈现逐渐精细化趋势，研究热点集中于体育运动中的心理韧性、感觉寻求以及体育锻炼与人格的关系。

（2）体育运动中心理韧性研究在理论方面存在较大的争议性，主要原因

---

① Weinberg R, Freysinger V, Mellano K, et al. Building mental toughness: perceptions of sport psychologists[J]. Sport Psychologist, 2016, 30(3): 231-240.

② 唐芹，方晓义，胡伟，等 . 父母和教师自主支持与高中生发展的关系 [J]. 心理发展与教育，2013，29(6)：604-614.

③ Mahoney J W, Ntoumanis N, et al.Implementing an autonomy –supportive intervention to develop mental toughness in adolescent rowers[J]. Journal of Applied Sport Psychology, 2016, 28(2): 199-215.

在于倾向使用质性研究范式对心理韧性的维度进行探讨。心理韧性测量工具的发展对其量化研究起到重要推动作用，研究主要涉及心理韧性与运动员压力应对的关系，结果基本指向二者的正相关关系。

（3）体育锻炼与人格的关系逐渐清晰化，人格对体育锻炼的影响为间接效应，至于体育锻炼能否改变人格，目前尚无坚实证据。

（4）感觉寻求由于其理论较为成熟及在运动领域的独特适用性受到研究者关注，研究结果指向高风险运动参与者一般都具有高感觉寻求特质。感觉寻求的测量工具方面，经典量表使用较为广泛，但已有编制针对具体项目量表的趋势。

（5）未来体育运动与人格研究应在理论、方法和实际应用层面寻求突破。理论层面应以整体人格的视角审视体育运动与人格问题；研究方法上借鉴行为遗传学与人格神经科学的研究方法，以求更为客观地测量人格；实际应用层面，应重视干预方案的设计，注意理论转入实践层面的适用性。

第三章　动作技能学习

人类的行为活动离不开动作技能，动作技能学习（motor skill learning）从人的出生开始就贯穿于人的动作发展中，并在人的未来生产和生活中发挥重要的作用。动作技能是运动员竞技能力的重要组成部分之一，动作技能水平在一定程度上制约着运动成绩。在运动员早期发展阶段，主要工作是动作技能的形成与发展，也就是如何又快又好地进行运动技能学习。这既涉及动作技能学习的理论，也与动作技能学习的方法密切关联。

1　动作技能概述

1.1　技能和动作技能

技能（skill）是学习者在特定目标的指引下，通过练习而逐渐熟练掌握的对已有知识经验加以运用的操作程序，如骑车、游泳、写作、阅读等。

目前对动作技能的定义说法不一，但都认为动作技能包括三种成分[1]：

第一，动作或动作组，动作并非动作技能，只有当人们用一组动作去完成一项具体任务时，才称为动作技能。

第二，体能，主要包括耐力、力量、韧性、敏捷性等。

第三，认知能力，包括视觉、听觉、触觉、动觉等多种知觉能力，其中手脚协调、身体平衡对完成动作技能意义更大。

综上所述，动作技能是指在练习的基础之上，由一系列实际动作以完善

---

[1]　莫雷，等. 教育心理学 [M]. 广州：广东高等教育出版社，2005：256.

的、合理的程序构成的操作活动方式，如跳舞、开车、弹琴等。

动作技能具有以下特征：

第一，操作对象的客观性，动作技能无论是器械性的，还是身体本身，都是客观的实体，具有客观性。

第二，动作要求的精确性，不论哪一类动作技能都必须以精确为前提，不够精确的动作是不能被视为技能的。

第三，动作成分的协调性，动作技能要求各动作成分之间相互配合协调、顺畅，这种协调性不仅表现在各个动作之间，也表现在视觉、听觉、触觉和动觉等各种认知因素之间以及动作与认知之间。

第四，动作技能的适应性，动作技能具有比较普遍的适应性，在不同条件下，特别是在困难条件下，依然能保持动作的一致性和稳定性，同时又能根据外界要求，做出灵活的调整，显示其变化性。

1.2 动作技能分类

动作技能目前大多是采纳一维分类系统进行划分。最常见的方法是根据技能的共同特征进行分类。每一种共同特征包含两个范畴（非二元范畴），用一个连续区间的两端来表示。连续区间上与某一端点的相对距离，或者说与某一端点代表的特征更相似来判断类别，而并不是一定要求技能特征必须与某一端点的特征完全符合。

一般把动作技能分为连续性和非连续性动作技能。连续性动作技能（continuous skill）是指以连续、不间断的方式完成系列动作的技能，如游泳、滑冰、跳舞和骑车等。非连续性动作技能（discontinuous skill）则是动作持续时间短暂，动作与动作之间有可以直接感觉到起点和终点的技能，如举重、投篮、掷标枪和刹车等。

开放性和封闭性动作技能的这种分类法是由美国学者 Poulton E. C.（1957）最早提出来的[①]。根据动作技能进行过程中外部条件是否变化，连续

---

① POULTON E C. Learning the statistical properties of the input in pursuit tracking [J]. Journal of Experimental Psychology, 1957, 54 (1): 28–32.

性和非连续性动作技能又可分为封闭性和开放性动作技能。封闭性动作技能（closed skill）是指可以不参照环境因素而进行，具有相当固定动作模式的技能，如游泳、体操、田径和高尔夫球等。开放性动作技能（open skill）则是指动作随着外界情境变化而做出相应变化的技能，如篮球、排球、击剑和摔跤等。有关开放性与封闭性动作技能主要项目见表 3-1[①]。

表 3-1　开放性与封闭性动作技能主要项目一览表

类别	运动项目
开放性动作技能	篮球（不含罚球）、排球、足球、手球、冰球、水球、橄榄球、曲棍球、网球、乒乓球、羽毛球、垒球、棒球、击剑、摔跤、柔道、拳击、跆拳道、武术散打和赛车等
封闭性动作技能	体操、跳水、射击、射箭、游泳、举重、武术套路、田径（短跑、跳高、撑竿跳高、跳远、三级跳远、标枪、铁饼、铅球、链球等）、篮球罚球、花样滑冰等

动作技能一维分类法虽然简便易行，但是当技能结构和操作环境相对复杂时，练习组织者便不容易把握技能的主要特征对技能进行分类。

为了克服动作技能一维分类法的局限性，Gentile（2000）在一维分类法的基础上增加了一个维度，即从两个维度上分析动作技能的特征：①操作的环境背景特征；②表征技能的动作功能。他还将这两个维度的特征进行进一步分类，形成了一个由十六种技能类型构成的相对庞大的分类系统。

1.3　运动知识与动作技能的区别与联系

运动知识与动作技能的区别是：前者为概念（科学的与前科学的）及其系统所组成，后者则为动作方式（外部的与内部的）及其系统所组成。运动知识是在体育运动长期发展过程中通过人们反复的运动实践所积累起来的认知结果。体育教师做示范和讲解动作技能的要领、原理、规则以及动作概念就是运动知识，而动作技能是通过练习而获得的动作活动方式。

---

① JIN W, CHEN S. Applied Motor Learning in Physical Education and Sports [M]. Fitness Information Technology (FIT). West Virginia University. 2014.

　　二者的关系和联系是：动作技能是在运用运动知识去解决问题（作业的与实际的）的过程中所采取的种种动作方式。运动知识是动作技能的基础，不掌握一定的知识就难以形成相应的技能；动作技能是运动知识的应用，它是学以致用的一种具体表现，形成一定的技能有助于对相应知识的理解与巩固，还可以成为进一步获取新知识的一种手段。

　　总之，一方面，领会有关的运动知识是动作技能形成的关键；另一方面，动作技能是对运动知识的应用，或者说是运动知识的物化或外化。

　　Michael Polanyi（1957）[①] 指出："人类有两种知识。通常所说的知识是用书面文字或地图、数学公式来表达的，这只是知识的一种形式。还有一种知识是不能系统表述的，如有关我们自己行为的某种知识。如果我们将前一种知识称为显性知识的话，那么我们就可以将后一种知识称为缄默知识。我们可以说，我们一直隐隐约约地知道我们确实拥有缄默知识。"

　　缄默知识（tacit knowledge）是相对于显性知识（explicit knowledge）而言的。它是一种只可意会不可言传的知识，是一种经常使用却又不能通过语言文字符号予以清晰表达或直接传递的知识，如我们在做某事的行动中所拥有的知识，这种知识即是所谓的"行动中的知识"或者"内在于行动中的知识"。对知识的表达而言，行动是和语言同样根本的表达方式。对于运动知识来讲，同样存在显性知识和缄默知识之分。体育运动中那些只可意会不可言传的知识就是缄默知识。

　　J.Anderson（1990）把人类掌握知识的表征形式分为：陈述性知识（declarative knowledge）与程序性知识（procedural knowledge）。具体到运动知识而言，陈述性知识是指动作的术语、要领、原理、规则等知识，它是可以用言语来表达和用谈话法或书面的方式来测定的；程序性知识是指如何去完成某种动作技能的指示及有关什么时候运用或怎样选择适当的动作技能的知识，它除了用谈话法或书面的方法来测定之外，还可以用实际操作的方式来测定，也被称为执行知识、操作性知识。学习新的动作技能最初表征为陈

---

① MICHAELl POLANYI. The Study of Man[M]. Landon: Routledge & Kegan, Paul, 1957: 12.

述性知识，而后才能使陈述性知识转化为程序性知识。程序性知识的发展依赖于陈述性知识，受技能水平的影响。

1.4 动作技能学习过程

动作技能的学习要经历习得、保持、迁移的过程。动作技能的形成，是指通过练习从而逐渐掌握某种外部动作方式，并使之系统化的过程。

动作技能学习具有阶段性和长期保持性两个特点。前一个特点是对动作学习的一般过程进行分析后提出来的，后一个特点则是动作学习区别于其他类型的学习（如学科学习）的重要方面。[①]

1.4.1 动作技能学习的阶段性

T.M.Fitts 和 M.I.Posner 在 1964 年提出了动作技能形成的三阶段理论，即认知阶段（cognitive stage）、联结阶段（associative stage）和自动化阶段（autonomous stage）。他们认为，动作技能的形成是个渐变的过程，不能从一个阶段突然转到另一个阶段，当动作达到自动阶段，运动员可以不加思考地完成动作。

（1）认知阶段

在学习一种新动作的初期，个体首先必须获得关于该动作的某种"认知"（通常涉及动作的有关知识、基本要求、操作要点等方面的内容），并在头脑中形成相应的动作表象，这就是动作学习的认知阶段。

（2）联结阶段

动作学习的第二阶段，称作联结阶段。这里有两层含义，一是对简单动作而言，要在刺激与反应之间建立较为稳固的联结；二是对复杂动作而言，要将许多简单动作有机地结合起来，以形成比较连贯的复杂动作。

动作学习的联结阶段与认知阶段的最大区别是：在联结阶段，学习者的注意力已从动作认知转向动作操作。

---

① 董奇，陶沙，等．动作与心理发展 [M]．北京：北京师范大学出版社，2002：138-145.

（3）自动化阶段

自动化阶段是动作学习的最后阶段。动作学习进入自动化阶段，标志着动作学习的完成。其具有以下四个方面的特征：①动作控制由有意识转向无意识；②动作调节以内反馈为主；③动作既稳定又灵活；④动作协调化模式已经形成。

动作技能形成阶段的特点见表 3-2。

表 3-2 动作技能形成阶段的特点

形成阶段	注意范围	动作	肌肉状态	意识参与
认知阶段	狭窄	多结多余	过分紧张	较多
联结阶段	扩大	逐渐精确	逐渐协调	减少
自动化阶段	很大	准确精练	协调自如	极少

在此基础上，我国学者提出了复杂动作技能形成的四阶段：

第一，认知阶段。这是动作技能形成的重要环节，即让学生了解"做什么""怎么做"。认知阶段的长短取决于动作技能的性质和复杂程度。

第二，动作分解阶段。将完整的动作技能分解为若干个局部的、个别的动作后，然后理解每个分解动作的基本要求和特征，对各个分解动作进行练习。

第三，动作练习阶段。经过反复练习使已经掌握的局部的、个别的动作联系起来，以形成比较连贯的整体动作。

第四，自动化阶段。各个动作相互协调，动作能够按照准确的顺序以连锁反应方式实现。这个阶段，各个动作联合成为一个完整的自动化的动作系统，意识调节作用大大降低，肌肉运动感觉作用占主导地位。

1.4.1 动作技能学习的长期保持性

动作技能学习的长期保持性是指在学会某动作之后，该动作的保持较好，不容易遗忘。这就是说，相对于知识学习的保持，动作学习的保持要牢固些，更不易遗忘。

为什么学会了的动作技能不易遗忘而具有长期保持性？可能有以下几个方面的原因：一是动作技能保持的生理基础具有特殊性；二是动作技能往往

是以连续任务的形式出现的，动作技能的学习实际上是一个在前后动作之间建立起巩固练习的过程；三是动作技能常常是经过过度学习之后才获得的，所谓过度学习是指超过了达到掌握标准的学习。

2　动作技能学习中的讲解、示范与练习

在动作技能学习过程中，讲解、示范和练习是极其重要的两个环节。其中，讲解、示范在动作技能形成的认知阶段具有特别重要的作用，而练习则主要在动作技能形成的联结阶段和自动化阶段扮演不可或缺的角色。[①]

2.1　动作技能学习中的讲解、示范

讲解是指导者以言语描述或提示的方式向练习者提供有关动作技能本身的重要信息。通过讲解，可以使练习者明确练习目的、动作要领和原理，从而提高对动作的认知水平。由于练习者处于新动作初学阶段，为了避免练习者认知负荷超载，指导者在进行讲解时，要注意言语的简洁、概括与形象化。

示范是由指导者完成一系列熟练而又合乎要求的动作，供练习者仿效和学习使用，也就是指导者将技能演示出来，以便练习者能够进行直接的观察与模仿。动作示范有助于练习者形成比较正确和完整的动作表象，为下一步动作学习打下基础。

指导者在进行动作示范时，通常会采取三种相对位置：一是相向示范，即指导者面对练习者示范，也称镜面示范，这种方式示范容易使练习者产生左右反向认知混淆的不良影响；二是围观示范，即指导者居中，练习者围成圆圈，但是这样的示范常因练习者从不同的角度观察而发生混淆；三是顺向示范，即练习者在指导者背后，与指导者同一方向，也称背面示范，这种位置的示范可以消除左右反向及不同角度的不良影响，故备受推崇，建议指导

---

① 董奇，陶沙，等. 动作与心理发展 [M]. 北京：北京师范大学出版社，2002：138–145.

者在进行动作示范时，最好采用这种方式。

　　动作示范的有效性取决于示范的时机和频率、示范者的特征和示范的准确性等诸多因素。A.M.Gentile 认为，示范应在实际练习前进行，在练习过程中，指导者应尽可能适时地向练习者做示范。有研究表明，当观察熟练的指导者进行示范时，练习者的学习效果最好；当观察不熟练的同伴示范和观察不熟练的指导者示范时，练习者在前一种情况下的学习效果优于后者。还有实验研究表明，对动作技能学习的影响由指导者的技能水平决定，而与指导者的身份无关。显然，谁来教是一个极其重要的问题。

　　在动作技能形成过程中，指导者可以根据教与学实际情况将讲解和示范结合起来，这样将有助于练习者更准确、更有效地掌握动作技能。

2.2　动作技能学习中的练习

　　练习是反复多次地执行某种技能，并通过反馈，逐步提高这种技能的熟练程度。衡量动作技能的熟练程度指标有：准确率（错误率）、所需时间、单位时间的工作量。

2.2.1　练习曲线

　　在动作技能学习中，其学习情况一般用练习曲线来表示。练习曲线是表示一种技能形成过程中练习次数和练习成绩关系的曲线。在练习曲线上可以看到动作技能形成中练习成绩逐步提高的过程，而练习成绩逐步提高这种变化主要表现在动作速度加快和准确性提高上。

　　通常练习成绩随练习进程而逐步提高的情况有两种常见的表现形式：

　　（1）练习的进步先快后慢，即动作技能学习的初期练习成绩急剧上升，随着学习的进展，其练习成绩上升的趋势逐渐减弱。

　　在大多数动作技能（如跳高、跳远、短跑等）形成中，在练习初期进步较快，以后就会逐渐缓慢。其主要原因有二：一是在学练开始时，学生对已熟悉的一部分任务，可以利用过去经验中的一些方法，所以在学练初期进步较快。后来，这种可以利用的成分相对地逐步减少，需要建立的新联系逐步增加，因此学练中的困难越来越多，这时任何一点改进都需要改造旧的动作习惯，并且要用较大的努力才能达到，所以成绩提高慢。短跑、跳高、跳远等动作技能就有这种情况。二是有些技能可以分解为几个简单动作进行练习，比较容易掌握，所以在学练初期成绩进步较快，但是在学练后期是建立动作协调阶段，这种协调动作并不是若干个别动作的简单总和，它比简单动作要复杂得多、困难得多，所以成绩提高慢。此外，学生在学练初期也许兴趣比较浓厚，情绪比较饱满，练习比较认真努力，也可能是成绩进步先快后慢的原因之一。教师在指导学生学习和掌握这类技能时，应特别加强后期的指导。

（2）练习的进步先慢后快，即动作技能学习的初期进步缓慢，经过多次练习，到了学习后期成绩急剧上升。

在少数动作技能（如游泳、投掷等）形成中，在练习开始阶段，成绩的提高缓慢，进步不明显，而之后成绩的提高和进步趋势逐渐加强。造成这种现象的原因可能是，在练习初期需要花很大工夫来掌握基础知识和基本要领，所以进步较缓慢。

2.2.2　练习成绩的起伏现象

在各种动作技能练习过程中，都可以看到这种成绩时而上升、时而下降的起伏现象。它主要是由学习环境、指导方法等客观因素以及学生的注意、兴趣、情绪、意志、学习方法和身体状况的变化等主观因素所造成的。

学习同一项动作技能的进度，常常因人而异，在练习曲线上明显地表现出个别差异。动作技能形成中出现个别差异的原因有：学生的个性特点不同，学习态度不同，知识经验不同，准备状况和努力程度不同，练习方式不同等。这就表明，动作技能的形成不仅决定于练习的数量和质量，而且也决定于学习者本身的特点和条件。

学生掌握动作技能练习曲线的个别差异可以从掌握的速度和质量上概括为四种类型：①速度较快，质量较好；②速度较快，错误较多；③速度较慢，错误较少；④速度较慢，错误较多。针对学生学习和掌握动作技能过程中存在的个别差异，教师就必须具体分析产生差异的原因，并针对不同学生不同

原因，分别采取不同的指导策略，帮助学生能够顺利地形成并进一步巩固和
提高动作技能。

2.2.3 高原期现象

在动作技能形成过程中，练习到一定时期有时会出现练习成绩进步暂时
停顿的现象，即在某一时期成绩提高很慢，甚至停滞不前或下降，这就是所
谓的高原期现象 (plateau phenomenon)。

"高原期"是不是动作技能学习中的一种普遍现象？对此有关学者的看法
是不一致的。"高原期"是练习成绩一时性的停顿现象，它与生理极限和工作
效率的绝对顶点是不同的；在这个意义上说，某些动作技能在练习过程中存
在高原期现象，似乎是可以肯定的（彭聃龄，1988）。动作技能学习高原期现
象是客观存在的，那么，高原期现象产生的原因是什么？旧的动作技能结构
可能是引起高原期现象的一个最重要原因。

目前研究发现"高原期"有三方面的原因：一是身体素质跟不上运动成
绩发展的要求；二是心理方面的原因，如训练动机下降等，运动员练到一定
程度的时候，疲劳的积累会使运动员产生对训练的厌倦，或者是由于管理上
出现的问题，产生一些个人的情绪波动，都可能在训练中表现出来；三是动
作结构的落后。技术上的问题可能是更为主要的原因，怎样设计出一套符合
运动员个人特点的技术体系，帮助老运动员度过"高原期"，使其运动技术水
平能上一个台阶，达到并稳定在一个比较高的水平？

针对我国绝大多数老运动员（指 30 岁以上的优秀射手）都被高原期现象
所困扰、成绩长时间徘徊于原有水平的情况，四川省射击队高级教练王启国
对老运动员突破"高原期"的训练途径和方法进行了大胆的探索，以解决老
队员继续提高和如何保持高水平的问题。他的训练改革主导思想是：不做原
动作的重复练习，不用旧的训练方法；在原有基础上通过训练方法的改变重
建一套新的动作技能，即由原来的慢打改为实用有效的快节奏射击。在训练
实践中，他还从实战出发，进行各种有要求的射击训练，以提高老运动员的
各专项素质与心理素质。可以说他在这方面的探索取得了很好的效果，为射

击射箭运动员突破动作技能"高原期"提供了一种思路。[①]

在运动员处于动作技能形成的"高原期"时，教练员大多是在技术动作细节上帮助运动员寻找原因，并试图通过对技术动作进行微调来走出"高原期"，而很少考虑运动员身体素质和心理方面的问题。这种做法对有的运动员可能有效果，而对有些运动员则无效。在这个问题上最好先寻找技术、身体和心理等方面的确切原因，然后再"对症下药"。由于高原期现象产生的原因是多方面的，因此摆脱"高原期"的方法也应该是多样的。在加强技术训练的同时，一定要抓好运动员体能训练和心理训练，只有这样才有利于他们一次又一次地度过"高原期"，使运动成绩稳步增长并有可能最后达到世界最高水平。

2.3 动作技能学习中的速度——准确性权衡现象

动作技能可以从两个维度，即速度和准确性来进行考量。许多动作技能的表现要求人同时具有速度和准确性双重标准。例如，足球中的罚球、棒球和垒球中快速投一个好球、以快节奏弹一首钢琴曲、快速打字等都要求快而准确的动作以成功完成这些技能。

当速度和准确性对于一项动作技能表现都很重要时，通常会观察到一种被称为速度—准确性权衡（speed-accuracy tradeoff）[②]的现象。这说明当强调速度时，准确性就会下降；相反，当强调准确性时，速度就会降低。例如，用线准确地穿入针眼，穿大针眼就比穿小针眼的速度要快。还有，如果你打字时，要想不出任何错误就比不计错误量时打字的速度要慢。

速度—准确性权衡是动作技能操作的一个共性特征，可用数学定律来描述，即著名的 Fitts 定律（Fitts' Law）。它是 Paul Fitts（1954）通过实验发现人类动作操作活动存在速度—准确性的相互制约关系。

Paul Fitts 在实验中要求被试按照耳机中的声音节奏，用铁笔在两个宽度

---

① 石岩.射箭射击运动心理学 [M].北京：人民体育出版社，1999.

② 玛吉尔.运动技能学习与控制 [M].张忠秋，等，译.北京：中国轻工业出版社，2006：76-78.

为 W、间距为 D 的目标钢板上尽快地点击，手从目标钢板中间的原点出发，不断地快速重复点击两个钢板，通过变化钢板宽度 W 和间距 D 的大小来操纵实验难度。[①] 据此实验结果，他提出了动作速度与准确性的定律关系，其数学公式为：$MT = a + b \log 2 \ (2D/W)$，其中，$MT$ 是运动时间，a 和 b 是常数，W 是目标的宽度或大小，D 是起点到目标间的运动距离。也就是说，运动时间等于两倍的运动距离与目标宽度之比的以 2 为底的对数。当目标尺寸变小或距离变长时，运动速度就会为了达到准确性要求而减缓，也就是存在速度—准确性的权衡。这个定律很好地阐释了动作技能学习中速度和准确性的权衡问题。

3　动作技能学习的影响因素

动作技能的形成要经历一个复杂的过程，需要具备一系列的条件，为了提高动作技能学习的效率，必须充分了解制约动作技能形成的条件。这些条件可以分为内部条件和外部条件两类。

促进动作技能学习的内部条件主要有：

（1）练习者学习动作技能的动机，这种学习动作技能的动机是促进练习者积极学习动作技能的内在驱动力量，是在产生动作技能需要的基础上形成的，对练习者持久学习动作技能起到积极的促进作用。

（2）相应的生理成熟水平和丰富的知识经验，生理成熟是学习动作技能的基础，知识经验是学习动作技能的重要条件，通常对复杂动作技能的学习，知识经验所起的作用比较大；而对简单动作技能的学习，生理成熟所起的作用相对较大。

（3）正常的智力水平，当练习者的智力水平处于正常水平时，与小肌肉

---

① RICHARD A SCHMIDT. Motor Learning & Performance[M]. Illinois Champaign: Human Kinetics. 1991: 110–111.

活动有关的动作技能的学习与智力水平有较低的正相关，智力水平越高，动作技能学习的成绩越好，而与大肌肉活动有关的动作技能的学习与智力水平之间几乎没有什么相关。[①] 当练习者智力水平处于常态以下时，小肌肉和大肌肉的动作技能学习与智力之间存在较明显的正相关，智力越低，动作技能的学习速度越慢，越难获得动作技能。

（4）良好的人格特征，人格特征与动作技能的学习关系密切，人格类型也会影响动作技能的学习，外向型与内向型人格类型对动作技能的学习会造成不同的影响。外向型的人与内向型的人相比较，动机水平高，活动效率也高，但较难形成条件反射。外向型人格容易形成粗大的动作技能，动作快、灵活，但欠准确、稳定，而内向型人格容易形成精细动作技能，动作慢、不灵活，而准确性、稳定性高。

促进动作技能学习的外部条件主要有：

（1）科学的指导，使练习者理解学习情境，明确动作技能学习的目的和任务，理解学习情境，有助于练习者从整体上把握、学习动作技能，指导者指导练习者理解学习目的和任务，并在此基础上形成一定的作业期望，以使练习者对自己要掌握的动作技能有一个明确的目标。

（2）给练习者以正确的动作示范，练习者充分理解和把握技能，除了指导者言语指导外，还需要明确地进行示范，并指出动作要点，以帮助练习者有效地学习。

（3）指导练习者掌握正确的练习方法，练习是有计划的、以形成技能为目的的反复进行的学习活动，指导者应根据动作技能的难度以及练习者的技能水平、体力等因素来指导练习者掌握正确的练习方法。

（4）及时反馈练习者练习的结果，指导者应加强对练习者练习的指导，并及时、详细地告知练习者练习的正确和错误的情况，分析原因，找出改进方法，以提高练习的效率。

---

① JUDD C H. The relation of special training to general Intelligence[J]. Educational Review, 1908(36): 28–43.

下面重点介绍影响动作技能学习的五种主要因素：学习时机、练习目标、练习时间、练习方式和反馈。

3.1　学习时机

对于动作技能学习时机这一问题，有两种截然不同的观点。有人认为，随着年龄和经验的不断增加，练习者学习、掌握动作技能的能力也会提高，因此提倡年龄大一些再学动作技能，但是有些学者则主张，越从小开始训练，成绩就越好。

有人在对日本的游泳、滑冰和竞技体操等运动项目进行研究，发现了"动作技能训练开始越早成绩越好"的现象。这使得人们认为动作技能学习也存在关键期（又称敏感期）、关键年龄或学习时机等，也就是说人的一些动作技能在儿童的某一特定时期或阶段最容易形成，若错过了这个时期或阶段，形成起来就会很困难。由于在这些动作技能学习的关键期里环境因素的影响远远超过在非关键期的影响，因此，如果我们能抓住这一关键期进行早期训练，指导儿童进行符合其身心特点的动作技能练习，那么就会收到事半功倍的效果，为他们今后的发展打下坚实的基础。

后来人们对这一问题的有关研究进行总结后提出，像游泳、舞蹈等比较复杂的动作技能，从小开始学习为好，但不能违背个体发育阶段，而像登楼梯、玩积木等比较简单的动作技能，晚一点开始学习也不迟。

3.2　练习目标

在动作技能学习过程中，有无明确的练习目标，是影响练习效率的首要因素。有了明确的预定练习目标，就会激发运动员的练习动机，提高练习的自觉性和积极性，从而提高练习的效果。

杨博民（1986）在实验室中进行模拟射击训练研究时，让被试根据自己已取得的射击成绩有意识地预定下次射击要达到的目标，以检验这一预定目标对射击学习效果的影响。① 研究结果表明，预定目标对学习有促进作用，这种促进作用又因预定目标的高低、练习方式以及被试的个性特点不同而各异。需要注意的是，该项研究发现预定目标和个性特点存在交互作用，即虽然预定的目标都较高，但是学习效果也会有所不同，其中一个原因就是一个人的个性特点在起作用：有必胜的自信心、稳定的情绪、持久的注意集中能使动作学习进一步取得好成绩；反之，计较一时的得失、多余的焦虑、注意不能始终如一地集中在当前的动作上，就会导致学习成绩的后退，连自己的最高成绩也不能保持。

练习目标的远近和难易对练习效果有一定的影响。研究发现，只有最后远期目标的被试，成绩的进步较缓慢，而每周都有一个近期目标的人，成绩的进步较快；确定目标的难度在成功率50% 以下时，对练习的作用较大，而过于容易或很难实现的目标，不易激励人们去进行练习。目标设置实际上是一个非常困难的事情，恰当的目标设置才能不断推动技能水平的进步。

3.3　练习时间

正确分配练习时间是使练习取得成效的重要因素之一。练习时间的分配有两种，即集中练习和分散练习。集中练习是指较长时间不间断地进行练习，每次练习中间不安排休息时间；分散练习则是指把练习分为若干次，每次练习的时间较短，各次练习之间要安排适当的休息时间（或有一定的时间间隔）。

一些研究发现，如在镜画描记、符号与数字互换、无意义音节的对偶联结以及钢琴演奏等较复杂动作技能的练习时，分散练习的效果优于集中练习。分散练习比集中练习效果好的主要原因可能是练习的间隔停顿或休息可以有效地避免练习者身心疲劳。也有研究表明，分散练习并不总是优于集中练习。在动作技能学习过程中，究竟采用集中练习还是分散练习，应视动作技能的性质、客观条件和主观状态而定。

---

① 杨博民 . 练习方式和预定目标对射击学习的影响 [J]. 心理学报，1986，18（1）：17–23.

在许多动作技能学习中，通常是采取分散练习，那么，每次训练时间多长为宜？各次练习之间的间隔时间要多长？一般认为最有利的时间分配是：动作技能学习的开始阶段做较频繁的练习，每次时间也不宜过长，然后逐渐延长练习的时距。

许尚侠（1986）在对动作操作遗忘进程研究时发现，动作学会后，间隔1天的遗忘量最大，间隔2天的遗忘量最小，间隔6天的遗忘量比间隔2天的遗忘量显著增多，间隔31天的遗忘量比间隔6天的遗忘量也有所增加，但增加的幅度并不大。[①] 这一研究结果是否意味着动作技能学习应该隔天进行，而不是现在的天天练习呢？由于该项研究中的"动作学会"是指刚刚记住和学会，而没有达到动作学习中经常出现的那种过度学习的程度，因此对这个问题目前还不好下定论，但是这个大胆的设想可以在老运动员技术训练的安排中加以验证。

在每次练习期间，如何安排适当的休息？杨博民（1986）对此问题进行了实验室模拟射击训练的研究[②]。研究表明，多次短时休息、一次长时休息、以左手射击代替休息、接受动觉辨别训练等形式均可提高射击学习的效果，而半小时连续不断地练习容易产生疲劳现象，导致学习成绩的下降；在两轮射击练习之间让射手完全休息和在此期间安排60次射击练习，在这两种情况下获得的最后成绩没有显著差异，这说明在一定条件下减少练习次数并不影响学习效果。杨博民（1986）指出，为了取得较好的学习效果，不休息的连续练习是不可取的，但在实际训练中如何安排休息最为适宜还需要进一步研究。她认为这项研究结果给我们带来一个有意义的启示，即在射击次数大为减少的情况下仍可取得较好的学习效果，这不仅可使射手不会感到疲劳，还为下面的射击练习储备了精力，有了获得更好学习成绩的可能；如果能合理安排练习的次数，就可以在保证学习效果的条件下节约大量子弹；"只有多练才能出成绩的观点"是值得商榷的。

---

① 许尚侠. 动作操作遗忘进程的探讨 [J]. 心理科学通讯，1986，9（1）：11-15.

② 杨博民. 练习方式和预定目标对射击学习的影响 [J]. 心理学报，1986，18（1）：1-23.

3.4 练习方式

通常人们把动作技能学习的练习方式分为整体练习（或称全部练习）和分解练习（或局部练习）两种。所谓整体练习是指把某种动作技能当作一个整体来掌握，练习者在开始学习时就把各个动作从头到尾连接起来进行练习；分解练习则是在练习时先把某种动作技能分解为若干动作单元，然后通过练习，逐步掌握这些动作单元，并最终达到学习整个连贯动作技能的目的。不同的练习方式对动作技能学习效果有很大的影响。

R.K.Niemeyer采用整体练习和分解练习进行排球、羽毛球和游泳等动作技能学习的研究后发现，排球开始进行分解练习效果较好，游泳则是先采用整体练习效果较佳，而羽毛球的学习介于两者之间，看不出明显的差别。

在学习一种运动技能时，采用哪种练习方式要视具体情况而定，一般有以下三种情况：（1）当一种动作技能容易被分解为一些动作单元时，采用分解练习可以获得较好的效果，而对某些难以进行分解的动作技能，使用整体练习的效果会更好；（2）比较简单的动作技能采用整体练习效果好，而非常复杂的动作技能则用分解练习效果好；（3）在动作技能形成的前期，适宜采用分解练习，随着动作技能的形成和进一步发展，应更多地采用整体练习。

3.5 反馈

练习不是动作的简单重复。动作技能的形成是通过反馈来促进的，也就是说，当练习者从他们的动作或动作的结果中得到反馈时，就会对动作技能学习起促进作用。

所谓的反馈，就是练习者了解、知晓自己的练习结果。每次练习后，练习者要把自己现在所做的动作或动作结果与动作的标准或目标相比较，及时知道自己哪些动作做对了，哪些动作做错了，然后再通过练习把做对了的动作巩固下来，把做错的动作放弃，这样就能更有效地进行练习，促进动作技能的形成和发展。

反馈有外部结果的，即知道动作结果；有内部动觉的，即身体的动觉感受器所接受的肌肉运动的刺激信息（如动作用力程度、位移、速度和加速度等）。在动作技能学习的初期，练习者主要依靠外部结果反馈来提高自己的动作技能水平，而到了动作技能学习的后期，反馈信息则主要来自内部动觉。也就是说，动作技能的初学者（新手）在出现动作误差时，还不能利用内部动觉反馈来改进动作，而必须依靠外部结果反馈；只有达到较高水平的练习者才能有效地使用内部动觉反馈。

反馈还可以分为及时反馈和延迟反馈，还有人把反馈分为建设性反馈和非建设性反馈。研究表明，对于许多动作技能学习，及时反馈是很重要的，但是有时将比赛中运动员的动作表现用摄像机录下来，过一段时间再放出来让运动员看，对纠正运动员的错误动作仍然有效，这是延迟反馈在动作技能学习中的运用。

有人曾这样进行反馈的实验研究，把动作技能学习的初学者分为四组，第一组采用鼓励和肯定正确的方法；第二组采用批评，只指出错误的动作；第三组采用含混不清、对与错都不明确的做法；第四组不发表任何意见。研究表明，第一组的效果最好，第二组次之，第三组和第四组的效果都不好。这一研究告诉我们，为了对运动员动作技能学习有所帮助，教练员应向运动员提供积极的建设性的动作反馈信息，对于运动员出现的错误动作，应明确指出应如何改进，而不要提供一些无效的非建设性的动作反馈信息。

4　动作技能学习中速度—准确性权衡及其"超越"

下面以射箭"快打"为例，阐释动作技能学习中速度—准确性权衡及其超越。

20世纪80年代以来，韩国射箭运动员以其自然流畅的快节奏打法取得了惊人的好成绩。"射箭女王"金水宁的瞄准时间不足1秒，短得令人难以置信。与国外优秀选手相比，我国运动员在射箭的主要动作环节上花费的时间都长，适应不了当今射箭比赛的要求。打法问题成为我国射箭运动落后的主要原因之一。从现在的情况来看，多年来我国在射箭运动员"快打"上所做的努力是有一定成效的，并获得了一些经验，但是还不能说我们对"快打"问题都搞清楚了，"快打"仍是制约我国射箭今后发展的"瓶颈"。为了完善"快打"和提高其效能，有必要对射箭运动员"快打"的有关问题做较为深入的研究。

4.1 "快打"的机理分析

4.1.1 "快打"的界定

"快打"，也称动作流畅性。什么是"快打"？目前人们界定射箭运动员"快打"主要是以完成动作时间的多少为标准。完成动作时间又分为单支箭动作时间和全部动作时间，而每支箭动作时间的缩短又可以使完成全部动作时间大为减少。

韩国的一项研究发现，从生理心理学的角度来说，注意力最大限度地集中只能保持 3 秒钟。在国际比赛上，我们看到的韩国射箭运动员发射每支箭的时间基本都在 3 秒以内。[1] 胡怡忱在对一名优秀射箭选手比赛中的动作时间和比赛成绩进行统计分析后发现，动作时间 3 秒左右是最好的撒放时机；动作时间在 3 秒左右时，成绩较好。[2] 可见，对于射箭项目来说，"快打"的动作时间标准通常以 3 秒以内为宜。谢江（2001）认为，动作流畅不等于快，但它又是以快速的形式来体现的，这一点需要从本质上去区分，否则对动作流畅性的培养将陷入对快速发射的盲目追求，必将引起不良的后果。

对此我们认为，"快打"或动作流畅性只是一种实现准确性的手段；动作流畅性是一种理想化状态，在射箭实践中不好准确把握，而"快打"具有较好的可操作性，这里的"快打"是相对过去慢打而言的，并且有严格的动作时间要求。[3] 就动作整体要求来讲，有必要提出动作的流畅性，但是在训练与比赛中动作流畅性要通过"快打"来具体实现。

---

[1] 朱萍. 浅谈射箭的时间节奏 [J]. 射击射箭参考资料，1989（2）：4–10.

[2] 胡怡忱. 论动作流畅性在射箭技术中的重要作用 [J]. 射击射箭运动，1997（2）：14–16.

[3] 谢江. 浅析射箭动作的流畅性 [J]. 中国射击射箭，2001（3）：26.

4.1.2 "快打"的优点

绝大多数世界级射手采用"快打"取得好成绩的事实使得"快打"逐步被大家接受和效仿，那么为什么要"快打"？"快打"有哪些优点？一般来讲，"快打"可以减少运动员身体和心理能量的消耗，即节省体能和心能，使他们在比赛中始终保持精力和体力充沛，可以有效地降低身心疲劳带来失误的可能性。

近年来，为了提高比赛的观赏性，国际箭联修改了射箭项目的比赛规则，射箭的奥林匹克团体淘汰赛要求 3 名运动员 3 分钟轮流各射 3 支箭，这一规则上的变化使得运动员比赛的难度加大。与过去无时间限制或较为宽松的发射时间相比，现在射箭项目的比赛时间越来越宝贵了。从这个角度来说，适应现行比赛规则的最好办法就是"快打"。此外，射箭比赛是在室外场地上进行的，经常会受到大风的影响，"快打"运动员可以抓住风变小的短暂时机完成动作，从而尽可能减少大风对比赛结果的不利影响。在风力较大时比赛，"快打"运动员的优势是显而易见的。

项群训练理论认为，心理因素对于射箭等技能类表现准确性项目起着决定性作用[1]。多年来，人们一直是通过心理训练和心理调节的方法来试图降低运动员的应激反应。事实上，"快打"的最大优点是有助于降低运动员比赛中的应激反应。从某种程度上讲，"快打"在这方面的实际效果远比心理训练等方法要好。应激是一个人消极思维活动的结果和以唤醒变化的形式对环境的反应。较长的发射时间很容易使运动员产生各种连续不断的杂念，这些消极性思维或想法会不由自主地在运动员的大脑中闪现，其结果是使运动员的应激反应进一步增强，严重影响运动员比赛的正常发挥。缩短发射时间的"快打"可以使运动员无暇去想其他，只能全身心投入到动作完成上。与其由于发射时间过长引起运动员胡思乱想以后再去"治理"，不如加快发射速度，从一开始就不给他们多想的机会，从而避免或减少由此带来的思维和情绪等方面的心理控制问题。

---

① 田麦久，等.项群训练理论 [M].北京：人民体育出版社，1998：20.

4.1.3　动作技能学习中速度——准确性权衡对射箭运动员"快打"的影响

多年来，大家都赞同"快打"，并尝试采用一些办法来提高运动员发射速度，但是在实践中这些运动员难以真正地快起来，往往出现速度上去了而准确性却下来了的情况，也就是碰到了"快打"把握性差的问题。准确性下降是运动员和教练员最不能接受的事实，最后使得他们大都逐步放弃提高发射速度的做法，回到原来已经习惯定型的打法上来。

动作技能的学习方式主要是练习。在练习过程中，是先求快速后求准确，还是先求准确后求快速？这是有关动作技能学习中速度—准确性权衡（speed-accuracy tradeoff）的问题。在动作技能学习中，过分追求准确性或过分追求速度都是得不偿失的，而能同时注重动作的速度和准确性两方面的要求是最为理想的，但是往往不容易做到。人们通常的做法是在动作技能学习初期以牺牲动作速度为代价来换取动作准确性，并认为动作速度会随着以后的大量练习自然地提高到快速的程度。近年来，国外的一些研究表明，在动作技能学习的开始阶段，最好还是先强调速度。这种做法虽然会使运动员在动作的准确性上暂时受到一些影响，但是经过一定时间的练习后，准确性同样可以得到提高。

长期以来，我国射箭运动员在动作技能学习时大多试图"先准后快"，也就是说在动作技能形成的开始阶段，把准确性放在首位，准确性第一，等到运动员达到较高的运动技术水平时再"快打"，力争又快又准，但是在实践中，"先准"容易做到，而"后快"则较难实现。其主要原因是，在动作动力定型后加快动作的速度，意味着已经形成的动作是错误的，其修改的难度远比学习一个新的动作更大。韩国在射箭运动训练过程中很好地处理了动作速度和准确性的关系。他们的做法是"先快后准"，即从少年儿童从事射箭启蒙训练时就对动作速度有一定要求，然后逐步提高射箭的准确性。可喜的是，现在我国一些射箭教练员已经认识到这一问题，开始在新运动员培养时强调在发展速度的前提下提高准确性，并着手运动员早期的动作速度动力定型的训练，为他们今后达到高水平打下坚实的基础。①

4.2　提高"快打"认识，坚定"快打"决心是实现"快打"的前提

"快打"，说起来容易，但做起来很难。在运动实践中，往往是运动员和教练员开始时热情高涨，信心十足，但由于对"快打"练习中可能遇到的困难估计不足，加之对"快打"还缺少足够的认识，因此，能够坚持"快打"的不多，能够从"快打"中受益的就更少了。要想顺应当今射箭运动先进打法的主流，形成"快打"的打法，首先应加强对"快打"的研究，提高对"快打"的认识，从而坚定"快打"的决心。

在实现"快打"过程中，大多希望在短期内就能取得较好的结果，而对"快打"形成的长期性很少考虑。从运动技能学习角度看，"快打"的形成是一个长期的训练过程，绝不是一朝一夕就能建立起来的。对于"快打"练习开始阶段出现的成绩下降，即"快打"把握性差的问题，要能正确对待，要认识到这是一种正常现象。坚持一段时间后，成绩就会有所回升；持之以恒地抓"快打"，才有可能真正形成"快打"，并在比赛中取得最佳成绩。切不可由于一时成绩的下滑而动摇"快打"的决心，要对"快打"形成的复杂性、长期性和困难性有充分的思想心理准备。

过去我们在"快打"上坚持不好，除了教练员的原因外，还与运动员认识上的偏差有很大关系。尽管人们都认为"快打"好，但是在"快打"中许多运动员并不能感受到"快打"对自己成绩的提高有多大帮助，弄得不好连现在的成绩都保不住。因此，对"快打"就会觉得无所谓，也不愿冒险去追求"快打"了。针对这种情况，应加强对运动员进行"快打"的理论教育，要结合实际给运动员讲清楚"快打"的重要性以及有关问题，使每一个运动员都能对"快打"有一个正确的认识和充分的了解，坚定"快打"的信心和决心，从而积极地投身到实现"快打"的过程中，从"要我快打"变为"我

---

① 石岩. 射箭射击运动心理学 [M]. 北京：人民体育出版社，1999.

要快打"。

4.3　"快打"的个性差异

在射箭运动中，应根据运动员的个性特征采用不同的打法。我们在对山西省 4 名优秀女子射箭运动员个性与她们的打法研究后发现，她们的个性差异很大，情绪稳定者容易采用"快打"，而情绪不稳定者则宜选用稳打（也称慢打）。这与日本学者冈村（1976）在动作技能学习时有关对情绪不稳定者强调准确性比强调速度好以及对情绪稳定者强调速度效果好的结论是一致的。若从气质类型角度来说，多血质最适合"快打"，其次是黏液质，胆汁质和抑郁质不太适合"快打"。也有人认为：对于精力集中时间较短、情绪波动较大、肌肉力量敏感度稍差的运动员，就要采取"快打"，力争在有限的精力集中时间内，完成整套技术动作；对于心理负荷能力强、情绪波动小、本体感受敏感高、保持动作好的运动员，可采取稳打。稳打也能出成绩，但是稳打的弊病要比"快打"多一些，采用稳打要慎重。之所以稳打也能取得一些成绩，这可能与运动员竞技心理能力非衡结构的补偿现象有关。

从现有的射箭运动员个性研究结果来看，大部分优秀运动员的个性适合"快打"而不适合稳打。在大力倡导"快打"的今天，也应清醒地看到，尽管"快打"是一种先进的主流打法，但它不一定适合所有的射箭运动员。

4.4　结语

尽管早在 20 世纪 80 年代后期我国射箭界就已经认识到"快打"的重要性，射箭运动员"快打"已经不是一个新的问题，但是时至今日还不能说我们真正了解了射箭运动员"快打"问题。在实现射箭运动员"快打"的途径与训练方法等方面还有许多问题有待解决。没有理论指导的实践是盲目的。我们的对手不会告诉我们"快打"的秘诀。在射箭运动员"快打"实现上，更需要"快打"理论的支持。

第四章　运动唤醒理论与实践

1　引言

唤醒（arousal），字面意思包括激起、使兴奋、觉醒。生活中的许多事情都与人的唤醒密切相关。例如，好奇心驱使 9 个月大的婴儿探查房间内每个角落；好奇心驱使科学家进行科学探索；好奇心驱使 George Malloy 成为登上珠穆朗玛峰的世界第一人。虽然好奇心更多地体现个体的动机，但动机背后的驱动力是心理唤醒。种种行为表明人类动机就是寻求刺激，寻求高水平的唤醒状态，使生命获得流畅或高峰体验。[①]

人的生命旅途是一个不断寻求刺激、获得唤醒、保持平衡的循环往复的过程。生活中缺少压力，说明刺激源较少，人们就会感到无聊，继而要寻找新的目标来改变现状，其实就是寻找刺激以求提高唤醒水平的过程；生活中若刺激太多，人们的压力就会增大，则会通过一些方法和手段来缓解或释放压力，降低唤醒水平，达到理想的生活状态。

在体育领域中，唤醒也是科学研究中的重要问题。不同项目对运动员唤醒水平的要求不同，不同级别的运动员对唤醒水平的要求不同，而且运动员在不同的训练和比赛中遇到的心理紧张、焦虑程度也不同。

唤醒对运动表现的影响是个复杂的问题。最佳的唤醒水平有利于运动员发挥最佳运动表现，但在比赛中，需要一套科学的方法和手段予以调节，使运动员能够快速实现兴奋与抑制之间的转化，达到运动所需的最佳唤醒水平。

---

① DAVID G MYERS. Psychology[M]. New York: Worth Publishers, Inc. 1995: 433–435.

因此，有效的唤醒水平调节方法和手段成为影响运动表现的关键因素。

有关比赛中运动员出现的心理紧张、焦虑问题，学术界进行了大量研究，如"逆转理论对现用赛前心理调控技术的补充"[①]，或者是就某个项目比赛运动员心理问题的研究，如"田径运动员赛时心理调控研究"[②③]，这都与唤醒理论有关。很多人把唤醒与激活、焦虑、紧张问题等同看待，有学者试图区分它们的概念，但由于唤醒是个复杂的心理现象，使得学者们对该问题的研究显得谨言慎行，局限了其在理论上的发展，造成对唤醒问题宏观研究相对缺乏，调节方法多集中于心理调节的总体认识[④⑤]，针对性和实用价值不强，使得理论上对唤醒问题本质的研究陷入瓶颈。

本章就运动员在训练和比赛中的唤醒问题，理论上从生理学、运动心理学等学科对唤醒概念的界定、构成、表现、测量与评价以及运动唤醒的理论假说进行阐述，解释运动唤醒的机制；实践中重点解决唤醒水平的调节问题，以唤醒理论假说为依据，针对不同运动项目、不同运动员个体，探讨提升和降低运动员唤醒水平的方法和手段，使教练员和运动员从总体上对唤醒问题形成清晰的认识和深入的理解，同时在实践中更具有操作性。

2 运动唤醒理论

2.1 唤醒的界定

对于唤醒的界定，学界一直比较模糊，尤其是唤醒与激活、焦虑等概念

---

① 蒋丰.逆转理论对现用赛前心理调控技术的补充[J].南京体育学院学报，2003，17（1）：79-82.

② 王怡.武术运动员的焦虑情绪及其调节方法探析[J].南京体育学院学报，2006，20（2）：103-106.

③ 严剑葵.田径运动员赛时心理调控研究[J].体育科技，2006，27（2）：61-67.

④ 焦宇峰.对赛中运动员唤醒水平的调节简介[J].南京体育学院学报，1997，11（2）：55-58.

⑤ 焦宇峰.唤醒水平的监控及调节之再认识[J].南京体育学院学报，1997，11（1）：42-44.

的区分并不清晰。雍明等（2006）认为，人在体育比赛等压力下身体会产生应激反应，应激反应是一个过程，而唤醒是应激过程中的某种状态，焦虑是唤醒水平中的一部分。[①]早期心理学家认为，唤醒指能量、兴奋程度等。Duffy（1957）认为，唤醒属于行为强度维度，是机体内潜在能量的释放；Kerr（1987）认为，唤醒是个体在特定时间里体验到的兴奋程度和动机强度；Martens（1976）认为，唤醒是"心理能量"，后又指出唤醒是行为的强度方面，即有机体从睡眠到非常激动这一范围内的变化；马启伟，张力为（1998）认为，唤醒是指机体总的生理性激活的不同状态或不同程度，是由感觉兴奋性水平、腺素和激素水平以及肌肉的准备性所决定的一种生理和心理活动的准备状态。[②]

在运动领域，唤醒指运动员在比赛前、比赛中动员全身各有关器官系统进入工作状态，发挥机体最大机能潜力去参加比赛，也叫激活、兴奋，俗称紧张。[③]虽然学者们从不同角度对唤醒概念进行界定，但一致认同唤醒是生理与心理激活水平的连续体，可在低水平（如睡觉）到高水平（如特激动）的任何一点发生（图4-1），脑电波可以清晰地反映出在不同程度的唤醒水平时大脑皮层生物电的波段特征（图4-2）。

极低唤醒（深睡）　中等唤醒　极高唤醒（疯狂）

图4-1　唤醒水平连续线示意图

①　雍明，蔡赓．对运动心理学中关于应激、唤醒和焦虑概念的思考[J]．体育科技，2006，27（4）：61-65．

②　马启伟，张力为．体育运动心理学[M]．杭州：浙江教育出版社，1998．

③　石岩．射箭运动员比赛中最佳唤醒水平的研究[J]．中国体育科技，1998，34（1）：36-38．

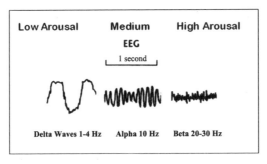

图 4-2　不同程度唤醒水平脑电波

2.2　唤醒的构成与结构模型

2.2.1　唤醒的构成

（1）生理唤醒

生理唤醒主要指大脑和身体的生理激活水平。当外部刺激作用于感受器所产生的神经冲动传入神经进入延脑后，沿着两条途径向上传递，引起皮层下所经部位及皮层的兴奋状态，这就是生理唤醒。[①]

生理唤醒水平主要受中枢神经系统的调控，与大脑皮层、下丘脑和脑干网状结构关系密切，也受周围（植物）神经系统的调节（包括交感神经和副交感神经）。交感神经起作用时兴奋主导，工作相对较快，副交感神经起作用时，抑制主导，工作相对缓慢。[②] 压力下，自主神经系统被激活，表现为心率、血压和呼吸增加；肌肉变得紧张；葡萄糖从肝脏释放提供能量；通过血管舒张，血液从消化系统分流到手臂和腿部的大肌肉；肾脏关闭，膀胱排空；脑活动增加，警觉性提高；身心冷静系统准备进行剧烈活动。

（2）心理唤醒

心理唤醒是个体对自己身心激活状态的一种主观体验和认知评价，不仅有高低强度之别，还有方向之别（漆昌柱，梁承谋，2001）。方向（direction）

---

① 季浏，张力为，等 . 体育运动心理学 [M]. 北京：北京体育大学出版社，2007：158-75.

② 王瑞元，苏全生，等 . 运动生理学 [M]. 北京：人民体育出版社，2012：265-70.

指激活作为积极的促进运动表现或者是消极的不利于运动表现的解释，狂喜或暴怒时都处于高唤醒状态。强度（intensity）指自主神经系统激活的数量。[①]

H.Selye（1936）提出了心理应激理论（GAS）。该理论认为个体在面对应激刺激时会出现三个阶段的反应过程：警戒反应（alarm reaction）、相持（resistance）、枯竭（exhaustion）。在警戒阶段，个体对应激性刺激的觉知会诱发下丘脑通过两种途径来调节生理反应；在相持阶段，如果通过"战斗和逃跑"行为，机体可以应对应激源，应激引起的唤醒会自然终止，理想的唤醒状态水平有利于实施应对行为，是一种"良好的应激"，若应激事件没有得到有效应对或处理，就可能出现较低水平的应激唤醒；在枯竭阶段，如果高水平唤醒持续，最终会耗竭机体的能量，引起负面生理和心理反应，如愤怒、挫折、抑郁、无助、焦虑等多种不良情绪（图4-3）。[②]

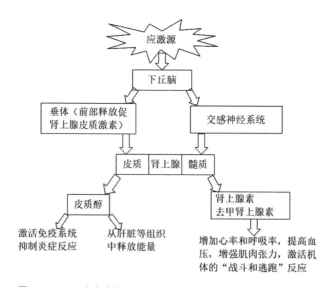

图4-3　下丘脑在应激状态下的两种调节路径（H.Selye，1979）

---

①　漆昌柱，梁承谋.论心理唤醒概念强度——方向模型 [J].体育科学研究，2001，17（2）：19-22.

②　姚树桥，杨彦春.医学心理学 [M].北京：人民卫生出版社，1991.

生理唤醒是心理唤醒的基础，但心理唤醒并非是生理唤醒在心理上的简单反映。生理唤醒水平由个体的物质能量代谢决定，心理唤醒主要与个体的心理状态相联系，受生理、认知、情绪等多种因素影响。情绪与植物性神经系统的活动密切相关，情绪紧张必然会导致心跳加快、血压升高、皮肤表面温度升高等生理唤醒变化。

2.2.2　唤醒结构模型

关于唤醒结构模型，以 Gould—Krane（1992）的唤醒结构模型（图 3-4）和漆昌柱（2004）的心理唤醒的强度——方向概念模型（图 4-5）影响较大。①②

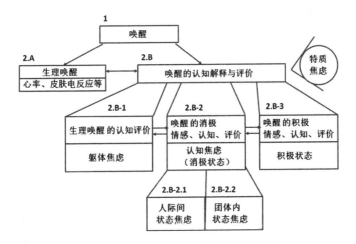

图 4-4　Gould—Krane 的唤醒结构模型

①　D COULD, KRANE V. The arousal–athletic performance relationship:Current status and future directions [M]. Advances in sport psychology, Champaign, TL: Human Kinetics, 1992: 119–141.

②　漆昌柱, 徐培, 邱爱华, 等 . 运动员心理唤醒量表的修订与信效度检验 [J]. 武汉体育学院学报, 2007, 41（6）: 42–44.

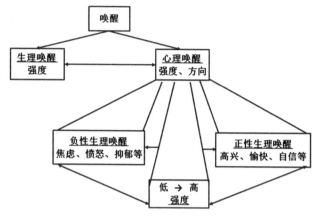

图 4-5　心理唤醒的强度——方向概念模型

2.2.3　唤醒的生物节律

生物节律（biological rthythm）是生命系统内各种物质连续不断地运动时，周期性发生的变化。生物节律是生命的基本特征之一。生物节律的周期包括亚日节律或日内节律（ultradian rhythm）、近似昼夜节律（circadian rhythm）、超日节律（infradian rhythm）。[①] 孙学川（1993）按照宏观、中观、微观的视角将生物节律机制分为整体节律机制、细胞节律机制、分子基因节律机制三个层次；按照机体组织器官分为体温生物节律、血液系统的生物节律、心血管系统的节律、呼吸系统的节律、肾脏功能的生物节律、内分泌系统的生物节律、中枢神经系统生物节律七大节律。其中，与唤醒关系密切的有体温节律和中枢神经系统生物节律。体温与机体的许多生理生化机能有同步关系。每个运动员都有自己的体温近似昼夜节律类型，其与训练、比赛计划的安排、作息习惯以及训练程度有一定联系。中枢神经系统生物节律包括脑电活动生物节律、睡眠与觉醒的生物节律、中枢神经递质的近似昼夜节律。神经递质的节律特征以兴奋性神经递质（去甲肾上腺素和肾上腺素）抑制性神经递质（多巴胺具有近似昼夜节律）的近似昼夜节律特征为主。[②]

---

① 　金观源，相嘉嘉 . 现代时间医学 [M]. 长沙：湖南科学技术出版社，1993.

② 　孙学川 . 运动时间生物学 [M]. 成都：四川教育出版社，1993.

生物体的周期性容易受外界因素的干扰，但可塑性强，这是运动员根据比赛计划安排训练的生物学依据，但个体之间的生物节律差异较大，运动员的训练、比赛应安排在机体生物节律的高峰时段，有利于运动员达到最佳的唤醒水平。

2.3　运动员唤醒水平的测量与评价

唤醒由不同器官产生，唤醒过程包括一个、几个系统同时激活：生理反应（心率、汗腺、脑电活动，涉及自主神经系统）、行为反应（运动技能）、认知过程（对结果的评价）。[①] 运动员动员全身各有关器官系统进入工作状态，发挥机体最大机能潜力去参加身体活动就是唤醒，因此，可以通过身体反应、行为表现、心理认知对运动员的唤醒水平进行测量与评价。

2.3.1　运动员唤醒水平的测量

Lacey（1970）以确切证据证明至少存在三个类型的唤醒：皮层的，只用脑电图描记器测量的大脑皮层的脑电活动的程度；自律的，指自主神经系统生理活动的强度，如皮肤电阻、心率、血压等；行为学的，指器官的外在活动。[②] 这一结论为唤醒的测量提供了有力支撑。

（1）生理唤醒水平的测量

生理唤醒水平主要受中枢神经系统的调控，与大脑皮层、下丘脑和脑干网状结构关系密切，会引起自主神经系统的一系列反应。生理唤醒的测量分为皮层唤醒的测量和自主神经系统唤醒的测量。

皮层唤醒测量的指标如下：①正子断层扫描（PET）、计算机断层造影（CT）、功能性磁共振成像技术（FMRI）等大脑扫描技术（图4-6）；②脑电图（EEG）可以显示从睡眠到激动时脑部自身产生的生物电波形的变化；

---

① 雍明，蔡赓．对运动心理学中关于应激、唤醒和焦虑概念的思考[J].体育科技，2006，27（4）：61-65.

② LACEY B B, LACEY J I. Some autonomic central nervous system interrelationships[M]. Physical Correlates of Emotion, Academic Press, 1970.

③皮肤电反应（GSR），唤醒水平升高，电阻降低，皮肤导电性增强；④肌电图（EMG），通过描述神经肌肉单位活动的生物电流，来判断神经肌肉所处的功能状态，唤醒水平升高，肌肉紧张度增加；⑤皮温（ST），唤醒水平升高，皮温下降。

自主神经系统唤醒测量的指标有：①呼吸（HR），唤醒水平升高，呼吸能力增加；②心率（HR），唤醒水平升高，心率增快；③血压（BP），唤醒水平升高，血压增加；④腺体分泌量，包括肾上腺素、去甲肾上腺素、皮质醇生化指标，唤醒水平升高，其分泌量会增加。

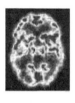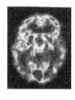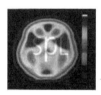

忧郁症患者　　　睡眠中　　　一般状态　　　恐惧时　　　兴奋时

图 4-6　不同状态脑部断层扫描

（2）心理唤醒水平的测量

心理唤醒受生理、认知、情绪等多种因素影响，由自我暗示、意象、注意集中、控制的看法等构成。心理唤醒水平主要通过量表和问卷测量，包括三类：①认知—躯体焦虑问卷；②竞赛状态焦虑量表；③竞赛焦虑量表（表4-1）。

表 4-1　心理唤醒水平量表与问卷

量表 / 问卷名称	编制者	年份
认知—躯体焦虑问卷（CSAQ）	Martens & Vealey, etal.	1987
竞赛状态焦虑量表 -2（CSAI-2）	Martens & Vealey, etal.	1990
运动竞赛焦虑测验（SCAT）	Schwartz, Davidson & Goleman	1990
修正的竞赛状态焦虑量表 -2（CSAI-2R）	Cox, Martens & Russell	2003
运动焦虑量表 -2（SAS-2）	Smith, Smoll, Cumming & Grossbard	2006

Anshel(1985) 认为，不能用状态焦虑测验来测量心理唤醒，即心理唤醒不等于焦虑。漆昌柱等（2004）根据心理唤醒的强度—方向模型编制了运动

员心理唤醒量表。该量表是一个自陈式量表，可个别施测，也可集体施测，是运动员对自己身心唤醒状态的主观认知和评价，包括正性心理唤醒、负性心理唤醒、心理唤醒强度三个分量表。验证性因素分析的拟合度指数 GFI、AGFI、NFI、NNFI、CFI 和 IFI 的值全部在 0.90 以上，表明该模型拟合良好，测验具有较好的结构效度。[①]

2.3.2 运动员唤醒水平的评价

临近比赛，运动员受到内外环境刺激，想在比赛中取胜，又担心比赛失利，往往会出现心神不宁、失眠、烦乱等紧张或焦虑心理问题，这是赛前出现的高唤醒状态，随之运动员的生理和行为方面都会发生相应变化（表4-2）；也有些运动员已经适应比赛环境的刺激，对比赛不兴奋，不紧张（表4-3）。

表4-2 运动员赛前高唤醒及可能出现的反应

生理反应	心理反应	行为反应
心率加快，血压升高，呼吸速度加快，血糖升高，唾液分泌减少；肌肉血流量增加，吸氧量增加，汗液分泌量增加，肾上腺素分泌量增加	大脑灵活性下降，决断能力下降，注意力下降，消极想法增多；对外部环境的适应能力下降，自我感觉意识增多	肌肉震颤、抽搐增加，说话速度加快；做事鲁莽的趋势增加，声音控制能力下降

表4-3 运动员赛前低唤醒表现及可能出现的反应

生理反应	心理反应	行为反应
反应迟钝 内部感觉失调 注意力分散	情绪低落 意志消沉 放松和厌倦	四肢无力 肌肉松弛 动作怠慢

（引自：杨则宜，探索冠军之路的奥秘，1990）

针对赛前运动员赛前出现的两种唤醒状态，教练员除了经验判断，更为科学的方法是通过测量获得可靠数据，目的是了解运动员是否达到最佳唤醒水平。

---

① 漆昌柱，徐培，邱爱华，等.运动员心理唤醒量表的修订与信效度检验[J].武汉体育学院学报，2007，41（6）：42-44.

确定运动员的最佳唤醒水平的步骤如下：

（1）生理唤醒水平的确定

通过生理、生化指标、脑电仪器等手段进行生理测试，与运动员取得最佳运动表现时的生理指标进行对比，了解运动员测试时的生理唤醒水平。

确定运动员最佳生理唤醒水平的依据如下：

①根据运动员个性特质

特质是指用来描述个人人格特点的描述词，如友好的、谨慎的、爽快的、争强好胜的、慷慨大方的、积极进取的等。个性特质基于人格特质，运动员个性特质是运动员个人所独有的人格特质。Eysenck(1947，1967) 提出人格三因素：外倾性（extraversion），它表现为内、外倾的差异；神经质（neuroticism），它表现为情绪稳定性的差异；精神质（psychoticism），它表现为孤独、冷酷、敌视、怪异等偏于负面的人格特征。运动员个性特质差异常见的是外倾性和神经质，与唤醒关联密切。

②根据运动任务特征（以及任务与个体的交互作用）

不同的运动项目对唤醒水平的要求不同，力量性运动项目如举重，要求运动员具有较高的唤醒水平，运动员长期从事该项目训练，个性上会倾向于外向型人格特质。

具有外向型人格特质的运动员从事射击射箭类项目则不易取得成绩，因为射击射箭类项目要求中等偏上的唤醒水平，对运动员个性特质要求倾向于情绪稳定型的内向型人格特质。

③根据运动员的最好运动表现

教练员应该了解运动员最佳运动表现时身体的生理唤醒反应，如心率、表情等，通过调控生理唤醒指标判定运动员的最佳唤醒水平。

④根据运动员赛前生理测量，结合运动表现

在雅典出发前的最后一次训练课上，刘翔在无助跑状态下跑出 12 秒 90 的成绩，教练与科研组对种种数据的分析得出刘翔过早出现状态高潮，于是教练果断决定出发前增加适量的负重训练给刘翔"降温"，确保他将最佳状态调整到奥运会比赛。①

⑤根据运动员的体温

体温近似昼夜节律的稳定性较高，每个运动员都有自己的体温近似昼夜节律类型。这与训练和比赛计划的安排、作息等有一定联系。体核（中心）温度节律类型与运动员的神经类型、个性特征以及生活习惯有密切联系。

⑥根据运动员的心率

心率直接反映人的心理紧张状况。航天员的选定，心率是一个重要指标。神舟五号航天员杨利伟在进舱、发射、返回的 3 个关键阶段，心率一直保持 70 多次。发射时心率只有 72 次；上升和返回时，航天员要承受相当于自己体重十几倍的压力，呼吸十分困难，杨利伟在执行飞天任务的 21 个小时内心率基本不变，表现出非常好的抗应激能力。同样，在运动训练和比赛中，心率是个非常重要的指标，依据心率判断运动员是否处于最佳唤醒水平，以确定运动员的训练负荷与强度。

原韩国射箭队总教练李起式（金水宁的教练）在"运动科学在射箭方面的应用"一文中谈到射箭淘汰赛和奥林匹克轮赛时运动员最佳的唤醒水平问题。他认为，在比赛中唤醒水平升高会影响射箭运动员比赛成绩。每个运动员在比赛中有其特定的唤醒水平，因此，控制运动员唤醒水平（兴奋性）与比赛成绩直接相关。优秀射箭运动员心率保持（或控制）在 104—112 次 / 分之间成绩较好，具体表现为打 7—8 环的箭数少；心率低于 104 次 / 分，尽管打 10 环箭数多，但是打 7—8 环的箭数也多；心率高于 112 次 / 分，打 7—8 环的箭数多。

廖先兴等（1992）在对某省射箭运动员比赛唤醒问题研究后，给出了射箭运动员比赛状态心率指标调控的参数（表 4-4）以及全国冠军 ××× 比赛唤醒的"舒适范围"（表 4-5）。

① 杨桦，池建，等 . 竞技体育实战制胜案例 [M]. 北京：北京体育大学出版社，2006.

表 4-4　射箭运动员比赛状态心率调控参数（次／分）

	赛前	起赛	实射
轮赛	70—80	90—100	110—130
决赛	80—90	100—110	120—140

表 4-5　全国冠军 ××× 比赛唤醒的"舒适范围"（心率 次／分）

	赛前	起赛	实射
预赛	75—80	90—100	110—120
淘汰赛	80—95	100—115	130—140
决赛	90—100	105—125	135—145

王文耀等（1992）在对某省射箭运动员比赛心率进行研究后认为，射箭运动员比赛心率曲线是有规律的，以每一组箭比赛的时间为单位，运动员的比赛心率曲线都呈一大波形（每组箭撒放前 1 分钟内为波形上升段、一组 6 支箭撒放过程为波尖波面段、每组最后一支箭撒放结束后为波形下降段）；在射箭比赛中每个运动员最佳唤醒水平高低不尽相同，因人而异。

（2）心理唤醒水平的确定

教练员要了解运动员的心理状态，确定运动员最好运动表现所需的唤醒相关情绪的最佳组合，并且帮助运动员发现这种组合，并应用策略来维持这种组合。

（3）最佳唤醒水平的确定

根据运动员的生理唤醒水平和心理唤醒水平确定运动员的训练和比赛中的最佳唤醒水平，需考虑运动情境、任务、运动员个体特质以及任务与运动员个体因素所产生的交互作用等判定运动员的最佳唤醒区域。

2.4　运动唤醒的主要影响因素

2.4.1　感觉寻求人格

感觉寻求（Sensation Seeking, SS）是由 Marvin Zuckerman（1964）在感觉剥夺实验的基础上提出来的一种人格特质概念，指个体通过冒险行为来获得追求多变的、新异的、复杂的、强烈的感觉和体验，对个体行为具有良好预测能力。[①]这个特质反映了每个人所特有的、稳定的、寻求刺激的人格倾向以及所期望保持的理想唤醒水平。感觉寻求特质在每个人身上都会存在，但有强弱之分。高感觉寻求者热衷于追求体力或精神方面的刺激，具有较低的生理可唤醒性，而低感觉寻求者总是信赖确切可靠和可以预知的事物，躲避那些没有把握和有风险性的事物，具有较高的生理可唤醒性。例如，极限运动是一些富有刺激体验的活动，高感觉寻求者可以从中体验到一种快乐的满足，而低感觉寻求者则体验到一种极度的恐惧。

低水平或较低水平的生理可唤醒性是运动员具有高或较高感觉寻求特质的生物学基础。低感觉寻求者和内向型人格一般都是高唤醒者；高感觉寻求者和外向型人格一般都是低唤醒者。高水平运动员很多都是高感觉寻求者，身体的唤醒阈值较高，奥运乒乓球冠军邓亚萍是典型的高感觉寻求者，这样的运动员，在比赛前往往兴奋度不够。

2.4.2　情境——比赛的任务类型

比赛是一种特殊的运动情境，每场比赛对运动员的刺激都不同，包括对手、比赛地点、紧张程度、期待等，这些因素决定了比赛任务的难易程度。因此，比赛情境不可复制，尤其是运动员的心理情境，这直接影响运动员的唤醒水平。运动员在面对不同复杂程度的任务时，运动技能的本能反应、注意力、决策时间都不同，对最佳唤醒持续的时间要求也不同，长时间任务需要尽可能有效地通过良好的技术和正确的步伐减少能源消耗；短时间任务需要运动员在几分钟内高度集中，爆发式的唤醒。

2.4.3　生物节律

比赛和运动训练的周期变化与运动员机体的生物节奏变化保持峰值吻合、曲线变化一致，运动员的生理和心理唤醒水平容易达到最佳状态，这是择时训练（chronotraining）的基础，教练员可通过监测运动员的体温节律等，了

---

① ZUCKERMAN M, KOLIN E A, PRICE L, et al. Development of a Sensation-Seeking Scale[J]. Journal of Consulting Psychology, 1964, 28(6), 477–482.

解运动员的唤醒状态（表 4-6）。[1]

表 4-6 节律高峰期运动员生理和心理方面的表现

生理方面	心理方面
1.体力充沛，机能动员快，神经工作强度大，稳定工作时间状态长，恢复过程快； 2.身体素质以及细胞、感官的工作处于最佳状态，掌握应用运动技能的能力强； 3.机体内许多酶的活性也处于最高能量的生成和供应充足。	1.情绪高昂，精神饱满，有希望大运动量训练的欲望； 2.思维敏锐，精力集中、反应时短、协调性好，学习复杂动作和战术所需时间相对较短； 3.大脑精神工作能力在高峰期的效率最高。

（引自：孙学川，运动时间生物学，1993）

2.5 运动唤醒的理论假说

（1）倒 U 形假说（Inverted-U Hypothesis）

它由 Yerkes 和 Dodson（1908）提出。该理论认为，随着唤醒水平升高，操作表现逐步升高直到最好，当唤醒水平继续升高，操作表现逐步下降。其缺陷在于把唤醒作为影响成绩的单一因素，把复杂问题简单化。倒 U 假设是描述性的，不是解释性的，不能证伪（图 4-7）。

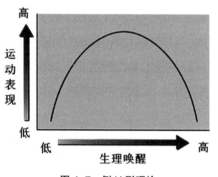

图 4-7 倒 U 形理论

不同运动项目的最佳唤醒水平不同，Oxendine（1970）提出，对于任何运动任务，最佳操作都要求中等偏上的唤醒水平做保证；对主要涉及力量、

---

① 孙学川 . 运动时间生物学 [M]. 成都：四川教育出版社，1993.

耐力及速度的粗重动作，要求高水平的唤醒；高水平的唤醒对涉及复杂技巧、精细肌肉动作、协调、平衡和广阔注意的操作任务都会产生阻碍。他根据不同运动项目特点，把一些典型的运动项目最适宜唤醒水平划分成几个等级（表4-7）。与其他运动项目相比，射箭运动员比赛时最适宜唤醒水平只是轻度兴奋，即只比平常放松状态略微紧张一些的状态，高唤醒水平对射箭运动员技术动作操作有潜在的不利影响。不同难度任务要求不同的唤醒水平，不同运动员要求不同的唤醒水平，不同技能水平选手（新手、中等水平、高手）的最佳唤醒水平亦不同（图4-8、图4-9、图4-10）。[1]

表4-7　一些典型运动项目最适宜的唤醒水平

唤醒水平等级	运动项目
5（极度兴奋）	200—400米跑 举重 仰卧起坐、俯卧撑、引体向上测试
4	游泳 摔跤 柔道 推铅球 跳远 短跑 长跑
3	篮球 拳击 体操 足球 跳高
2	跳水 击剑 网球 棒球
1（轻度兴奋）	射箭 保龄球 高尔夫球 篮球罚球
0平常状态	

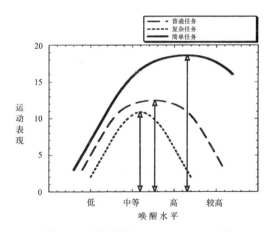

图4-8　任务差别 Yerkes-Dodson 定律

① 考克斯.运动心理学[M].王树明，等译.上海：上海人民出版社，2015.

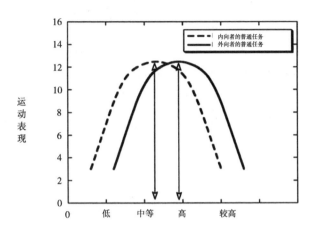

图 4-9　个体特质差别 Yerkes-Dodson 定律

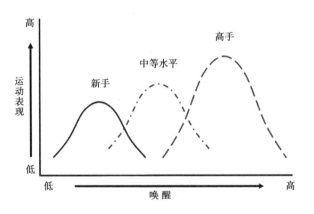

图 4-10　个体技能水平差别 Yerkes-Dodson 定律

（2）驱力理论（Drive Theory）

它由 Hull 和 Spence（1943）提出。该理论认为，唤醒与运动成绩之间是一种线性关系，随着唤醒水平的提高操作成绩也会提升（图 4-11）。

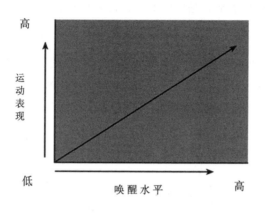

图 4-11　驱力理论

（3）个人最佳功能区理论（Individual Zones of Optimal Functioning）

它由 Hanin（1989）提出。该理论认为，运动员在比赛中发挥好，在赛前都具有不同的焦虑水平。运动员都有各自最佳焦虑水平区域，称为"最佳功能区"，处于这一区段内，运动员有更多的机会获得最佳运动表现。后来，Hanin（2002）引入了"个人"一词，强调个体差异，形成了"个人最佳功能区理论"，即 IZOP（图 4-12）。

图 4-12　个人最佳功能区理论

（4）逆转理论（Reversal Theory）

它由 Michael Apter（1982）提出，是有关动机、情绪和人格的一种理论。其核心概念是"元动机状态"（metamotivational state），包括有目的的元动机（又称严肃状态）和超目的的元动机（又称嬉戏状态）。该理论认为，运动员在不同的动机状态下，相同愉快感所需求的唤醒水平存在差别，即严肃状态下个体在较高唤醒水平时是焦虑的，在较低唤醒时是放松的；嬉戏状态下，个体在较高唤醒时是兴奋的，在较低唤醒时是厌倦的。在不同动机状态下，当愉快感达到峰值后，随着唤醒水平的继续升高，愉快感骤然下降，影响运动表现。突发事件、挫折、饱和三个因素会导致运动表现发生逆转。但该理论没有解释动机、愉快感、唤醒水平与运动表现之间的关系或交互作用（图4-13）。

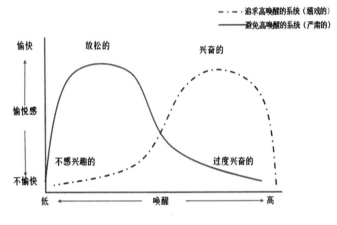

图 4-13　唤醒逆转理论模型

（5）多维焦虑理论（Multidimensional anxiety theory）

它由 Martens（1982）提出。该理论假设认为，竞赛焦虑分为认知焦虑、躯体焦虑。躯体焦虑与运动表现的关系符合倒 U 曲线；认知焦虑与运动表现存在负线性关系；较低水平的认知状态焦虑与较高的自信心相关。躯体焦虑，指竞赛时或竞赛前后即刻存在的自主神经系统的激活或唤醒状态的情绪体验，是基于生理上的反应，表现出心跳加快、呼吸短促、手冷而湿等现象。认知焦虑，指竞赛时或竞赛前后即刻存在的主观上所认知到有某种危险或威胁情境的担忧，是忧虑与情绪上的苦恼。自信心，指竞赛时或竞赛前后运动员对自己的运动行为所抱有的能否取得成功的信念。该理论的缺陷是，其认知焦虑和躯体焦虑对运动表现的影响相互独立（图 4-14、图 4-15）。

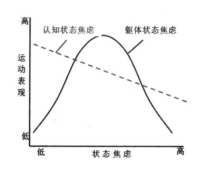

图 4-14　多维焦虑理论

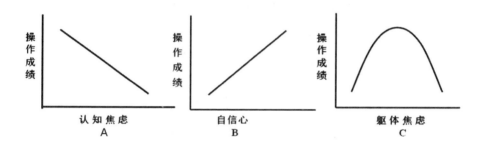

图 4-15　多维理论对认知焦虑、自信心、躯体焦虑与操作成绩关系的不同预测

（6）突变理论（Catastrophe Theory）

它由 Hardy 和 Fazey（1987）等提出。多维焦虑理论认为躯体焦虑对运动表现的影响符合倒 U 理论假设，认知焦虑与运动表现是线性关系，突变理论综合解释焦虑与运动表现的关系。该理论认为，只是在运动员不感到担忧或认知焦虑水平较低时，生理唤醒与运动表现的关系呈倒 U 型；如果认知焦虑水平较高，唤醒水平超过最佳唤醒水平点，产生一种突变（或灾难），运动成绩会迅速下降。突变模型提出三个维度解释唤醒水平与运动表现的关系，但没有对认知焦虑和生理唤醒影响运动员表现的机制做出解释（图 4-16）。

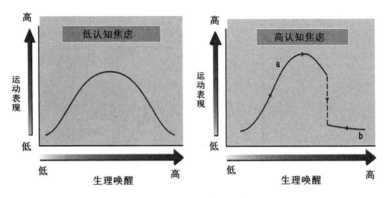

图 4-16 突变理论

（7）线索利用理论（Cue Utilization Theory）

它由 Easterbrook（1959）提出，随着运动员唤醒水平逐渐提高，对线索的注意范围会变得越来越狭窄。运动员在低唤醒水平下，注意力容量大，但容易涣散，难以全心专注，这就是为什么与弱队比赛时，强队容易犯更多的错；运动员在高唤醒水平下，虽然对重要线索的关注力增强，但过度紧张，注意力容量大大缩小，影响运动员正常发挥；运动员的唤醒水平只有处于适中程度时，对重要线索的关注力和注意力容量才比较适中，有助于运动员形成最佳的运动状态（图 4-17）。

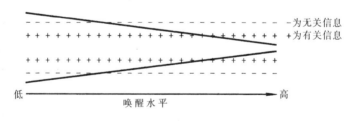

图 4-17 线索利用理论

2.6 小结

（1）唤醒由生理唤醒和心理唤醒构成。

（2）生理唤醒是大脑和身体的激活水平，可通过功能性磁共振、生理生化指标测量；心理唤醒是个体对自己身心激活状态的主观体验和认知评价，可通过问卷和量表进行评价。

（3）生理唤醒和心理唤醒本身都具有内在的生物节律性，此外受人格变量、情境变量等影响。

（4）运动唤醒理论假说从不同角度和层面解释了生理唤醒和心理唤醒对运动表现的影响。

（5）不同运动项目、运动员水平、运动员个性、运动情境对生理唤醒和心理唤醒水平的要求不同。

3 运动唤醒实践

3.1 调节运动唤醒水平的强力手段

强力手段，是指用以提高对运动十分重要的生理学、心理学、生物力学功能的特殊物质和处理方法。强力手段可以分为训练学手段、心理学手段、营养学手段、生理学手段、药理学手段、生物力学手段等。

3.1.1 训练学手段

训练学手段可以改变运动员的生理和心理负荷，在训练和比赛中调节唤醒水平的方法和手段不同。[①]

（1）训练

训练手段可以通过量和强度，内容或场地变化等刺激运动员生理反应，提高生理唤醒状态水平。具体手段：准备活动、倒立练习、转场训练、模拟训练等。

（2）比赛

小强度、慢节奏的运动手段可以释放应激，缓解或降低运动员心理紧张

---

① LEW HARDY, GRAHAM JONES. Understanding Psychological Preparation for Sport: Theory and Practice of Elite Performers[M]. Wiley, 1996.

等，降低生理唤醒状态水平。具体手段：准备活动、心理调节等。

3.1.2 心理学手段

心理学手段可改善成功的神经传导状态，减少对运动能力有损害的精神因素。

（1）兴奋手段

理论基础：根据倒 U 型理论，运动员处于曲线左侧，即低唤醒状态时，需使用心理兴奋手段。兴奋手段：感染、激发等，因人而异，因情境而异。

（2）镇静手段

理论基础：根据倒 U 型理论，运动员处于曲线右侧，即高唤醒状态时，需使用心理镇静手段。镇静手段：呼吸调节、自我暗示、肌肉放松训练等。

3.1.3 营养学手段

营养是身体恢复的一个有机组成部分，营养学手段可促进肌肉组织增长，提高肌肉能量供应，包括七类营养素，但针对运动员的营养补给又体现出运动专项需求的特殊性。科学合理的营养补充不仅是生命体运动的基础，其产生的营养效应可刺激运动员达到最佳生理和心理唤醒水平，有利于发挥最佳运动表现。

（1）不同任务完成期间的营养物质需求不同

铅球运动员由于其爆发性，大肌肉群参与运动更容易造成肌肉损伤，需要补充一些蛋白质。铁人三项运动员需要补偿更多的碳水化合物和水，运动开始的 10—15 分钟需要消耗高 GI 食物（血糖生成指数），在后来的 1—2 小时需要消耗中、低 GI 食物。GI，血糖生成指数（Glycemic Index，GI）是反映食物引起人体血糖升高程度的指标。GI 越高，糖分消化吸收的速度就越快。通常 GI 低于 55 的被称为低 GI 食品。一般 GI 值在 40 以下的食物，是糖尿病患者可安心食用的食物；GI 高的食物主要有：蛋糕、饼干、甜点、薯类（水多、糊化的）、精致食物、精加工且含糖量高的即食食品等。GI 低的食物主要有：粗粮、豆类、乳类、薯类（生的或是冷处理的）、含果酸较多的水果（苹果、樱桃、猕猴桃等）、全麦或高纤食品、混合膳食食物（饺子、馄饨等）

以及果糖等。

（2）兴奋性饮品

兴奋性饮品包括酒（酒精）、可可、巧克力、咖啡、运动饮料、茶等。咖啡、茶、可可是常见的提高兴奋性的饮料，也是世界三大无酒精饮料，共同的提神成分是咖啡因，是最为出名的天然提神饮料，可提升大脑和身体的能力，促进人体运动，缓解疲劳，是少有的合法的精神药品。尤其是葡萄糖与咖啡因的协同作用，对大脑的活动能力具有明显的提升作用（图4-18）。咖啡营养丰富，约赛前1小时饮用，但选用种类和量应因人而异。红茶和绿茶醒脑提神，花茶具有镇静作用，建议运动员根据季节、项目、个人喜好饮用。巧克力具有较高的营养和能量，运动后能及时补充消耗的能量，但也有运动员感觉其会导致肌肉僵硬，食品选用因人而异。运动饮料的主要配方成分是咖啡因，赛前宜少喝，临赛前半小时不宜喝，适宜赛后恢复饮用。教练员在使用这些饮品时必须精确把握饮品一定的浓度和量对运动员个体的影响。只有使用准确，才可发挥作用，否则会适得其反，得不偿失。此外需考虑到运动员个体因素，度的把握需因人而异，因为个体对咖啡因等物质的敏感度差异较大。

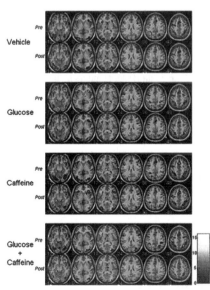

图4-18 葡萄糖与咖啡因协同作用对大脑活动影响前后对比

（3）日常训练对营养的要求

营养是身体恢复的一个有机组成部分，也是身体接受训练的重要基础。日常训练对营养的要求包括为运动队配备营养师；根据运动项群设置营养饮食；监测运动员个体营养状况，根据运动专项营养的需求为运动员个体配置每餐菜谱，营养物质摄入量；体能类项目需要以肉、蛋、奶等高热量的饮食为主；为运动员配备训练期间的茶歇，包括水果、点心、运动饮料，考虑补充物对运动员运动表现的影响；运动饮料要根据专项特征配置而成，补充项目消耗较多微量元素、矿物质等。

3.1.4　生理学手段

生理学手段可改善肌肉的能量，包括碱盐、血液兴奋剂、氧、卡尼汀、磷酸盐等。为改善能量产生的生理过程专门设计的物质，称为生理性兴奋剂或非药物性兴奋剂。

（1）氧

它可帮助释放糖和脂肪中贮存的化学能，以生成肌肉收缩所必需的 ATP 的必要成分，从而提高肌肉供氧、改善有氧供能系统能量产生，是其作为生理学强力手段的理论依据。

（2）血液兴奋剂

它是指与竞技结合的血液回输，对有氧运动项目更为重要，提高血液的携氧能力，将更多的氧传递至肌肉是其理论依据，被列入禁止范围，但无法检测出是否使用。

（3）卡尼汀

它是可增进体力的物质，将脂肪酸运送并带入线粒体进行氧化释放能量以形成 ATP，节省肌糖原，延长运动时间。

（4）碱性盐

它是指中和酸的缓冲物，理论上对以乳酸能供能为主的运动项目有意义，但是否改善运动能力存在分歧，没有研究证明它使体力下降，对某些人可能有帮助，介于合法与非法的边界。

（5）磷酸盐

它能增加人体两大供能系统的生理性潜在能力，有利于各种强度的运动能力的提高。

3.1.5　药理学手段

主要指药品，由于心理和生理两个原因而被采用，包括：

（1）抗焦虑药（酒精，苯二氮，大麻）

通常作为自我治疗，可降低唤醒水平，易上瘾，最终有破坏性。

（2）兴奋剂（咖啡因，安非他命，可卡因）

自我治疗，能保持清醒，提供能源和激发灵感 (特别是爵士音乐家)，易上瘾，有破坏性。

（3）β 受体阻滞剂（纳多洛尔，氧烯洛尔）

推测能控制恐惧但无认知障碍的身体症状，被许多音乐家使用，通常没有处方，功效不清楚，副作用严重。

3.1.6　生物力学手段

生物力学手段可改善人体运动时的机械效率。人体生物力学因素包括增加力量和减少阻力、队列、身体质量（身体组成成分）和体重控制等。例如，运动服装在设计上要考虑风阻力、浮力、运动服的重量、运动服的构造问题，尽可能使服装给运动员带来舒适的同时考虑其功能化，使其对运动成绩的负面影响降到最低。

体育器械在设计上首先也应取决于运动员的需要，如网球拍、高尔夫球杆等的尺寸和构造应符合运动员个体的精细化需求，均匀的结构能产生有效的撞击中心，还包括对出手物体（求距离或准确）本身进行加工，对帆船、自行车、滑雪板、雪橇等体育运载工具的阻力等问题进行考虑，降低器械本身的阻力。

从生物力学的角度探讨其对运动成绩的贡献，更多地体现在比赛中运动员对器械的手感、对服装等感觉的舒适度等等，这些舒适的感受和体验使运动员处于放松的状态，对比赛出现的高心理唤醒水平可起到有利的调节作用。

3.2　训练中运动员唤醒水平的调节

运动训练的目的是提高竞技能力和运动成绩[①]，而竞技能力获得的生物学基础是适应性。在正常情况下，人体各器官系统的活动相互制约和相互协调，处在一种相对平衡的状态，当外界环境发生变化时，机体环境的相对平衡受到破坏，体内各种功能不得不重新进行调整，以维持机体内外环境的相对平衡，这就是适应过程。运动训练通过负荷量和强度的变化，使运动员身体不断适应新的刺激，其产生的累积效应就是训练效果或竞技能力的提高，训练水平直接影响竞技能力，但这仅仅是训练的积极效应。运动员长年累月地接受专项训练，尤其是过度训练[②]，使运动员对训练产生厌烦情绪，"不想练""不兴奋""训练不积极"，这其实是由于运动员唤醒水平较低所致。学界对运动员比赛前的"唤醒"问题进行了大量研究，但少有人关注训练情境中的唤醒问题，而训练是提高运动成绩的唯一捷径，训练中的每一个环节都需要运动员最佳的运动表现，只有全身心投入训练中，才会达到事半功倍的效果。

训练是人有意识地使受训者发生生理反应（如建立条件反射、强健肌肉等），从而改变受训者素质、能力的活动。训练从长期看是运动强度、技术痕迹的积累过程，就每一次训练而言，它是对运动技术、体能（生理唤醒）、心理的一种激活（set-up），并维持这种激活状态，接受新刺激达到新的痕迹，这也是生理唤醒水平逐渐由低向高提升的过程。针对训练中多数运动员出现的唤醒不足的问题，通过一些训练方法和手段，可刺激运动员生理和心理反应，如择时训练、准备活动、倒立训练、转场训练（或移地训练）、模拟训练等。这些方法对运动员的生理和心理唤醒水平都可起到调节作用，基本原则是提高生理唤醒水平。

3.2.1　择时训练（chronotraining）

择时训练包括正性择时训练（人体机能震荡高峰时相，即在运动员主要

[①]　田麦久，等.运动训练学 [M].北京：人民体育出版社，2000.

[②]　克莱德，弗莱，奥图尔.运动员过度训练 [M].王然，译.北京：北京体育大学出版社，2013：172-183.

生理、生化等机能处于最佳状态的时间选择训练的方法）、负性择时训练（在人体机能变化与在峰值时相几乎相反的时间选择训练的方法）、综合择时训练（正、负性择时训练法的综合，有利于增强运动员的机能调整和适应能力，即最佳运动员生物节律的灵活性），需考虑到运动员的生理、生化等机能的节律性变化特点，使训练节奏与运动员的生物节奏保持一致。生物节律中存在生理和心理节律，择时训练的选择基础是运动员的生理节律。

体温作为标志节律，易于操作，且体温节律与体能节律、代谢、呼吸和循环节律保持同步关系。日常训练中择时训练基础主要以近似昼夜节律（周期在 24±4 小时）为基础，上午、下午、晚上，备战比赛的周期训练，需根据比赛日程安排进行节律调整（峰相位、中值、振幅等），使运动员的生物节律达到最佳竞技状态。

3.2.2 准备活动

（1）准备活动的身心效应

运动训练包括三个部分：准备活动、基本训练、结束放松。从时间顺序效益来讲，唤醒状态的激活应该在准备活动环节，唤醒状态的保持应该在基本训练环节，因此，训练中唤醒水平的调节方法主要依据准备活动和基本训练部分的内容确定。

准备活动是训练前有意识、有目的地进行的各种身体练习，目的是提高神经系统的兴奋性，减小肌肉的黏滞性，使肌肉收缩速度加快，其基本原理是唤醒中枢神经系统的痕迹效应，获得身体运动所产生的兴奋冲动，使大脑皮层产生良性反射，使神经肌肉从平静状态逐渐过渡到准备运动的兴奋状态。准备活动持续一段，达到无氧阈的运动水平，即中等强度以上的负荷时，体温可升高 1.5℃。

热身活动引起的体温升高对生理机能产生积极影响[①]：

①降低肌肉的黏滞性，增加关节活动幅度；

②增加血红蛋白与肌红蛋白释放氧气的速度，增加肌肉氧的供应；

---

① 包大鹏，陈岩. 实用运动热身 [M]. 北京：北京体育大学出版社，2015：15.

③提高机体的代谢水平；

④能够增强无氧代谢能力；

⑤加快神经冲动的传导速度；

⑥加强机体的体温调节能力。

只有进行全身活动才能使身心唤醒，力求达到最佳的起赛状态。专业运动员采用 70% 的最大摄氧量强度进行热身准备活动是最合适的强度，能够将运动员的机能调动到最佳状态。好的准备活动完成后，有跃跃欲试的感觉，是因为准备活动可调动机体的兴奋性，使大脑皮层达到一定的兴奋水平，克服心理上"不想练"的惰性，使运动员快速进入训练状态，否则，准备活动等于没做。准备活动引起的代谢能力的变化能够使血液释放出更多的氧气，增加肌肉中氧的含量，有助于运动员有氧能力的发挥，准备活动结束 15 分钟后，动觉敏感程度就会明显下降，体温逐渐回落，因此，准备活动结束后的 15 分钟内需进入训练或比赛状态。[①]

（2）准备活动制定依据

准备活动包括一般性准备活动和专门性准备活动，一般性准备活动主要功能是增加关节和肌肉的活动度，增强脊柱、髋关节、骨盆核心区域的稳定性，快速伸缩负荷训练，激活肌肉力量、内脏器官与神经系统的兴奋性。专门性准备活动需要根据专项要求设计练习，使运动员的内脏器官得到充分的活动，为将要开始的专门性准备活动和主要的训练做好准备。正如一德国教练所言，"每一个练习都有其目的性，要发展什么，怎样控制，训练手段和方法标准化，我们的训练方法和手段却千奇百怪"。

运动员的个体差异表现出不同的特点以及相同特点的不同水平，要求准备活动需要"私人订制"，即根据运动员个体特点的定制原则，包括运动员的气质类型、心理状态，准备活动应适合当天的训练任务，每个运动员准备活动的时间长短和练习的内容也体现差别。

---

① 石岩 . 射击射箭训练新理念 [M]. 北京：人民体育出版社，2005：99.

（3）准备活动"多段论"

"心有多大，舞台就有多大"是一句广告用语，但用在训练的准备活动中也非常具有启发价值。长期从事枯燥、机械化的准备活动，无法刺激运动员神经中枢，唤醒不足，不利于最佳运动表现的出现。因此，在准备活动内容方面讲究变化，如现在流行的素质拓展运动中有很多集体和个人游戏、任务，玩法新颖、有趣、有难度、刺激，与传统准备活动有机结合，呈现出不同内容的组合练习，能激发运动员的尝试欲望。不断变换的练习形式可激发运动员的唤醒水平，使运动员在整个训练中保持较高的唤醒状态，而且这样的形式也给了教练员很多启发，不断创造新的准备活动练习方法。

（4）构建准备活动体系

准备活动体系包括若干层面。依据专项任务，可分为高唤醒准备活动、适中唤醒准备活动、低唤醒准备活动；依据准备活动内容，可分为游戏型准备活动、任务型准备活动；依据变化性，可分为变化训练场地、变化训练内容的准备活动。Clyde Hart对准备活动的安排非常讲究，力求达到时间短、效率高的效果，准备活动内容不仅体现出系统性，而且严格按照时间进度来安排每天准备活动的每项内容。

3.2.3 倒立练习

倒立，汉代称"倒植"，东晋称"逆行"，唐代称"掷倒"，宋代称"倒立"，明、清时称"拿大鼎"。敦煌壁画中的倒立图像，提供了文字描述难尽其态的珍贵资料，使我们客观地看到了古代倒立技艺的沿革与社会变迁。

倒立练习，让人体的血液逆向流进大脑，每天练习5—10分钟，相当于补充睡眠2小时。

它包括三种倒立姿势：微倒立，将脚放在高于头的位置，臀部不离开地面，即为微倒立，也可以把脚放在墙上、桌子上或者沙发的靠背上，只要高于头部即可；半倒立与微倒立相比，是指臀部离开地面的倒立动作；全倒立，指人的身体完全倒立。

根据倒立的种类，倒立仪器也区分出不同角度和姿势。头低位倾斜角度为 30°、60°、90° 的不同组合训练。研究表明，长期坚持倒立练习，可使各脑区的 α 指数均增高；β 指数普遍下降；改善左右脑区、前后脑区的脑电相干函数；使大脑的活动更加同步、协调、有序，有助于提高人智力和反应能力；使 PSQI 得分、SAS 得分、SCL-90 总分及各因子分减低，表明 90° 头低位倾斜训练可以缓解不良情绪，改善睡眠，训练时间延长有利效应更为明显。

3.2.4 转场训练

转场训练，也被称为异地训练、移地训练。运动员长期在固定场地训练，而比赛常在异地，容易导致训练—比赛场地脱节，造成运动员身心不适应比赛场地，是运动员紧张的重要原因。场地变化可引起运动员的心理变化，提高兴奋性、适应能力和训练质量。运动员适应新环境的时间为 3 周左右，建议一个月换一个训练地方。正如 2003 年，上海射击选手冬训时黄卫方所言："射击这项运动，场地一换，条件一变，心里一遇上什么事儿，十环就可能'抖'成五环，因此，为了提高训练质量，锻炼运动员适应场地和变化的心理素质，只要有机会，队伍都会去条件艰苦的地方'转场'"。

3.2.5 模拟训练

美国空军有一句格言：像实战那样进行训练，像训练那样进行实战。训练就是比赛，比赛就是训练已成为一种趋势。模拟训练是日常训练和比赛的中介环节，模拟不是"原物的还原或重现"，而是"原物的简化"，是原物某些重要特征的简化描述。目前模拟训练主要是对比赛情境的模拟，有意识、有目的、尽可能创造类似模拟比赛中的各种紧张氛围，让运动员在较高的心理负荷或应激水平上进行练习，从身体和心理上形成习惯，在比赛中发挥水平，缩短训练和竞赛之间的差距。

模拟训练主要是六大内容的模拟，对手特点的模拟、裁判判罚的模拟、观众的模拟、比赛关键情境的模拟、地理气候、场地的模拟、时差的模拟。通过模拟训练，运动员可以学会并掌握很多比赛经验，运动员有准备地应赛，可降低心理压力。模拟训练需要实现给不同项目、不同运动员在不同的时候安排不同的活动，即突出个性化模拟训练，前提是需建立在对运动员个性化诊断的基础上，但个性化模拟训练难度较大。制订模拟方案和策略，高水平运动员需模拟精细的活动，训练应该是集约型的，初、中级运动员训练是粗放型的。确定模拟主题后，围绕赛前"准备活动"进行准备，围绕参赛风险的应对策略进行准备，整体应对和个体的应对，尤其运动员需针对比赛模拟一些应对的策略。运动员的成才周期为 3—7 年，模拟训练合理，尽量将比赛因素和条件引入训练中，运动员成长会表现出个体差异，成才期缩短。[①]对老运动员、高水平运动员也一样，每次比赛的性质和激烈程度都不同，不可忽视模拟环节。

据报道，中国羽毛球队为了备战 2004 年雅典奥运会，在湖南益阳"克隆"雅典赛场[②]：

体育馆的形状：益阳的羽毛球训练馆本是圆形，为模仿雅典奥运会的长方形羽场馆，用长长的布将训练馆围成了长方形。

墙壁和隔帘：训练馆在布置时买回来的布颜色墙布和隔帘颜色偏黑，后趁 6 月底参加马来西亚公开赛的机会重新买布，将围布全部更换。

训练馆的灯光：灯光全部是从广州专门运过来的，按照雅典赛场的布置，灯具与地面的高度都一样，都是 12 米。

模拟训练也可以分为以生理负荷为主的模拟和以心理负荷为主的模拟。平时和赛前训练多是以生理负荷模拟训练为主。模拟生理负荷的压力较容易，模拟运动员较高的心理负荷是世界性难题。

（1）生理负荷的模拟——定量运动负荷训练

理论基础：根据运动员比赛的心率远高于训练心率的现象，主张训练应该在紧张状态下进行，通过缩小比赛和训练心率之间的差距促进运动员比赛的正常发挥，提出定量运动负荷训练。它是模拟训练的一种形式，使运动员在高生理唤醒下完成技术动作。

---

① 石岩 . 射击射箭训练新理念 [M]. 北京：人民体育出版社，2005：99.
② 杜婕，谢勇强 . 羽球队模拟备战奥运会，湖南益阳"克隆"雅典赛场 [N]. 中国体育报，2004-7-15.

定量负荷训练基本方法：选择施加的运动方式，徒手类，器械类，结合专项类。确定训练量和强度，心率在 120 次 / 分左右为小强度，140 次 / 分左右为中强度，160 次 / 分左右为大强度，超过 170 次 / 分，可能对技术动作训练不利。

注意的问题：运动员较高的心率会在 15 分钟之内恢复到原有水平，在时间上应该控制到定量运动负荷后马上进入比赛。该方法适合优秀运动员，动作尚未定型的运动员是否适用有待研究，适用于强化实战能力时使用。

（2）心理负荷的模拟

训练中运动员适应了较大的生理负荷和较小心理负荷的运动状态。比赛中，运动员必须面对较大的心理负荷，但引起比赛心理负荷的刺激源只有在实际的比赛情境中才能出现，且不同的比赛刺激源差别较大，运动员的应激也不同，这些心理负荷刺激源的不确定性使心理负荷模拟无法在强度上达到比赛的程度，毕竟再好的训练也不是比赛，但可以在其他方面有所作为，如通过施加定量运动负荷的方法，突出"适应"，实则是对比赛"脱敏"，调控运动员比赛情绪紧张度。通过模拟各种环境，使运动员有准备地应赛，降低心理压力。

3.3 比赛中运动员唤醒水平的调节

3.3.1 比赛前运动员唤醒水平的调节

多数运动员在比赛准备阶段的突出问题是紧张、焦虑、过度兴奋，心理唤醒水平较高，出现赛前焦虑，容易导致比赛发挥失常，需采用调节方法和手段降低唤醒水平。

（1）唤醒阈值低的运动员的赛前干预

唤醒水平可能取决于一个人生物学的或是遗传、先天的特性，一些人天生具有高唤醒性，须选择低水平的刺激以平缓活跃的神经系统，而大多数人介于两者之间具有中等唤醒性，需要中等强度的刺激条件。唤醒阈值低的运动员比较容易兴奋，赛前各种应激源往往导致运动员出现高唤醒状态，主要是心理唤醒水平较高，即高认知焦虑，在比赛中容易出现 Clarke 现象，即优秀运动员在重大比赛中不能正常表现出所具有的竞技能力而比赛发挥失常的现象。因此，降低其焦虑水平是首要任务。

①自我暗示法

暗示是在无对抗态度条件下，让人不加批判地相信或行动的过程，人类普遍具有程度不等的接受暗示的特点。有的运动员编制了比赛中的自我暗示语表，包括在碰到各种情况时要说什么等，如心理紧张时，自我暗示"镇静、放松""现在情况正常，我感觉还行"等；碰到刮风下雨时，可以暗示自己"我常在刮风下雨时训练，能够适应"等。使用肯定的暗示语，不用否定词语，如不能、不敢、不想、不愿和不要等，少用"但是（转折）""如果（假设）"等词语；每个运动员编制的自我暗示语要有所侧重，要符合自己的实际情况和比赛的状况，"有备无患"，平时多留心，比赛时就能少一些问题。

比赛中准备活动应用广泛，不仅能活动筋骨，动员机体的肌肉、关节等组织，使其紧张达到运动状态，而且还可以用来调节心理。当运动员情绪比较紧张时，采用一些强度小、幅度大、速度和节奏慢的动作练习（如赛前准备活动和赛中的身体活动等），可以降低情绪兴奋性。通过测量其心率、呼吸、手指温度等监测运动员的躯体焦虑程度，确定运动员是否处于最佳唤醒水平。

②肌肉放松调节法

大脑的活动与肌肉活动的关系是双向传导，即神经兴奋不仅可以从大脑传至肌肉，而且也可以从肌肉传至大脑。肌肉活动积极，大脑的兴奋水平就高，情绪就会高涨；反之，肌肉越放松，从肌肉向大脑传递的冲动就越少，大脑的兴奋性就低，情绪便会低落。心理紧张多伴随着肌肉紧张，因此可以通过放松肌肉来影响心理，在肌肉、韧带和器官逐步放松的同时，心理也随之放松。肌肉放松的方法很多，"凡是使你感到较放松的方法，就是好的方法。"在应用肌肉放松调节法时要注意，松是一种不紧张的状态，不能认为是"松垮、松散"；应强调松静自然。也可通过按摩肌肉（赛前准备按摩、运动中调节按摩、赛后恢复按摩）对运动员竞赛心理状态进行调节。

③呼吸调节法

在所有内脏活动中，只有呼吸器官的活动为人们的意志所控制；人可以利用意志调整呼吸进而调整植物性神经的兴奋性，达到调整人的情绪的目的。情绪紧张时，常有呼吸短促的现象，采用加深呼吸强度或放慢呼吸频率的方法会起到镇静的效果。调整呼吸的关键，一是要多采用腹式深呼吸；二是要在做腹式深呼吸时，最好配合数数或默念一定的暗示语，具体做法有：吸气时，默念"一"；呼气时，默念"二"；吸气时，默念"静"；呼气时，默念"松"；吸气——呼气，默念"一"。呼吸调节不必追求深长呼吸，自然呼吸也行。在选择呼吸形式上，可以采用鼻吸鼻呼，鼻吸口呼，尽量少用口吸这种不卫生的形式。

（2）唤醒阈值高的运动员的赛前干预

部分运动员具有低唤醒性，即唤醒阈值较高，从气质类型讲，这种运动员属于内向型人格，是高感觉寻求者，比赛应激不足以刺激他们的唤醒阈值，赛前表现是唤醒不足，兴奋不起来，调节主要原则是提升心理唤醒水平。

①心理唤醒水平的提升

雅典奥运会游泳比赛，罗雪娟在半决赛出现轻敌心理，兴奋度不高的情况，张亚东教练提前和她分析对手情况，安排战术，谈话使罗雪娟开始兴奋，但不紧张。晚上准备活动，教练陪她一起做操，与周围人聊天，营造轻松的氛围，但用肢体告诉她我充满力量，充满斗志，充满信心，以此来感染运动员。在进入检录室前，教练用语言鼓励、激发，对她说，"你记住：你是最好的，没有人比你更好。你是最棒的，决不允许别人超过你。"然后用力拍她的背说："加油。"①一系列的心理调节方法最终激发起罗雪娟的心理唤醒水平，帮助她取得了优异的成绩。

音乐对神经系统，特别是对大脑皮层状态有直接影响，可诱发脑电波。某种节奏的音乐可以提高运动员的呼吸频率以及血红蛋白携带氧的数量。2008 年北京奥运会，Michael Phelps 共获得 8 枚金牌，赛前他总是戴着耳机，

---

① 杨桦，池建，等 . 竞技体育实战制胜案例 [M]. 北京：北京体育大学出版社，2006.

漫不经心地做准备活动，脱下衣服该进泳池时，他准时摘下耳机距离比赛开始正好是 2 分钟，且每场比赛都是如此，一秒不差。他在赛前听音乐是出于调节最佳唤醒水平，以提高成绩，耳机是专门为他量身定做的音乐播放器，其中有《我就是我》，还有 Hip-Hop 风格的曲子，曲风充满不羁、动感、甚至粗野，还有帮他夺得 6 枚金牌的《直到我崩溃》。2005 年，他的播放表里的歌曲包括《玫瑰》《燃烧》《通宵名人》《微笑》。激烈而饱含热情的音乐可激发运动员的斗志，调节运动员的心理唤醒水平。

②生理唤醒水平的提升

实践中用于提升生理唤醒水平的方法较多，通过节奏快、强度大、时间短的准备活动可提高生理兴奋性；饮用运动饮料、红茶、咖啡和吃巧克力等，通过刺激神经的兴奋性提高运动员的生理唤醒水平；通过提高声音、增强颜色亮度、通过光线强度等感官刺激也可达到同样的效果。

射击、飞碟等项目通过心率提高生理唤醒水平。"苏联射击教练员十分重视运动员的情绪兴奋水平，他们根据脉搏跳动次数来确定运动员的情绪状态，并运用于比赛当中。如，一个女飞碟运动员在比赛最后一轮时，她已进入第二名，当时脉搏为 88 次 / 分（应为 120 次 / 分），教练叫她交过枪，来回跑一趟，她不理解为什么这样对待她，很生气。跑回来后，脉搏上升为 130 次 / 分。教练再给她枪，她明白了，结果成绩不错，这里是利用跑步来提高情绪兴奋水平。飞碟运动员中枢神经系统兴奋水平的重要性早已被国外同行所认识。"①

（3）不同级别运动员的赛前调节方法

①高级运动员的赛前干预

高级运动员运动技能完善，以自动化方式进行，赛前表现不是很紧张，视压力为挑战，比赛经验丰富，态度积极，为夺冠他们常会增加额外努力，

---

① 孙盛伟. 对提高中枢神经系统兴奋度在多向飞碟射击中作用的探讨 [J]. 射击射箭参考资料，1987（1）：11-15.

但反而会引起技能的自动化过程受阻，出现"Choking"。[①]许多运动心理学家和教练员通常是以调节躯体焦虑为主，为减少心理压力，鼓励运动员注意技术的动作，这反而可能会增加"Choking"的可能性。在比赛的关键时刻，应指导高级运动员注意运动整体节律，避免注意运动的具体过程。在训练中培养运动员在压力下比赛的习惯，适当选用完整比赛的训练，建立稳定的比赛节律；对于自我意识强的高级运动员应主要加强对高压适应能力的训练。

②初、中级运动员的赛前干预

初、中级运动员正处在发展过程中，缺乏比赛经验，信心不足，赛前显得紧张和焦虑。另外，初、中级运动员的技术和技能正处于发展过程中，教练员鼓励运动员注意技术动作对学习过程通常有利。因此，比赛中采用集中注意于动作过程的调节方法有利于初、中级运动员发挥出好的运动表现。

（4）根据运动项目的赛前调节方法

举重、跆拳道等力量和爆发力的项目要求运动员具有较高唤醒水平。射击、射箭、体操、高尔夫等要求动作精细化的项目需要运动员有较低的唤醒水平。同一集体项目在场上的不同位置，对运动员唤醒要求也不同。根据线索利用理论，排球运动二传手要求注意线索广泛，需要较低的唤醒水平。

Ryan 是一位有运动天赋的运动员，属于高焦虑型人格。他参加集体运动（棒球）会紧张，偶尔也"僵住"，但似乎队友的存在能帮助他摆脱焦虑。参加个人项目（短跑和跨栏）就完全不同，虽然 Ryan 的训练成绩很好，而且他的身体力量和体型非常适合这两项运动，但焦虑会随着比赛日临近升温，参赛前会出现呕吐现象，几乎走不动路。[②]

运动项目本身特点对唤醒的要求是赛前调节首要考虑的问题。

---

① 王进.为什么关键时刻罚分时篮球运动员会 choking[C].第 8 届全国运动心理学学术会议论文汇编，2006.

② 考克斯.运动心理学 [M].王树明，等译.上海：上海人民出版社，2015.

3.3.2 不同比赛间隙唤醒水平的调节

（1）心理唤醒水平的调节

赛场如战场，复杂多变，面对多变的比赛局势，运动员很难以准备好的心态参加完比赛。例如，悉尼奥运会比赛中，占旭刚抓举失利，在希腊冠军选手失利的情况下，教练员王国新密切注视台前幕后的动态，捕捉到时机，找到亮点，针对占旭刚的情绪变化，用最简洁、最具感染力的语言把他调动起来，激发起他满怀豪情和勇往直前的勇气，一举夺冠。感染和激励运动员只是一种调节唤醒水平的方法，但方法的使用必须结合赛场情况和运动员当时的情绪状态。

（2）生理唤醒水平的调节

活动调节法是通过转换运动员的注意力和减少不必要的外界信息的干扰来缓解运动员的紧张情绪。其宗旨是比赛期间"别让运动员闲着"，找事干，让运动员忙起来。有的运动员比赛期间吃有味的食物（如干鱼片、瓜子、松子等）或嘴里含东西（如口香糖、火柴棍等），这都是"活动嘴"的方法。看有趣的书报杂志则是"活动眼睛"的方法。还有"活动手"的办法，手不闲着，摆弄某一自己喜爱的物品（如吉祥物、一支笔、弹壳、毛巾、帽子或手绢等）。有的运动员还采用在纸上用笔乱涂的方法，也有的人画画、折纸、让两手不空着。让运动员自己做，目的是打发时间，帮助运动员转移注意力，没时间胡思乱想。

3.3.3 竞赛准备计划对唤醒水平的调节

赛前例行准备活动也可以用来帮助运动员调节赛前唤醒水平。Orlick（1970）提出详细的制定适宜的竞赛计划指南，帮助运动员建立一系列过程定向目标，包括赛前一天、比赛当天的准备出发—达到赛场—热身—比赛过程的身体和心理准备活动（表4-8）。

表 4-8 竞赛准备计划

	第一天	准备离开（比赛当天）	到达赛场	热身和比赛前一刻	比赛期间
身体准备	睡眠良好，减少活动	把所有的器材检查两遍	在休息室（门厅）做伸展运动	保持运动和体温。在赛前做30分钟热身活动	全神贯注于好的转弯（室外滑雪）
心理准备	聆听自己准备好的放松录影带	听录影带，听点音乐	离那些容易使我变得激动或紧张的人远一些	做好全面检查，放松—深呼吸，想象自己滑得很好—自由、快速、流畅	自由的、流畅的滑雪

（引自：Daniel Gould，2011）

3.4 小结

（1）生理唤醒、心理唤醒水平影响运动训练和比赛中的运动表现，对唤醒水平的调节是核心问题。

（2）合理应用训练学、心理学、营养学、生理学、药理学、生物力学手段，有利于调控运动员的唤醒水平。

（3）训练中主要提高运动员的生理唤醒水平，包括择时训练、准备活动、倒立练习、转场训练、模拟训练等方法和手段。

（4）比赛中主要是降低运动员的心理唤醒水平，包括行为和认知调节方法，但需结合比赛情境因人、因时、因项目而为。

（5）各种方法和手段使用目的是使运动员在兴奋和抑制状态之间快速有效转换，达到最佳唤醒水平状态，利于运动员比赛发挥，故提出运动唤醒双向调节理论假设。

4 运动唤醒水平双向调节理论假设

唤醒理论包括倒 U 形假说、驱力理论、个人最佳功能区理论、多维焦虑理论、突变模型。这些理论都是假设运动表现是受潜在的心理特质和心理状态支配，通过调控心理状态和心理特质来寻找最佳运动表现。[①]

影响运动员唤醒水平的因素除了运动员个性特征、运动项目这些相对稳定的因素外，还有比赛中复杂的环境因素，包括一些微妙的关系，对手在比赛中的表现等，都会严重影响到运动员的唤醒水平，而这些变化都是随时可能发生的、不可预测的，从容应对赛场上瞬息万变的比赛情境就需要运动员和教练员具备丰富的比赛经验、敏锐的观察、准确的判定。

不变的调节原则就是，唤醒水平高了就需要降低，唤醒水平低了就需要升高，这构成了比赛唤醒的双向调节理论，其中对兴奋度的把握是调节的关键，最佳的调节方法和手段能使运动员在兴奋和抑制状态之间快速有效转换是调节的重点，目的是使运动员的生理和心理唤醒水平达到最佳状态，有利于最佳运动表现的发挥。基于此，提出运动唤醒水平双向调节理论假设（图4-19）。

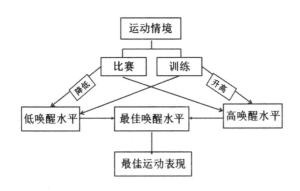

图 4-19 运动唤醒水平双向调节理论假设

---

① 姒刚彦. 追求"最佳"还是强调"应对"——对理想竞技表现的重新定义及心理训练范式变革 [J]. 体育科学，2006，26（10）：43-53.

5　结语

　　唤醒是人类永恒的主题，是生命体不断追求的一种平衡—失调—调控—平衡的这样一个循环不断的过程。运动训练中除了强调训练本身（训练负荷、强调、方法等），更应该重视训练主体——运动员的心理状态，训练中需要通过提高唤醒水平，使身体不断积累新的运动痕迹，从而提高运动成绩。比赛中同样需要关注运动员个体的人格特质，唤醒水平的调节方法虽多，但一定是因人而异，适合的才是有效的。

第五章　运动与流畅状态

1　前言

获得优异运动成绩是现代竞技体育参与者的夙愿，运动员、教练员、体育官员和体育科研工作者一直在努力地寻求夺冠之道。实力是运动员获得优异运动成绩的前提，但高手过招，光有实力还不行，如何把实力发挥出来，才是决定胜负的关键。怎样才能发挥实力？这就是我们经常谈到的"状态"。状态好的运动员总是能够高水平发挥实力，而状态不好的运动员经常马失前蹄，发挥不出应有的实力。

最佳竞技状态与最佳运动成绩的关系已经得到广泛共识，但什么是最佳竞技状态，国际上存在多种对最佳竞技状态的描述，其中诞生于 1975 年的流畅状态（flow）因其与优秀运动成绩紧密相关，且能够定量测评，所以在实践中应用较多。张力为（2004）认为流畅状态是 21 世纪运动心理学六大研究主题之一。[①]

关于流畅状态，通俗地说，就是心里觉得比较爽，在比赛过程中觉得顺风顺水，自己的实力不仅发挥出来了，甚至有超水平的发挥，但是这种状态总是可遇而不可求，我们希望每次比赛时都出现这种状态，甚至每次比赛时这种状态能够从始至终地保持下去，但我们越是希望有这种状态，这种状态就越难出现。我们有没有办法控制这种状态的发生？如果我们无法控制它的发生，那就意味着流畅状态的产生只能靠运气。心理反应出自一系列的生理

---

① 张力为. 值得运动心理学家探索的 6 个问题 [J]. 心理学报，2004，36（1）：116–126.

应激效应，发端于认知反应，如果想控制流畅状态，那么相关的认知反应将表现为有意识的主动心理调控模式，此时人处于高度唤醒状态，从理论上讲，这将抑制流畅状态的发生，因为相应的"心理—生理"应激机制发生了变化，产生流畅状态的内环境可能因此消失，流畅状态也就没有了。当然，这只是理论上的推测。

近年来，流畅状态的存在性和主要特征已经具有丰富证据，研究者也在试图设计出调控流畅状态的有效方案，虽然至今没有看到整体控制流畅状态的成功案例，但有些做法确实产生了积极效果。

流畅状态的重要性不言而喻，尽管我们现在还无法有效控制它，但认识它、了解它，将有利于我们更好地利用流畅状态，甚至结合自己的工作实践，也许能够找到部分控制流畅状态的方法。如果我们能够对流畅状态有积极的认知，将对训练和比赛产生益处。

19 世纪末期至 20 世纪初，持内省观的美国心理学家把研究重点放在考察心理现象上面，形成了后来的"意识流派"。虽然流畅状态是在 20 世纪 70 年代提出来的，但是考察它的整个诞生过程，不应忽视意识流派的奠基性作用。[①]

今天，我们不仅能够定量测评流畅状态，而且很多教练员、运动员也知道流畅状态，并且在实践中努力应用流畅状态以取得好成绩。可以说，流畅状态已经在体育实践中发挥着重要作用。

本章内容将从理论、测评、应用和实践四个部分介绍体育情境中的流畅状态。理论部分将介绍流畅状态的发展历程、主要特征、界定、生理基础、理论模型。在测评部分，除了介绍已经采用的 3 种主要研究技术，还将特别介绍《流畅状态量表》和《特质流畅状态量表》，因为这两个量表是目前研究流畅状态的主要工具。在应用部分，将谈谈流畅状态与竞技、体育教学和锻炼的结合，通过一些案例来看看流畅状态在体育活动中的作用，最后引用

---

① 何安娜，陈亚军. 从心理学走向形而上学——詹姆斯"意识流"学说及其哲学意蕴 [J]. 2011, 18（3）: 52-57.

"许海峰洛杉矶首金"和"李娜法网夺冠"的经典案例，帮助大家对流畅状态有一个更直观的认识。

2　流畅状态理论

2.1　流畅状态理论发展路径

流畅状态看似是 1975 年美国心理学家 Csikszentmihalyi 提出来的，但是从他的研究思想来看，前人的研究工作奠定了理论基础，可以说流畅状态是在前人研究成果中成长出来的。

从流畅状态的发展过程看，首先是美国心理学家有关神秘体验的研究，在此基础上产生了后来被具体化为自成性体验、活动愉悦感、顶峰体验等，然后在这些研究成果的综合影响下催生了流畅状态。

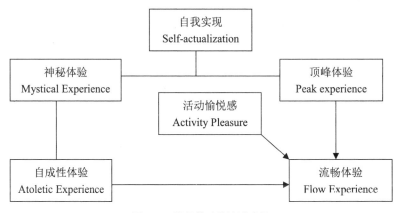

图 5-1　流畅体验的演进路径

为了帮助大家更好地理解流畅状态的诞生过程，采用顺藤摸瓜式的方法梳理这条发展路径（图 5-1）。Maslow 直到去世也没有发现理想的顶峰体验，所以 Csikszentmihalyi 计划进一步研究顶峰体验，结果他也没有发现顶峰体验，而是发现了流畅状态。他之所以采用 Flow 这个名词，一方面是许多被试用 Flow 来表达当时的心理状态，另一方面是受到了自成性体验和活动愉悦感研究的启发，因为这些名词也是从被试的表述中选择出来的。当然，整体而言，催生流畅状态的主要学术基础是顶峰体验。

顶峰体验与神秘体验之间存在着密切联系。当时 Maslow 在自我实现的研究中发现了超越性自我实现，而 Maslow 学术成长的过程饱受美国本土心理学思想的影响。当欧洲心理学家尝试像自然科学那样定量测评心理的时候，美国本土心理学家认为心理学研究应该以心理现象体验为样本，这种思潮就导致了心理学家对心理体验的兴趣。Maslow 也对这个问题产生了兴趣，他当时想：取得自我实现的人会产生怎样的心理体验？因此，他提出顶峰体验假设。[①]

顶峰体验的理论基础是有关心理现象方面的研究。具体而言，其核心议题包括：濒死体验、宗教体验、大悲大喜的体验、成瘾体验、神仙附体的体验等。这些心理现象玄妙难解，所以当时的美国心理学家们就用"神秘体验"（Mystical Experience）统称之。[②]流畅状态本质上也是神秘体验的一种衍生物。我们可以想象，流畅状态的这种根源属性决定了它的现实意义。

2.2　流畅状态的发展过程

流畅状态的诞生是基于一系列的理论成果，所以追溯流畅状态的发展过程，就有必要了解关键理论，并通过关键人物的贡献来更好地理解这些理论。从流畅状态的发展历程看，James、Maslow、Csikszentmihalyi 和 Jackson 的工作都发挥了重要作用。

神秘体验研究相当于埋下了流畅状态的种子，而美国心理学家 William James（1842—1910）在神秘体验研究方面做出了奠基性贡献。他是美国第一个本土心理学家，因为大部分早期的美国心理学家师从德国心理学家 Wilhelm Wundt（1832—1920），但 James 是在美国国内成长起来的，创建了

---

① 游茂林. 论顶峰体验：基于 6 名珠峰火炬手口语报告的分析 [J]. 中国体育科技, 2012, 48（6）: 137-141.

② JOHN HOWLEY. Psychology and Mystical Experience[M]. Whitefish:Kessinger Publishing, 2010.

美国第一个心理学实验室，当选为美国心理学学会第 2 届和第 5 届主席，并于 1906 年当选为美国科学院院士，后来被誉为机能主义学派创始人，为美国心理学发展做出了杰出贡献。他的代表作包括《心理学基础》《简明心理学教程》《宗教经验种种》，特别是在宗教体验方面的研究，奠定了现象学和人本主义心理学的基础，对基督徒祷告时心理体验的阐述为后来 Maslow 提出顶峰体验提供了思路。[①]

之所以认为神秘体验是流畅状态诞生之源，主要因为 19 世纪末期至 20 世纪初，Wundt 开创的定量测量心理的方法在国际心理学界风靡起来，而以 James 为代表的美国本土心理学家认为心理现象只可意会不可言传，所以他们积极地从内省角度研究心理学，也就是注重考察心理体验。可能缘于濒死、祈祷、成功等状态下人的心理体验受到了较多的社会关注，也比较神秘、有趣，所以针对这些心理现象的研究构成了神秘体验研究的主要内容。换言之，神秘体验研究揭开了流畅状态的原始特征，基督徒祷告时虔诚而平静的内心世界，就是流畅状态的基本写照。[②]

James 的学术影响力使得他的学术成果在美国心理学史上产生了深远的影响，这种基于自省的现象学分析范式促使许多美国心理学家重视对人的自身心理反应，继而孕育了人本主义心理学。当 Maslow 对需要层次理论做进一步深化的时候，情不自禁地联系到了人本主义心理学的本源——神秘体验，于是 Maslow 提出一个思考：获得自我实现的人会产生怎样的心理体验？晚年的 Maslow 将主要精力用于探析这个问题，认为获得自我实现的人会产生无与伦比的、从未有过的、最幸福、最快乐的时刻，并将这种心理状态称作顶峰体验。为了验证这个观点，他打算访谈 100 名当时被认为获得了自我实现的美国成功人士，结果没有发现理想的顶峰体验。[③]

Maslow 当选为第 16 届美国心理学会主席，被誉为人本主义心理学的创

① 高申春.詹姆斯心理学的现象学转向及其理论意蕴 [J]. 心理科学, 2011, 34（4）: 1006–1011.

② 伍麟.20 世纪的美国现象学心理学简评 [J]. 心理科学, 2004, 27（1）: 31–33.

③ CSIKSZENTMIHALYI M. Flow: The psychology of optimal experience[M]. Champaign:Human Kinetics, 2002.

始人，在美国心理学界也拥有较高的声望，这也使得他的学术思想和成果能够引起其他研究者的重视。尽管 Maslow 没能验证顶峰体验，但是他的相关研究成果引起了 Csikszentmihalyi 的注意。当时 Csikszentmihalyi 正在攻读博士学位，他决定沿着 Maslow 的思想进一步探索顶峰体验。这位后来被美国心理学会主席 Seligman 称作"引导积极心理学研究的世界级领袖"的心理学家，最后也没有发现理想的顶峰体验。不过，他发现了一种更为普遍存在的心理体验，这就是流畅状态，并出版了 4 部著作以及多篇论文阐述流畅状态。

随着 Seligman 在 20 世纪 80 年代初发起积极心理学运动，Csikszentmihalyi 由于承担了其中的研究任务，所以对流畅状态的研究停了下来。幸运的是流畅状态研究并没有因为 Csikszentmihalyi 的离开而消失，远在澳大利亚的 Jackson 注意到了流畅状态，她通过不懈努力，研制了现在广为使用的用于定量评价流畅状态的量表，并且定量分析了多种环境下的流畅状态。[①]

定量测评技术使流畅状态研究变得容易，可能源于运动参与者更容易产生流畅状态，所以来自体育领域的研究成果比较多。综合而言，有关流畅状态的描述主要包括：(1) flow 带来的内在满足感能使人们在从事任务时满怀兴趣、忘记疲劳、不停探索、不断达到新的目标；(2) flow 产生的是一种自我和谐，在活动中享受着"意识与活动的合一"，因为全心投入活动中，可能因此完成了平时不可能完成的任务，可是个人却完全没有意识到活动带来的挑战早已超过以往所能处理的程度，这种感受会让个人更加肯定自我，并促使个人更加努力于学习新的技巧；(3) flow 是指一种当个人完全沉浸在一项活动时所产生的心理状态。个人因自身的兴趣完全融入其中，专注于自身注意的事情，并且丧失其他不相关的知觉，就好像被活动吸引进去一般。当人们处于该状态时，因为过于关注、浑然忘我而无暇去思索其他问题，自我意识消失，时间感扭曲；(4) 流畅 (flow) 是一种最佳的心理状态。[②]

另外，部分研究者通过采访运动员来研究流畅状态，运动员报告的流畅

---

① 任俊，施静，马甜语 .Flow 研究概述 [J]. 心理科学进展，2009，17(1)：201–217.

② JACKSON S, CSIKSZENTMIHALYI M.Flow in sports: The keys to optimal experience and performances[M]. Champaign: Human Kinetics, 1999.

体验包括：（1）内心放松、镇静、高度集中的注意；（2）身体放松，动作流畅、准确，恰到好处；（3）自信和乐观，积极的外在表现；（4）精力集中于现在（正在做的事）；（5）非常有活力；（6）丰富的知觉活动，能准确知觉自己及运动制约情境；（7）完全在控制之中，且是用下意识完成的（通俗地说：怎么打怎么有）；（8）好像在茧状物中，外界各种因素无法成为干扰因素。[①]

2.3　流畅状态的基本理论

2.3.1　流畅状态的基本内涵

Csikszentmihalyi 总结出了流畅状态的 9 个维度：（1）挑战—技能平衡；（2）清晰的目标；（3）清晰的反馈；（4）行为—意识融合；（5）全神贯注；（6）高度控制感；（7）自我意识丧失；（8）时间感丧失；（9）自含目的体验。[②]

从这 9 个维度的内涵来看，又可以分为前因、体验、结果等 3 个类别（表 5-1）。目前主流的流畅状态研究都是基于这个理论，Jackson 根据这个理论编制了流畅状态量表。

表 5-1　流畅状态 9 个维度的结构

分类	维度
前因	1. 挑战—技能平衡 2. 清晰的目标 3. 清晰的反馈
体验	A. 行为—意识融合 B. 全神贯注 C. 高度控制感
结果	Ⅰ. 自我意识丧失 Ⅱ. 时间感丧失 Ⅲ. 自含目的体验

---

① JACKSON A.Atheltes in flow:a qualitative investigation of flow state in elite figure skates[J]. Journal of applied sport psychology, 1992, 4(2): 161—180.

② CSIKSZENTMIHALYI M,Abuhamdeh S, Jeanne N.Flow[C]//Carol S, Martin V, Handbook of competence and motivation. New York: Guilford Press, 2005.

挑战—技能平衡——运动员知觉到比赛情境的要求与自己的运动技能水平相当。这是流畅状态的核心因素。在这种状态中，运动员感到自己的潜能被激发出来，表现出了最好的自己。当年 NBA 的"姚鲨对决"总是激情四射，联盟中两名最优秀的中锋对战相当激烈。姚明谈及他与奥尼尔的巅峰对决时说：我们之间的对抗总是非常艰苦，但和沙克对阵的感觉很爽。如果竞争的要求远远高于运动员的技术，则会使运动员产生焦虑；如果运动员的技能远远高于比赛情境的要求，则会使运动员感到厌烦。只有两者达到知觉上的平衡，才会产生积极的心理体验。

行为—意识融合——运动员感觉自己与正在进行的活动融为一体。这种融合感，就像动画片《圣斗士星矢》里面的圣斗士面对敌人时凝聚自己的小宇宙，达到身心的统一，并完全沉浸在任务之中，从而达到竭尽全力完成一击的效果。脑袋一片空白，可能是此时的意识状态，例如谈及伦敦奥运会 2：1 逆转李宗伟夺冠时的心态，林丹说："像做梦一样。"易思玲在回忆伦敦奥运会帮助中国军团拿到首金的时候说："当时脑袋一片空白地在做动作，基本达到了忘我的境界。"在这种状态中，运动员的行为变得自然而然地发生，几乎自动化了，用不着去想怎样做动作，只要一想到要做的动作，就能顺利地完成，而且完成效果之好出乎自己的预料。

清晰的目标——运动员清楚地知晓完成比赛所需的每一个技术动作，而不是比赛结果。按计划完成每一个动作和比赛过程是其主要的任务目标。此时，运动员心中只有比赛，完全沉浸在比赛过程之中。中国射击队在总结巴塞罗那奥运会中女子选手张山夺冠的过程时谈道：张山在巴塞罗那的表现令人感动。这样一个活泼可爱的女孩，在比赛中完全判若两人。她每打完一组就半躺在墙角的沙发上，闭目养神，戴着耳机听听轻音乐，和谁也不接触。成绩公布栏就在门口，来回路过时她也不看，专心控制好自己的情绪，平常心。在节节胜利，即将摘取桂冠时，张山以一种平常的心情对待。她真的心无旁骛吗？其实，她很清楚自己要什么，"当 150 靶打完以后，我对自己说，我就是冲着 200 靶来的，有了对 200 靶的渴望，但在对自己的要求上却还是平常心。"此时，运动员在比赛前就清楚地意识到自己的目标是什么，这种目标是定向在完成每个技术动作上，而不是定向在比赛的结果上。他们只关心比赛过程，关注自己的技术动作，而对输赢毫不在意。

清晰的反馈——运动员接收到的关于动作表现的信息，他不必对信息进行分析就知道这种反馈表示什么意义。运动决策主要表现为直觉决策，认知过程流畅，动作过程流畅，就如有神助一般。第 23 届奥运会上许海峰实现中国金牌零的突破，回忆起那次决赛的情形，他说："开始最后一组射击了，我无意中回头一看，好家伙，身后什么时候竖起那么一堵'怪墙'，圆的是人头，方的是照相机，有圆有方的是摄像机。我意识到，自己的成绩可能已在全场领先。10 环，9 环，9 环……人声，照相机快门声和脚步声，一片嘈杂，我却在这时连打两个 8 环，不能再打下去了，调整一会儿，起身做最后一搏，两声枪响，两个 9 环，'这是怎么了'？我有点毛了，解恨似的说了自己一句'老兄，你也有手软的时候?!'……只剩下最后三发子弹了，我的心在呼唤着'许海峰，拿出你的精神来吧！让世人看看，你是条汉子。'这真是艰难的三枪啊，每一枪都坚持没有十分把握不扣扳机，过了稳定击发期就重新举枪，为了打出一发子弹，我甚至六次出枪，五次放下，直到找到最佳击发瞬间，心简直要跳出胸膛了，决定性的三枪 10、10、9，收枪的时候穿在里面的运动服已被汗水湿透了。"[①] 王丽萍在回忆悉尼奥运会夺冠时说："进场地前我一直以为澳大利亚选手在我前面，后来发现她也被罚了，我的心里特别激动，不过冲刺时我一直在提醒自己注意动作，别得意忘形。"在这种状态中，运动员有清晰、及时的反馈，他们能够从活动本身感觉到正在成功地实现自己确立的目标。

全神贯注——运动员的注意力完全集中在所要进行的活动上，对与比赛无关的人和事均视而不见。张山：这样一个活泼可爱的女孩，在比赛中完全判若两人。她每打完一组就半躺在墙角的沙发上，闭目养神，戴着耳机听听轻音乐，和谁也不接触。成绩公布栏就在门口，来回路过时她也不看，专心控制好自己的情绪，平常心情。

---

① 许海峰，王兴东，王放放 . 许海峰的枪 [M]. 北京：金城出版社，2012.

高度控制感——运动员能够感觉自己可以控制比赛的进程，并因此而愉快。许海峰：这真是艰难的三枪啊，每一枪都坚持没有十分把握不扣扳机，过了稳定击发期就重新举枪，为了打出一发子弹，我甚至六次出枪，五次放下，直到找到最佳击发瞬间，

自我意识丧失——运动员完全投入比赛当中，处于忘我状态。易思玲（伦敦夺冠）：脑子一片空白。

时间意识丧失——运动员高度专注于眼前的事情，没有察觉时间的变换。杜丽（2007 年亚锦赛）：自己在打比赛的时候太投入了，忘记了时间，以至于到了最后没时间了，所以多少影响了成绩。

自含目的体验——运动员体味到来自活动本身的乐趣，无关结果。易思玲（伦敦夺冠）：自己会完全融入比赛，享受过程。

基于这些认知，1975 年 Csikszentmihalyi 将流畅状态定义为：人忘我地全身心投入到所从事的活动中，从活动过程本身体验到乐趣和享受，并产生对动作过程的控制感。人似乎表现出不惜代价去从事该项活动，所从事的活动过程本身就是目的。[1] 人全神贯注地从事着自己的工作，忘却了自我，忘却了时空，完全地沉浸在行为之中，似乎产生了天人合一的感觉。

流畅状态的重要性在体育运动实践中已经展露无遗，一些奥运选手深有体会。朱启南是我国一名优秀的射击运动员，他在雅典奥运会夺金[2]，却在北京奥运会丢金。通过比较他两次参赛过程中的心理状态（表 5-2），可以发现参加雅典奥运会的时候他只关注自己的动作技能发挥，心态舒畅，所以取得优异成绩；参加北京奥运会的时候心理压力过大，对金牌的渴望较多，所以紧张焦虑，心情复杂，影响了夺冠。由此可见，处于流畅状态的运动员没有紧张、没有焦虑，不在乎结果，完全沉浸在比赛过程之中，好像自娱自乐一般，而没有流畅状态的运动员患得患失的心态比较强烈。

---

① CSIKSZENTMIHALYI M. Flow: The psychology of optimal experience[M]. Champaign:Human Kinetics, 2002.

② 戴学东 . 朱启南赛后吐心声：夺金只是正常发挥 [N]. 南方日报，2004–08–17(B05).

表5-2　夺金与失金的心理状态比较：以朱启南为例

夺金心理体验	失金心理体验
1. 我今天轻装上阵。我感觉今天发挥得基本还挺正常，也没有发挥得特别特别好。	A. 我一点都不紧张，紧张不起来，兴奋不起来。
2. 当时我在打的时候，脑子里面只有一个感觉就是动作要正确，一枪一枪打好，每一个动作都做好了才有打出10环的可能。	B. 刚开始准备的时候还稍微有点紧张，突然间一紧张，比赛感没啦。
3. 打最后一枪之前呢，我就对自己说，我要打出自己的成绩，要很好地打这一枪，要把这一枪打成我一生中最好的一枪。结果出来了，我打了10.4环。我还不知道自己能不能得金牌，这时后面的一个女孩喊了我的名字，我就知道我的梦想确实实现了。	C. 在打之前，自己都是处于一种忧虑、焦虑，心里非常的复杂。

2.3.2　多维视角下的流畅状态

对流畅状态的考察主要基于运动员事后回忆的内容，可是流畅状态下会产生忘我的境界，所以事后运动员能够回想起多少流畅状态体验就会影响研究者对运动员竞赛心理状态的评判。另外，不同的研究者看待流畅状态的视角不一样，这跟他们的经验、知识、认知等有关。因此，对运动员良好竞技状态的描述除了流畅状态，还有最佳功能区、最佳竞技状态、在状态、制胜心理等名称。

最佳功能区是由 Hanin（1980）提出来的，他基于倒 U 理论指出，运动员在操作过程中存在着一个理论上的最佳功能区域，当唤醒水平处于这个区段的时候，运动员取得最佳运动表现的可能性最大。在随后的研究中，Hanin（2002）发现不同运动员存在不同的最佳功能区域，因此将最佳功能区修订为"个人最佳功能区"（Individual Zone of Optimal Function）。情绪，是用来测量最佳功能区的主要指标，研究表明：个人最佳功能区作为个人的最佳的情绪强度区域，与优异的运动成绩有着很高的正相关。这也意味着运动员的情绪状态与运动成绩存在很高的正相关。[①]

---

① 石岩.我国备战与征战奥运会过程中值得关注的几个问题[J].体育与科学，2004，25(1)：42-46.

竞技状态是体育界一个老生常谈的话题，经常有运动员或教练员谈论状态好不好。如果运动员感觉自己的竞技状态很好，就会对接下来的比赛充满信心，往往会取得好成绩；如果觉得自己的状态不好，就会失去信心，甚至产生退赛的念头，这会影响运动员的竞赛表现。

瑞典运动心理学家 Unestahl 最早提出最佳竞技状态的概念，简言之就是指运动员自己各方面都百分之百准备好了，具体包括：健忘、注意力非常集中、痛苦感觉减轻、认知错觉、较强的自我控制感等特征。有的运动员将这种状态描述为：突然，全身都活动起来。我用不着想干什么或怎样干，一切都像自动化了一样。什么事也不能干扰我，我沉浸在其中，不管干得好坏，想不到疲劳，也想不到失败，只觉得内心充盈着安全和自信，只觉得胜利对我来说是件很自然的事。我看到了我的成绩，我欣赏它，与它融为一体。这就是类似入神的状态。我很希望每次都能产生这样的感觉，但似乎，也许很长时间内我都体会不到这种感觉了。[1]

如果运动员处于最佳竞技状态，我们可以想象他们能够取得理想的比赛成绩，但是这种竞技状态很难稳定地保持。如刚彦（2006）指出："第一个困难是在实践中可操作性不强，因为：（1）每一个体的最佳为何物；（2）如何操纵去达到；第二个困难是激烈对抗的竞技比赛使险象环生，逆境迭出。即便在比赛之前或比赛中的前一个片段，运动员已建立最佳心理状态，随着比赛进程的千变万化，已有的最佳心理状态可能会很容易地受到改变，那是不是理想竞技表现已不复存在？如果运动表现起了变化，是否意味着一定要重新建立最佳心理状态？"因此，他提出了理想竞技状态：指在竞赛中对各种逆境的成功应对。即使运动员不是处在最佳心理状态，只要能合理应对逆境，有效地补偿过失，调节自身，他 / 她仍有可能达到理想竞技表现。[2]

关于运动员取得优异运动成绩时的心理状态的讨论，一些美国学者认为他们当时处于一个适合自己的状态，称之为"in the zone"。美国著名冰球运

① 胡好.优秀运动员最佳竞技状态研究综述 [J]. 四川体育科学，2007，26(4)：74-77.

② 姒刚彦.追求"最佳"还是强调"应对"——对理想竞技表现的重新定义及心理训练范式变革 [J]. 体育科学，2006，26(10)：43-48.

动员 Richardson 将这种状态描述为："这是一种非常奇怪的感觉。似乎，时间变慢了，看任何东西都非常清楚。脑子里只想着你的场上表现。感觉毫不费力，就像在球场上漂行一样。每一块肌肉，每一根肌纤维，都完全和谐地运作起来，最终的结果就是你的表现非一般的好。"从他描述的内容来看，与流畅状态存在很多的相似之处，其实我们可以相信这就是流畅状态，而 "in the zone" 只是流畅状态的另一个名字而已。[①]

众所周知，许多比赛项目需要用到器械，在这种比赛中取得好成绩，运动员的心理状态如何？王斌（2008）通过对马术运动员的调查研究，提出了"人—马一体感"的概念。如果将这个理念扩展一下，也就是人与器械达到一体化的感觉，器械不再是一个外物，而是人体的一部分。[②] 实际上，这就是流畅状态产生的高度融合感。

虽然运动心理学家们从多角度阐释了获得优异运动成绩的心理状态特征，但实际上都围绕着流畅状态，只是认知观念或视角不同而已，至今还没有发现完全不同于流畅状态的概念。

因此，我们可以相信流畅状态确实在取得高水平运动成绩的过程中发挥了重要作用。再来想一想最佳功能区、最佳竞技状态、在状态、制胜心理与流畅状态的关系，不难发现：生理、心理机制协调运作，个体能力充分展现；过程意识清晰，淡忘结果目标；向失败学习，因成功而鼓舞；无所谓成败，但最终满意自己的表现；流畅并不意味着夺冠，但结果令人满意。这也许是流畅状态的精髓特质！

2.3.3 流畅状态中译名辨析与启示

除了体育界，教育学、心理学的研究者也开展了流畅状态方面的研究，不过他们很少使用"流畅状态"这个名词，经常使用沉浸、福乐或直接用

---

① YOUNG J, PAIN M. The zone: evidence of a universal phenomenon for athletes across sports[J]. The online journal of sport psychology, 1999, 1(3): 21—30.

② 王斌，李欣，马红宇，等. 马术运动员制胜心理研究——"人—马一体感"模型的初步建构[J]. 体育科学，2008，28(1)：27-31.

flow 予以表述。此外，我国台湾学者经常采用心流体验这个称呼。在实践中，还有一个用来表达流畅状态的词汇，就是"忘我"。虽然叫法不同，但是异曲同工，都是表达流畅状态。

从这些中文译名中，我们也可领会到研究者们对流畅状态核心特质的认知，如完全专注于操作行为（也就是沉浸的意思）、产生幸福和快乐感（也就是福乐的意思）、忘我。虽然这些名词对流畅状态的描述并不全面，但可谓一语中的，表述了流畅状态最核心的特征。

2.3.4 流畅状态的生理机制

生理是心理的基础，所以从流畅状态的产生过程来看，仍然是一个"刺激—反应"的机制。简言之就是：大脑对捕获的信息产生认知，继而发生生理反应，改变内环境，从而实现心理效应。[①] 这就意味着：流畅状态的发生基础是个体捕获了特殊的信息，这些信息的刺激导致内环境有利于个体神经反应通路工作。例如，朱启南在雅典奥运会上只关注个人动作表现，不关心是否夺冠，所以他只需要捕获自己每次射击的表现就可以了，而在 2008 年奥运会的时候，他对夺冠特别关注，这些信息产生的刺激导致他不能有效地完成动作。由此可见，在流畅状态下个体只关注与操作行为相关的感觉信息，个体处于一个比较封闭的内环境，所以很容易形成畅通的神经工作机制，如果这个工作机制经常被打断，就会直接影响运动员的操作表现。但是从实践经验来看，此时并非完全的忘我（如许海峰 6 次举枪，5 次放下），运动员还存在一定的内省水平，只是这种内省针对的是动作行为本身，而不是其他方面，所以此时运动员应该处于低内省、高运动直觉的状态，神经反应畅通，甚至达到惯性的效果（如科比连续命中 12 记 3 分球；姚明 11 投 11 中）。

关于流畅状态的生理过程，以色列魏茨曼科学研究所（Weizmann Institute of Science）的神经生物学家 Goldberg 有一个描述：当大脑需要专注于一项棘手的任务时，自我意识功能就会被"关闭"，人因此进入忘我状态。

---

① ARTHUR J MARR. In the Zone: A Biobehavioral Theory of the Flow Experience[EB/OL]. http://www.athleticinsight.com.

我们经常看到带伤作战的运动员，为了比赛，他们忘却了疼痛。

此外，生理心理学的研究发现：流畅状态由去甲肾上腺素、复合胺等影响神经系统的化学物质触发，而且科学家已经证明 N- 花生四烯酸氨基乙醇是能够对精神产生影响的化学物质。这说明，流畅状态产生的基础是生理条件，通过生物技术有可能控制流畅状态，只是这种做法很有可能导致体育道德方面的问题。

另外，在长期的运动实践中教练员们也发现了一些生理指标可以预测运动员的流畅状态，例如伦敦奥运会 20 公里竞走比赛前一天，孙荔安发现弟子陈定的安静心率竟然降低到了 43 次 / 分，这让他喜出望外——根据经验，这是非常理想的身体状态，要出成绩！陈定果然夺冠！

基于流畅状态的生理基础，可以展望控制流畅状态将成为可能，一旦我们找到了安全、可靠的控制技术，就可以帮助运动员在比赛时进入流畅状态以取得优异成绩。

2.3.5　流畅状态理论模型

最开始，Csikszentmihalyi（1975）提出了流畅状态的三区间理论模型，后来意大利 Massimini 等在早期三区间理论模型基础上，提出了四区间理论模型，并于 1988 年又提出了 8 区间理论模型。[1]

三区间理论模型意在描述日常生活和体育活动中的积极体验。如果能力超过了活动任务的要求，就会导致厌倦；如果能力不足以满足任务的要求，就会引发焦虑感。当任务要求高度集中，并且个人的能力和任务的要求相互匹配时，流畅体验就会发生。事实上，一个人是否能够体验到流畅完全取决于本人对挑战和技能的主观感知。如果要确切地判断一个人在既定情境中会体验到厌倦还是焦虑，这是不可能的。

四区间理论模型解决了三区间理论模型缺乏指向性的问题，因为三区间理论模型没有描述挑战与技能交互作用的走向。在四区间理论模型里，低技能—低挑战会产生冷漠心理（运动条件被认为是制约大众锻炼的重要因素，

① 任俊，施静，马甜语 .Flow 研究概述 [J]. 心理科学进展，2009，17(1)：201–217.

引得不少人的质疑：不锻炼的人主要是因为懒惰，真想锻炼，每天坚持跑步不就行了。长期从事这种既无难度挑战，又无技能要求的运动，谁不烦呢？）；高挑战—低技能会产生焦虑心理（当中国男篮面对美国男篮的时候，表现远远逊于打亚洲国家男篮）；高技能—低挑战会产生厌烦心理（面对含金量较低的中国巡回赛，丁俊晖碍于国际台联的规则，不得不参加，但明显心不在焉，总是选择消极比赛）；只有高挑战—高技能的情景下才会产生流畅状态（在高挑战情境下，运动员积极表现，可能源于想赢怕输的心态，为了取得尽可能好的成绩，全身心投入比赛之中，所以姚明对抗 O'Neal 的比赛总是精彩纷呈）。

总之，理想的竞技状态要求人的心理状态和技能保持平衡，这样才能取得理想成绩。也就是说，如果我们面对的对手太弱或太强，就很难产生流畅状态，只有当我们遇到旗鼓相当的对手时才会产生流畅状态，爆发潜能，取得好成绩，这就是短跑界经常说的：跑得好不好，对手很重要！

3 流畅状态测评

通过访谈采集信息，然后进行质性分析，这是流畅状态研究最初采用的技术手段。由于回忆信息总是难以盖全，而流畅状态又有突发性的特点，所以后来 Csikszentmihalyi 和同事一起设计了体验抽样调查的方法。直到 1996 年 Susan Jackson 编制了《流畅状态量表》，定量测评流畅状态成为可能。

Csikszentmihalyi 和 Lefcvre 设计的体验抽样调查法，要求被试随身携带一只传呼机或者带闹钟的手表，传呼机或手表每天都会以随机的时间间隔发出 8 次响声，连续一周的时间，听到声音后，被试马上填写一份有关流畅状态的自陈量表，跟踪研究个体的瞬间体验以及一天中流畅状态的变化，从而获得非常有价值的第一手资料。[1]

---

① 任俊，施静，马甜语 .Flow 研究概述 [J]. 心理科学进展，2009，17(1)：201–217.

根据 Csikszentmihalyi 的相关研究成果，Susan Jackson 于 1996 年和 1998 年先后研制了《流畅状态量表 –1》和《特质流畅量表 –1》，在 2002 年对这两种量表进行了修订，即《流畅状态量表 –2》和《特质流畅量表 –2》。这两份调查问卷在全世界范围内得到了广泛应用。[①]

《流畅状态量表》和《特质流畅量表》均采用 Likert 5 点量表设计。原版量表包含 9 个维度，36 个条目，从 1—5 表示"完全不同意—完全同意"。分别计算被试在 9 个维度上的得分（各维度所含条目的总得分或均值）来评价其流畅状态。

这两份问卷具有不同的功能：流畅状态量表（FSS）——测量个体在特定情境下的流畅状态。如果是运动情境，测量的就是运动流畅状态；特质流畅量表（DFS）——测量个体体验到流畅状态的一般倾向性。考察被试在特定情境中产生流畅状态的难易程度。例如，在一次测量排球运动员流畅状态的性别差异中，男运动员在流畅状态各维度上的得分高于女运动员。在运动员的流畅状态中，自含目的的体验最强，时间意识消失的体验最低（表5–3）。[②]

表 5–3　男女运动员流畅状态测试比较

特征	性别	M	SD	F	特征	性别	M	SD	F
Chal	男	14.17	2.81	27.02***	Cont	男	11.05	2.42	9.34*
	女	12.62	3.44			女	10.14	2.45	
Act	男	13.88	3.21	20.79***	Loss	男	9.03	3.16	0.225
	女	12.13	3.10			女	8.85	3.09	
Goal	男	21.71	2.63	11.13**	Tran	男	6.46	1.81	1.68
	女	20.67	2.71			女	6.17	1.82	
Fdbk	男	14.42	2.53	12.18**	Enjoy	男	17.59	2.19	20.51***
	女	13.33	2.54			女	16.17	2.65	

① 刘微娜 . 体育运动中流畅状态的心理特征及其认知干预 [D]. 上海：华东师范大学，2009.

② 孙延林，李实，蒋满华，等 . 运动员流畅心理状态研究 [J]. 天津体育学院学报，2000，15(3)：12–15.

特征	性别	M	SD	F	特征	性别	M	SD	F
Cone	男	8.26	1.62	4.39*					
	女	7.84	1.59						

（注：* 表示 $P<0.05$，** 表示 $P<0.01$，*** 表示 $P<0.001$）

4　流畅状态应用

4.1　体育竞赛与流畅状态

体育竞赛非常残酷，正如 Susan Jackson 所言："在竞争激烈的运动赛场上冠军只有一个，获得冠军的人，有时不一定是实力最强的人，但一定是发挥得最好的人。"诚然，每一名参赛运动员都希望自己是发挥最好的人，但事实总难如愿，要知道只有不到 50% 的奥运冠军成绩是当年该项目的世界最好成绩。最强的人败给发挥最好的人，这种现象在体育场上屡见不鲜，其中最著名的例子当属美国射击名将 Emmons。2004 年雅典奥运会、2008 年北京奥运会，在打最后一枪之前，Emmons 都遥遥领先于对手，冠军唾手可得，可是雅典奥运会他最后一枪脱靶，北京奥运会他最后一枪打出了奇差的4.7 环。连续 2 次煮熟的鸭子飞了，这不仅令 Emmons 深思，也引起了运动心理学家的热烈讨论。实际上运动心理学家已经发现，许多运动员，尤其是优秀运动员，在竞赛的关键时刻或最后时刻，且运动成绩与冠军有缘时，常常犯一些简单的错误，最后由于这一出人意料的失误导致快到手的金牌就这样"飞走"了。这种在比赛关键时刻或重大赛事中出现的"比赛失常"被认为是"Choking"现象。我国举重运动员吴景彪也在 2008 年奥运会上把几乎到手的金牌拱手相让，当时的情况让一位国家体育总局的官员摇着头退场，惊呼"表现严重失常。"奥运冠军张国政也对此表现得极其不可思议，他在微博上连着打出了 9 个"我疯了"，后面是一句"金牌居然丢了！"吴景彪对当时的情况回忆到："今天从抓举开始，就觉得不在状态，身体有点偏软，有可能是降体重的原因。很奇怪，今天一直调动不起来自己的情绪，不管怎么调整，身体就是不听使唤。我不明白为什么这样的比赛，我竟然调动不起来兴奋点⋯⋯"很显然，他当时不在状态，没有 Flow，反而 Choking 了！

实力最强的人输了，发挥最好的人夺冠，所以研究者们关注 Choking 的时候也发现了"发挥最好的人"。那些名不见经传的选手在比赛中脱颖而出、一举夺冠的情况（所谓名不见经传的选手是指那些具有较强的实力但是未在大赛中取得过优异成绩的运动员，具体到当今世界大赛，主要是指在此之前从未取得过世界冠军、世界比赛前三名或前八名等成绩的选手）。例如，在伦敦奥运会射击男子 50 米步枪三姿赛中就出现了这样的一匹黑马，最终夺冠的意大利选手 Priani 在 2008 年北京奥运会资格赛中仅排第 38 名。

在 Choking 的辉映下，黑马尤其令人关注，很多运动员都想成为黑马，很多教练员也都希望自己的运动员成为黑马，那么怎样才能成为一匹黑马？在大赛中成为黑马的心理是什么？是不是最佳竞技心理状态？思前想后，夺取冠军或实现优胜，不是最佳竞技心理状态还会是什么？这种理想的竞技（心理）状态，国外学者称之为流畅状态，也就是平时运动员常说的那种进入角色、找着感觉的状态。

每一个优秀运动员在他们的运动生涯中都会出现多次流畅状态，每一次都会给他们带来很好的成绩，但是如果他们在重大比赛中自我意识过强，这种流畅状态就不复存在，那样他们的比赛结果就会让大家失望。从这个意义上讲，教练员（而不是心理学家）如何采取综合的措施来帮助这些优秀运动员在重大比赛中进入这种流畅状态就显得非常重要。

山西省一名参加过全国运动会的自行车运动员报告了她夺冠的心理体验。其报告内容中值得关注的地方包括：她认为运动训练中强调的水感、球感、车感等是流畅状态产生的基础；由于前期训练非常扎实，赛前调整也很好，她在赛前一点也不紧张，只是兴奋。她将夺冠因素归结为：（1）路面非常棒，小起伏非常适合发挥我的长项；（2）回到我的老家河北比赛，亲切；（3）可以和当时的全国冠军河南队的李慧珍进行同场竞技。综合而言，她的成功得益于充分的赛前准备、符合自身技能水平的竞赛条件、亲切的社会环境和高挑战。这些因素，被她称作"天时、地利、人和"。她认为正是这次的"天时、地利、人和"才促使她产生了从未有过（后来也没有）的流畅状态。

她的体验内容很好地印证了有关流畅状态的研究报告。其内容主要包括：

（1）枪一响心完全平静下来，只有一个念头追上我前边的对手。

（2）极点出现的特别晚 ……骑的特有节奏 ……传动比使用正好，呼吸、心率都在最佳状态。

（3）一拐弯追上前面一个选手后就更来劲儿了，顶风，上坡是我的强项，想着只要顶下来就很好。

（4）总之一切就像安排好的一样，大脑根本不用去思考。

（5）今天怎么这么轻松？

（6）下来后队友问我"最后2千米我们给你喊加油你听见了没？"我摇头，"没有"，真的是不记得。

（7）教练说我得冠军了，我还以为他跟我开玩笑呢。

从她报告的这些内容可以发现，专注、目标清晰、身体感觉良好、自信、动作自动化、轻松、忘我、不考虑结果等因素最终帮助她产生了流畅体验并夺冠。

4.2 体育教育与流畅状态

Csikszentmihalyi（1990）指出，当体育教学内容的难度对学生具有挑战的时候，学生就会集中注意力，全身心的投入体育学习过程，能使他们产生流畅状态[1]。如果考虑到习得性无助理论，体育教学内容设置应该考虑到学生的技能水平；如果能够激发学生的流畅状态，将有助于提高教学质量。基于这方面的考虑，胡炬波和王进（2008）指出大学体育课选课制度应该改革。[2]

---

[1] CSIKSZENTMIHALYI M. Flow: The psychology of optimal experience[M].Champaign:Human Kinetics, 2002.

[2] 胡炬波，金新玉，王进.基于流畅体验理论探索大学生体育选课满意度[J].体育学刊，2008，15（8）：68-71.

4.3　体育锻炼与流畅状态

20 世纪 50 年代，风靡美国的"跑步风潮"引起了社会学家和心理学家的思考，为什么人们会出现跑步成瘾的状态呢？调查发现，流畅感是他们坚持跑步的重要动因。

高峰（2010）的研究发现，适宜的身体准备、自信和积极的态度、良好适宜的锻炼动机、适宜的锻炼情境可促进锻炼流畅状态的发生。如果锻炼者获得了流畅状态，可能坚持锻炼，这有利于全民健身运动的可持续发展。[①]

4.4　运动员流畅状态的调控

研究发现，取得优异运动成绩的运动员报告了更明显的流畅状态，运动成绩的差异与流畅状态的差异成正比，因为运动心理学家一直希望通过心理训练或者干预帮助运动员在比赛中获得并保持流畅状态，那样将帮助运动员更容易取得优异的成绩。问题的关键在于，我们能否有效控制流畅状态？之前我们讲过，流畅状态的发生是基于一定的生理基础，而生理学方面的研究证明可以控制这样的生理反应，只是药物使用可能面临体育道德风险。

如果能够从心理层面调控运动员的流畅状态，将是一个较为保险的策略。研究表明：注意特征、竞赛准备情况、对运动技能和活动进程的感知、动机和心态等可以作为流畅状态的预测变量。还有一些研究发现某些心理因素会影响流畅状态，如 Jackson、Thomas 和 Marsh 等（1999）发现知觉到的运动能力、焦虑和内部动机可作为特质和状态流畅的独立预测因子。[②]Jackson 和 Csikszentmihalyi（1999）归纳出 10 个影响流畅状态的因素，如注意、对活动进展的感知、唤醒、积极的动机等。[③]胡咏梅（2004）总结了技能表现类运动员流畅状态的 9 个诱发因素，如适宜的身体准备、赛前和赛中的计划准备、

① 高峰 . 锻炼中流畅状态的结构及其诱发因素的研究 [D]. 北京：北京体育大学，2010.

② JACKSON S, THOMAS P, MARSH H, et al.Psychological links with optimal performance: Understanding the flow experience[J]. Journal of Science & Medicine in Sport, 1999, 2(4): 418.

③ JACKSON S, CSIKSZENTMIHALYI M. Flow in sports: The keys to optimal experience and performances[M]. Champaign: Human Kinetics, 1999.

自信心和积极的态度等。^① 此外，Jackson 等（1998）调查发现，79% 的被试认为流畅是可控的，其余 21% 认为不可控^②；胡咏梅（2004）调查发现，75% 的运动员认为流畅状态可控，在 90 条诱发流畅状态的因素中，能够被控制的条目占总数的 73.3%；刘世军（2008）发现 67.5% 的网球运动员认为流畅状态是通过自己的努力和调节出现的，是可控的。认为 24 条诱发流畅状态的条目中的 16 条（66.7%）被认为是可控的。^③ 这些研究成果暗示了流畅状态的可控性，也增强了运动心理学家控制流畅状态的信心。

确实有人试图在实践中调控流畅状态。瑞士 Unestahl（2010）在第十二届中国科协年会运动心理学分会场报告了一项瑞士国家级运动队为期 27 周的心理训练方案，其中包括 3 周的流畅状态训练，结果看似令人满意，但是流畅状态在整个心理训练方案中的比重较小，运动成绩的获得与流畅状态的关系也不甚明确。另外，Unestahl 报告的流畅状态训练主要是通过表象训练实施的，这与现实竞赛环境的信息供给性质完全不同，因为在竞赛情境下不可避免的经常遇到负性刺激，改变运动员的唤醒水平。因此，当 Unestahl 报告完毕，任未多研究员表达了质疑，指出流畅状态是一种可遇而不可求的心理状态，如果刻意追求，可能导致这种状态的消失。

从流畅状态发生的生理过程看，不管是自控还是外控，个体的认知和注意力都将发生改变，心理过程的变异将导致心理体验的变化，因为心理反应是心理—生理应激的结果，如果心理过程发生改变，生理应激随之变化，原有的心理体验将发生变异。虽然教练员在实践中会采取一些措施保证运动员在比赛时处于良好的竞技状态，但流畅状态是否真的可以被调控，至今没有得到有力的证据。

① 胡咏梅，孙爱华，孙延林，等．技能表现类项群运动员流畅心理状态诱发因素及其可控性研究 [J]．天津体育学院学报，2004，19(1)：27-30.

② JACKSON S, KIMIECIK J, Ford S,Marsh H. Psychological correlates of flow in sport[J]. Journal of sport & exercise psychology, 1998, 20(3): 358–378.

③ 刘世军．优秀网球运动员流畅心理状态的诱发因素及其可控性 [J]．上海体育学院学报，2008，32(3)：58-60.

基于这种考虑，不难发现心理干预的潜在风险。著名女子网球运动员 Janković 在比赛时就试图调整自己的心态，结果越刻意去调整心态反而越糟糕。现代运动训练对心理训练的重视已经让运动员掌握了基本的心理调控方式，积极而主动的心理干预，很容易将外部奖赏（获胜、赢）植入运动员的意识，因而忽视比赛过程的乐趣，运动员不仅不会 flow，而且更容易 Choking。可以说 flow 与 Choking 就是一墙之隔，心理调控掌握不好，很有可能造成 Choking。另外，只有调控运动员的临场心理状态才有重要的现实价值，在事关成败的比赛面前，教练员、运动员、运动心理学家有多大的把握去调控心理状态？可以说，流畅状态的生理过程和流畅状态存在的环境都是心理调控流畅状态的重大障碍。

当心理调控面临暂时难以逾越的鸿沟时，研究者们开始考虑生理调控的可能性。田麦久等研究表明，积极进行参赛准备有利于帮助运动员产生良好的竞赛心理状态。另外，从脑科学的角度分析，控制神经反应过程从理论上可以调控流畅状态，但是使用药物会产生体育道德问题，电疗、针灸、热敷等手段也许有效，只是目前没有这方面的证据。

黑马毕竟不是常态，靠发挥好战胜能力强，其中的运气成分太多，所以提高运动员的参赛能力可能更为现实。

韩国射箭队长期保持世界顶级水平，就得益于他们采用的一套心理和赛前行为程序训练。在他们看来，征服自身的恐惧心理是获胜的关键，所以韩国射箭队进行着"残暴的"赛前训练，蹦极、10 米台跳水、在严冬的深夜进行的 24 公里远足、背负小舢板登山，甚至"检查尸体"。这些残酷的训练内容能够帮助运动员面对各种困难而心态稳定。[1] 另外，他们的赛前行为训练帮助运动员对自己即将面对的任务非常清晰，因此能够做到比赛过程中按部就班、不慌不乱。我国民间俗话说"家里有粮心不慌"，如果对整个事情都了然于胸，那也就没什么担忧的，专心比赛就是了。

从韩国射箭队的成绩来看，这种让运动员心理素质过硬，对比赛任务清

---

[1]　王晨 . 天空电视台专访韩国射箭队：他们的意志训练很"残酷" [N]. 中国青年报，2004-08-10(3).

晰的做法是有效的。但是，从韩国整体竞技体育发展水平来看，这种训练方法对程序规范的比赛项目可能有用，对那些突变情况较多的项目（如球类）以及实力要求太高的项目（如100米跑），也不一定有用。不过，这种帮助运动员做到心中有数的做法是值得学习的。

为了帮助运动员做到心中有数，我国教练员还采用别有用心的"锦囊妙计"。例如，伦敦奥运会20公里竞走冠军陈定的教练就给了他一个装有8条妙计的锦囊，包含成绩目标、比赛策略、看待困难等方面；网球一姐李娜在比赛中掏出小纸条看的镜头曾引起广泛猜测，后来李娜告诉记者，那是教练给她的妙计，既有攻防策略，也有鼓励。

目前，真正在实践中全程调控运动员流畅状态或针对性地控制运动员流畅状态的案例还没有查阅到，不过帮助运动员做到心中有数，还是有用的。虽然我们现在还无法有效调控运动员的流畅状态，但是基于已有的研究成果，还是可以想些办法，帮助运动员产生流畅状态：

第一步：明确取胜的目的——为了家庭、名誉、金钱，还是对这项运动的热爱？只有明确了为什么而战，才会拥有强烈的获胜动机。

第二步：评估以前的比赛表现——找出弱点，能帮助你变得更好。

第三步：心理和身体训练——懂得平静心情和专注比赛才能发挥出全部的技战术水平。

第四步：赛前参加放松活动，清净大脑——给大脑减负，让它做好参赛的准备。

第五步：给身体加注充足的能量——保证充足的体力才能表现出最好的自己。

产生流畅状态不仅对运动员有益，我们普通人也需要流畅状态来增加我们的生活质量，现实生活中我们也可以尝试一些方法：

（1）想好了就去做。即使你不相信自己能够做得好，但应对挑战，发挥潜能的过程将帮助你产生流畅状态；

（2）给自己留下充足的时间，这样你就不会急躁；

（3）集中处理类似任务。这样会让你注意力集中；

（4）有意做一些有利于产生流畅状态的事情，譬如跑步、画画、唱歌等；

（5）沉思，是产生流畅状态的重要途径；

（6）清除让人分心的事物；

（7）寻找挑战，给自己一点挑战或者新目标，提振精神，自然而然地沉浸于任务之中。

5　流畅状态实例分析

5.1　"失踪的"许海峰

许海峰是我国第一个奥运冠军，他的情况大家都清楚。据他后来回忆，当时的比赛情况是这样的，首先他没有想到自己能够参加奥运会，所以随着奥运会一天天临近，他的心理出现了起伏。后来在比赛过程中，他的发挥出现了问题，有几枪没有打好，影响他夺冠。他对这个形势是心里有数的，但是他没有焦躁，而是慢慢调控自己的心理状态，把全部精力都放在比赛上面，大多数运动员都比赛完了，后来场上就剩下 4 名选手。当时记者们都认为瑞典选手能夺冠，所以都聚集在瑞典选手后面。许海峰慢慢调整心态，成绩又逐渐回来了，打到最后一枪的时候，瑞典选手第一，王义夫第二，他第三，他要夺冠必须打 10 环，这个时候记者都准备夺冠采访，身后乱糟糟的，他也没心思去管，只管用心打好最后一枪，终于一枪夺冠，创造了中国奥运会的历史。

后来，许海峰回忆了当时的心理状态"我那时 26 岁，算老队员了，但训练才一年，去洛杉矶奥运会前，根本没敢想拿金牌，更别提什么历史第一金了。因为根本没想过冠军，所以比赛前一天，早早就洗洗睡了。第二天起来，感觉很好，比赛时前两组发挥很好，第三组打坏了，我跑出去休息了半小时，这就是后来被媒体盛传的'失踪'，其实我也不是紧张，就是去冷静一下。回来后，又找回了手感。第四组打完，感觉背后的人开始多起来，一回头，就有记者照相。这时候我才意识到，可能成绩不错。是不是会夺冠？这时候，拿金牌的念头才第一次跳出来。结果，最后一组的前两枪马上受影响。休息了 15 分钟，平静心情，最后三枪，每一枪都坚持没有十分把握不扣扳机，过了稳定击发期就重新举枪，为了打出一发子弹，我甚至六次出枪，五次放下，直到找到最佳击发瞬间。"

从许海峰回忆的夺冠经历[①]来看，专注于运动技术的发挥、心态平静、忘我，这样的心理状态有利于运动员取得好成绩，所以一旦他察觉身后聚集了很多记者、想夺冠的时候，就会影响技术发挥。

5.2 "逆风翻盘的"李娜

李娜法网争冠的对手是法网上届冠军 Schiavone，当今女子网坛数一数二的红土高手，而李娜之前没有法网夺冠的经历，所以这是一次很大的挑战。比赛也进行得异常激烈，第一盘 6∶4 拿下，但第二盘中段，李娜在连续两个对手的发球局都错过破发点后反而在第八局被回破，比分被反超，此时她的情绪有些失控，甚至还一度朝着自己团队的方向大吼了两声，场上的气氛一下子变得格外紧张起来，最后抢七成功才赢得冠军。由此可见，当时的比分是多么胶着。

李娜后来接受记者采访时回忆了当时的心理状态，主要内容包括："我从来没想过会在法网夺冠，这可能是我觉得机会最小的一个（大满贯赛），但是却变成了现实……有了澳网的经历，法网决赛前，我还跟姜山开玩笑，没关系，大不了再拿个第二呗，我们拿两个第二回去……今天我给她的压力比较大……第二局其实领先，慢慢被她追回来了，我想没关系，我们现在都在同一起跑线，慢慢打就好了……第二盘我当然会很紧张，但是最终我还是赢了……当时抢七，我就一直提醒自己别犯傻，还有一分就能拿到冠军了，我要保持冷静。"由此可见，李娜在场上的心理状态是存在波动的，这也直接导致她在第二盘比赛中多次被动。

---

① 许海峰，王兴东，王放放. 许海峰的枪 [M]. 北京：金城出版社，2012.

从上述两个案例可见，获得好成绩需要有好心态。

在许海峰身上，要学习：

（1）不以夺冠为参赛动机；

（2）生理准备良好；

（3）保持平静心态；

（4）自我意识清晰；

（5）反馈清晰；

（6）注意力集中。

在李娜身上，要学习：

（1）不以夺冠为参赛目标；

（2）有当第二的心态；

（3）乐观；

（4）自信；

（5）保持平静的心态；

（6）意识清晰；

（7）反馈清晰；

（8）紧张。

6　结语

　　流畅状态的主要理论包括基本特征、九个维度、三个理论模型、流畅状态和特质流畅状态，以及流畅状态的应用价值。在这些理论基础上，Jackson编制了流畅状态的测评量表。目前有关流畅状态的相关研究报告可分为两类：第一，解释流畅状态是一种什么现象。Csikszentmihalyi 和 Jackson 的工作，一直都是在丰富流畅状态的内涵，让人们更清晰地了解什么是流畅状态，他们创新的研究方法和研究工具，都是为了更好地实现这个目的；第二，建构流畅状态理论体系。目前已经建构了流畅状态的理论模型，形成了比较丰富的流畅状态特征结构，从理论上对流畅状态融入体育教育、运动训练、运动心理控制等进行了探讨，除了调查流畅状态在性别上的差异，还考量了跨文化背景下的流畅状态差异。

关于流畅状态，不能忽视它的一个重要特征，即这不是常态，它可遇而不可求。2012 年伦敦奥运会开赛前，中国女排在伦敦参加最后一次热身赛，王一梅和惠若琪当时因为找不到状态而忍不住哭了起来。当你意识到流畅状态的存在，也就意味着它的结束和消失；当你在比赛中刻意去寻找它时，它已经离你远去。如果在比赛中刻意寻找这种状态的话，不仅无益反而有害。运动员不能强迫自己出现这种状态。处于这种最能发挥水平的状态时，往往是自己意识不到的；一旦意识到了，它便不翼而飞。我们如果能从"有意栽花，花不开；无心插柳，柳成荫"这句话中感悟到什么，我们的教练员和运动员可能就能知道该怎么做了。

此外，不能忽视流畅状态的生理基础，要理性看待流畅状态调控，因为心理调控手段的实施，将导致认知过程发生改变，生理应激因而产生变化，先前建立的"生理 – 心理"联动机制被破坏，并构建新的反应机制。这意味着运动员之前的流畅状态发生机制被破坏了，因为心理干预产生了新的内环境。因此，我们最好不要轻易对运动员进行流畅状态干预。

虽然国际上有关流畅状态的研究成果已经不少，但是依然有三个主要问题值得思考：

（1）流畅状态量表在跨文化情境中运用的时候出现了信、效度差异问题。例如，中国版流畅状态量表只保留了其中的 33 个条目，该量表的不稳定性是否缘于理论基础的不足？

（2）目前有关流畅状态的定量研究中，研究者采取的是大规模随机抽样调查方式，这意味着研究者事先假定任何人都产生过流畅状态，事实如此吗？

（3）1990 年，Csikszentmihalyi 就提出在实践中控制流畅状态，但至今没有相关实证报告。有意的心理调控手段，将改变人的认知模式，心理环境的改变将影响生理过程，人体应激反应的结果将产生新的心理状态。调控，有利于流畅状态的产生吗？

不仅如此，反观那些试图控制流畅状态的研究，如果人人都有流畅状态，就意味着人人都是"成功人"，这如果是事实，将对社会产生怎样的影响？

也许完全控制流畅状态是很难实现的愿望，但是帮助人们获得有利于产生流畅状态的心理环境，还是有积极意义的，即使是一种临界流畅状态，或者心理状态积极化，也是有益处的，所以针对流畅状态的研究需要继续深入。

基于前期的研究成果，后续研究有必要：（1）控制无效样本，进一步明确流畅状态的特征；（2）完善流畅状态基本理论，特别是明确流畅状态与运动绩效的关系；（3）检验流畅状态用于实践的可能性；（4）明确流畅状态的生理基础。

附件1：流畅状态问卷（中文版）

	完全不同意　　　完全同意
1. 面对挑战，我相信我的专项能力足以应付它	☐ ☐ ☐ ☐ ☐
2. 我不假思索就能准确完成比赛动作	☐ ☐ ☐ ☐ ☐
3. 我清楚地知道自己要做什么事情	☐ ☐ ☐ ☐ ☐
4. 我非常清楚自己的比赛表现如何	☐ ☐ ☐ ☐ ☐
5. 我把全部的注意力集中在当前比赛过程中	☐ ☐ ☐ ☐ ☐
6. 我认为完全控制了自己的比赛表现	☐ ☐ ☐ ☐ ☐
7. 我对比赛中个人表现的好坏没有特别注意	☐ ☐ ☐ ☐ ☐
8. 我感觉比赛时间似乎改变了	☐ ☐ ☐ ☐ ☐
9. 我非常喜欢这种比赛体验	☐ ☐ ☐ ☐ ☐
10. 我的能力可以应付当前比赛的激烈挑战	☐ ☐ ☐ ☐ ☐
11. 我不假思索就能顺其自然地完成比赛动作	☐ ☐ ☐ ☐ ☐
12. 我知道自己要达到的目标是什么	☐ ☐ ☐ ☐ ☐

13. 我清楚地知道我的动作完成得好不好	☐	☐	☐	☐	☐
14. 我可以很轻松地将注意集中在正在进行的比赛中	☐	☐	☐	☐	☐
15. 我感觉基本可以控制自己的临场表现	☐	☐	☐	☐	☐
16. 我没有特别考虑其他人或教练怎么看待我的场上表现	☐	☐	☐	☐	☐
17. 我感觉比赛时间与往常时间不一样	☐	☐	☐	☐	☐
18. 我对自己的临场表现非常满意	☐	☐	☐	☐	☐
19. 我认为自己足以应付当前情境的挑战要求	☐	☐	☐	☐	☐
20. 比赛中我做动作不需要有意识地想它该如何做	☐	☐	☐	☐	☐
21. 我的比赛目的明确	☐	☐	☐	☐	☐
22. 我可以说出自己表现好的原因	☐	☐	☐	☐	☐
23. 我完全集中了注意力	☐	☐	☐	☐	☐
24. 我有一种完全的比赛自我控制感	☐	☐	☐	☐	☐
25. 我没有特别关心自己在场上的表现是否影响自己的面子	☐	☐	☐	☐	☐
26. 在比赛中，我感觉时间好像停止了	☐	☐	☐	☐	☐
27. 这种比赛体验让我感觉到太棒了	☐	☐	☐	☐	☐
28. 我在比赛场上技战术水平的发挥充分体现了我的实际能力	☐	☐	☐	☐	☐
29. 我不需要意识控制，可以本能的完成动作	☐	☐	☐	☐	☐
30. 我清楚地知道自己比赛该怎么做	☐	☐	☐	☐	☐
31. 通过自己的临场表现我可以知道自己的表现如何	☐	☐	☐	☐	☐
32. 我将注意力全部集中在比赛上	☐	☐	☐	☐	☐
33. 我感觉完全能控制自己的身体	☐	☐	☐	☐	☐
34. 我不在意其他人怎么看我	☐	☐	☐	☐	☐
35. 有时，比赛过程似乎以慢的速度进行	☐	☐	☐	☐	☐
36. 我发现这种比赛体验非常有意义	☐	☐	☐	☐	☐

附件2：特质流畅状态量表（中文版）

完全不同意　　完全同意

1. 我遇到了挑战，但我相信自己的技能能够应付这一挑战	☐ ☐ ☐ ☐ ☐
2. 无须深思我就能做出正确的动作	☐ ☐ ☐ ☐ ☐
3. 我清楚地知道自己想要做什么	☐ ☐ ☐ ☐ ☐
4. 我的确很清楚自己的表现如何	☐ ☐ ☐ ☐ ☐
5. 我的注意力完全集中于正在进行的活动上	☐ ☐ ☐ ☐ ☐
6. 我感觉我完全控制着我正在做的事情	☐ ☐ ☐ ☐ ☐
7. 我不关心别人可能怎样看待自己	☐ ☐ ☐ ☐ ☐
8. 时间似乎改变了（要么是减慢了，要么是变快了）	☐ ☐ ☐ ☐ ☐
9. 我真的很享受这种体验	☐ ☐ ☐ ☐ ☐
10. 我的能力与情境的高要求相匹配	☐ ☐ ☐ ☐ ☐
11. 行动似乎是自然而然发生的	☐ ☐ ☐ ☐ ☐
12. 我清楚地意识到自己想要做什么	☐ ☐ ☐ ☐ ☐
13. 我知道自己的表现如何	☐ ☐ ☐ ☐ ☐
14. 我可以毫不费力地使自己的注意力集中于正在进行的活动上	☐ ☐ ☐ ☐ ☐
15. 我感觉自己能够控制正在进行的活动	☐ ☐ ☐ ☐ ☐
16. 我不关心别人可能会如何评价自己	☐ ☐ ☐ ☐ ☐
17. 时间过得和平常不一样	☐ ☐ ☐ ☐ ☐
18. 我爱这种完成工作的感受，想再次体验它	☐ ☐ ☐ ☐ ☐
19. 我感觉自己的能力足够满足情境的高要求	☐ ☐ ☐ ☐ ☐
20. 我的动作是自动化的，没有想太多	☐ ☐ ☐ ☐ ☐
21. 我知道我想要获得什么	☐ ☐ ☐ ☐ ☐
22. 完成动作时，我很清楚自己的表现如何	☐ ☐ ☐ ☐ ☐

23. 我完全聚精会神	☐	☐	☐	☐	☐
24. 我有完全的控制感	☐	☐	☐	☐	☐
25. 我不关心自己的表现如何	☐	☐	☐	☐	☐
26. 我感觉到时间比平时过得快	☐	☐	☐	☐	☐
27. 这种体验让我感到欣喜若狂	☐	☐	☐	☐	☐
28. 挑战和我的技能都处于同等的高水平上	☐	☐	☐	☐	☐
29. 我的行动是出于本能和自动的，而不必去想	☐	☐	☐	☐	☐
30. 我的目标界定明确	☐	☐	☐	☐	☐
31. 我能够根据正在完成的动作判断自己的表现如何	☐	☐	☐	☐	☐
32. 我全神贯注于当前的任务	☐	☐	☐	☐	☐
33. 我感觉完全能够控制自己的身体	☐	☐	☐	☐	☐
34. 我不担心别人可能会怎样看待自己	☐	☐	☐	☐	☐
35. 我失去了正常的时间感	☐	☐	☐	☐	☐
36. 这种体验是一种最好的奖励	☐	☐	☐	☐	☐

第六章　心理训练与正念训练

1　心理训练

1.1　引言

当今高水平竞技体育的一个突出特点就是，参加比赛的运动员在体能、技战术等方面差距日益缩小，决定比赛胜负的因素也由过去比较单一化转变为多元化。优秀运动员不仅要具有超人的体能、娴熟的技术和战术，而且还要具备超常的心理能力。运动员要想在比赛中取胜，心理必须坚强、坚强、再坚强，而心理训练则可以提供这方面的帮助。

有人认为，人的心理素质（也称心理品质）是天生的，优秀运动员都具有良好的心理素质，不需要心理训练，只要把好运动员心理选材这一关就可以。也有人认为，人的心理素质通过后天训练都可以改变，因而热衷于运动员心理训练。心理学研究表明，人的心理发展既不是完全由先天遗传决定的，也不是完全由后天环境决定的，而是由遗传和环境相互作用的。遗传提供了心理发展的可能性，环境和教育则给予这种可能性以现实性。

近些年来，国外心理学家提出了一些强调遗传作用的证据，引发人们对遗传与环境之争的重新关注。因此，有人提出：运动心理学家只能帮助运动员学习比赛策略。我们不否认人的心理素质在较大程度上来自于父母的遗传，但也应看到人的心理品质具有一定的可塑性，也正是基于这一点，心理训练才有存在的价值和用武之地。

1.2 运动员心理训练十种方法评介

1.2.1 放松训练

放松训练是最常用、最基本的一种心理训练方法。现有研究发现放松训练至少有以下四个作用：（1）减轻心理压力；（2）获得生理益处；（3）调节兴奋水平；（4）作为心理训练的基础。面对众多的放松训练方式方法，重要的是要选用适合运动员自己的那一种。能让运动员身心放松的方法就是最好的放松方法。

放松训练在我国得到了最广泛的应用。早期大量使用放松训练让人产生一种误解：心理训练等于放松训练。事实上，放松训练只不过是运动员心理训练的一种方法而已，而优秀运动员仅有放松能力是远远不够的。

1.2.2 生物反馈训练

这里提到的生物反馈训练实际上是生物反馈技术与放松训练方法结合起来的一种高级放松训练。这种生物反馈训练的突出特点是克服了放松训练的盲目性，加速了放松训练的进程，提高了放松训练的效果。

进行生物反馈训练，必须具备生物反馈仪。常用生物反馈仪有：肌电、皮电、心率、血压以及皮温生物反馈仪等。近年来，脑电生物反馈仪在一定范围内得到应用；计算机生物反馈测试分析系统受到欢迎。现在国内外一些公司看到了生物反馈仪的"市场卖点"，开发出小型智能化的生物反馈仪（配放松磁带）。

目前，国际上生物反馈训练的热潮开始逐渐退去，有变"冷"的趋势。这与生物反馈训练的理论基础"不过关"有很大的关系。美国 Neal Elgar Miller（1909—2002）提出的有关生物反馈理论到现在也得不到进一步证实。大量临床应用远没有达到预期的效果。因此，生物反馈训练的未来发展并不乐观。

1.2.3 系统脱敏训练

系统脱敏训练有两种具体方法：想象系统脱敏（SD—I）与现实系统脱

敏（SD—R）。就实际效果而言，系统脱敏训练应主要采用现实系统脱敏，但是在过去的研究和实际应用中许多人则选用了想象系统脱敏，这主要是由于想象系统脱敏比现实系统脱敏操作起来容易得多。现实系统脱敏的使用明显增多。

近些年来，认知训练被引入系统脱敏训练中来，即让练习者分辨那些不合理的引起焦虑或恐惧的观念，并用合理的自我解释去抑制这些观念，从而增加了系统脱敏训练的有效性。

系统脱敏训练是行为治疗的一种方法，目前它在运动员心理训练中应用的实证研究还很少，有待尝试与探索。

1.2.4 表象训练

表象训练，也称想象训练、念动训练和心理演练等。

Rainer Martens 等提出表象训练的四个步骤，即表象能力测定、传授表象知识、基础表象训练和结合专项的表象练习。其中的基础表象训练尤为重要，它是由感觉意识训练、清晰性训练与控制性训练三部分组成的。

国外把表象分为内表象（动觉表象）与外表象（视觉表象）。表象训练开始阶段，运动员大多使用外表象训练；只有一些优秀运动员可以进入高级阶段，才会运用内表象训练。如何实现外表象训练向内表象训练的顺利转变以及怎样表征内表象是令人感兴趣的问题。

表象训练究竟有什么实际效果？过去国内外一些研究大都强调它对动作技能形成有明显的促进作用，其理论基础是 Jacobson 提出的心理神经肌肉理论。这个理论认为，在表象动作时会伴随着微弱的，但是可以测量到的与实际动作相似的神经肌肉活动，而这种神经肌肉反应的多次激发可以完善和巩固动作的动力定型。但是，美国学者 Denial Landers 等在 1983 年的一项研究却发现表象训练在动作技能学习方面的效果并不大。

作为一种心理训练方法，表象训练在增强运动员自信心、改善内部动机与做好比赛心理准备等方面有帮助，因此现在仍广泛使用。

1.2.5 认知训练

20 世纪 60 年代美国学者提出了情绪的认知理论，认为在情绪发生过程中认知因素起着重要的作用。与此同时，以改变人的认知从而改变人的情绪和行为的认知疗法也相继问世。最初认知疗法主要用于治疗有心理障碍的病人，后来被应用于正常人，因此也称认知训练、认知调整、思维控制训练等。在这方面，Albert Ellis 的 ABC 理论和合理情绪疗法影响较大。

认知训练的理论与方法主要应用于运动员心理咨询与心理教育中。刘淑慧在中国射击队 10 多年的心理工作中很好地运用了这一方法，取得了巨大的成功。

目前国内认知训练比较流行，但需要指出的是，认知训练并不是万能的，对于那些消极思维、不合理思维严重的运动员而言，认知训练效果并不理想。

1.2.6 模拟训练

美国空军有一句格言：像实战那样进行训练，像训练那样进行实战。这种在平时训练中让练习者在接近实战条件下进行训练的心理训练方法就是模拟训练。

模拟训练中的模拟不是"原物的还原或重显"，而是"原物的简化"，是原物某些重要特征的简化描述。我们应在全面获取模拟对象信息的基础上，根据比赛的性质和任务来确定模拟训练的主要内容。国内外研究表明，使训练条件接近实战情况，其训练效果较为理想。

模拟训练常被认为是运动员心理训练的一种主要方法。秦志锋（1986）认为："把模拟训练完全作为心理训练方法是不妥的。把这种模拟训练作为一种运动训练方法更合适。"加拿大 Bompa 把模拟训练作为一条运动训练原则提出来，即"训练过程模式化原则"。从现代运动训练发展趋势来看，大有"训练就是比赛，比赛就是训练"之势。在当今竞技运动中，我们已很难找到有哪一个项目运动员，特别是高水平选手，从不进行模拟训练。

1.2.7 意志训练

意志训练实际上就是指有意识地克服困难的训练。在运动中克服困难的情况就成了衡量运动员意志水平的一个重要标志。运动员不仅要克服各种外部困难（如恶劣天气或场地以及其他外界客观条件的障碍等），更主要的是要克服内部困难（身心方面的障碍，如健康欠佳、消极思维、懒惰的性格和能力有限等）。通常，外部困难是通过内部困难而起作用的，所以，主观上不怕困难并能勇敢地战胜困难，就是坚强意志的表现。

韩国体育界每逢世界大赛都要进行"强化训练结合意志培养"的工作。让备战的运动员在军营中进行跳伞、野外露营和负重急行军等，以培养运动员胆魄和毅力。为了备战2001年在北京举行的第41届世界射箭锦标赛，韩国射箭协会安排了一次为期5天的极限训练，训练内容包括在坟场与死尸面对、清理垃圾堆、背着小船爬山和彻夜不眠等。自1998年起，韩国射箭运动员的训练计划中就包括与蛇接触、在寺庙里静坐、在"鬼屋"内行走等。

意志是心理学研究中最薄弱的领域，也是人类认识肤浅的一个研究内容。在某种程度上，这种现状影响到意志训练更好的应用。意志训练是一种有待进一步认识与开发利用的心理训练方法，其前景广阔，应用价值很大。

1.2.8 注意力集中训练

Landers（1980）指出，在唤醒水平与成绩之间的关系中，注意起着重要的作用；低唤醒水平是与注意了无关信息相联系的；中等的或最佳的唤醒水平使得注意变得较狭窄，因此限制了对与当前任务无关信息的注意；高唤醒水平由于有关信息的注意受到局限（注意变得太狭窄），限制了对与当前任务有关的信息的知觉，因而使成绩下降（图6-1）。

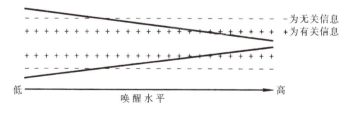

图6-1 线索利用和唤醒—成绩的关系

我们应该帮助每个运动员在面对比赛压力时把唤醒水平调控到中等适宜的范围，使之发挥最佳竞技水平并取得好成绩，而调控运动员唤醒水平也是一个使运动员注意力集中的过程。为了控制好运动员注意过程，必须了解运动员心理品质，并知道什么时候要激活或兴奋他们，什么时候要使他们放松下来或静下心来。

1.2.9 目标设置训练

运动员要设置目标，首先应学习目标设置的理论与方法，然后在教练员或心理老师的指导下自己来设置，而不能由教练员来代替运动员设置目标。为了使运动员达到所设置的目标，重要的是让运动员检查自己实现目标的情况，让运动员自觉地实现自己的目标，而不是强迫运动员去做。

许多运动员在进行目标设置训练时有畏难心理。教练员要注意给予必要的引导，使运动员从不会到会，从设置不好到设置较好。只要能够坚持一段时间，运动员就会逐步地体验到设置目标的益处。

1.2.10 应激控制训练

应激控制训练是一种综合性的运动员心理训练方法。应激控制训练的理论基础是著名的"情绪三因素理论"。过去心理训练是一种"头痛医头，脚痛医脚"的做法，而情绪三因素理论为运动员心理训练提供了一种整体的、综合性的提高运动员比赛心理能力的工作思路。

根据情绪三因素理论，调控情绪紧张的途径及方法有：

①适应与回避

要克服外界各种刺激对运动员情绪的影响，最积极的办法就是"适应"。各种适应性训练可以提高运动员对比赛的适应能力，使之对各种外界刺激习以为常。模拟训练是提高运动员比赛适应能力的有效方法。

比赛中要克服外界因素的干扰，避免给运动员带来不必要的心理负担，应尽量减少外界分心信息的输入，可采取信息回避的方法，如赛前让运动员尽量减少与外人接触，"不看成绩、不算成绩、不打听成绩"等。

信息回避方法是一种有效的比赛心理控制技术，但是目前它从理论到实践都还有许多需要进一步完善的地方，如比赛信息对运动员有何影响，哪些信息需要回避，如何回避等。

②放松

由于比赛时情绪紧张必然引起心跳加快、血压升高、呼吸急促、皮温升高和皮电阻下降等生理变化。这种情绪紧张的生理变化不是只依靠谈话或思想政治工作就能解决，而有效的方法是让运动员学会调节植物性神经系统机能活动水平。

单一的采用放松训练方法是不能很好解决运动员比赛的情绪紧张问题。过去在这种做法（如练气功或听放松磁带等）上我们走过一些弯路。我们的研究表明：不是所有人都能从放松训练中受益；有的人放松训练虽有效果，但其比赛时情绪紧张症状并未减少。

③认知调整

认知调整主要有两种：第一，要进行合理思维。比如"比赛就会出现情绪紧张，情绪紧张是理所当然的""比赛赢了固然好，输了也没什么可怕的""比赛中偶有失误也是正常的"等；第二，要把思维集中在比赛中，不要用结果来干扰自己，结果是无法控制的东西，起码是你当时无法控制的，所以应注重把当前的问题处理好，把注意力集中于过程，而较少去想结果。这就是现在大家都能接受的"心理定向理论"。

1.3　运动员心理训练实践中的难题

1.3.1　运动员心理训练方法使用效果的评定问题

如何对心理训练效果进行评定是摆在我们面前的难题。通常是采用 3 种办法来评价：①以参加心理训练的运动员比赛成绩的好坏来评价心理训练效果；②以心理训练过程中一些相关生理、生化或心理指标的显著变化来说明心理训练情况；③把上述两种方法结合起来。

在心理训练研究中有这样一种倾向：如果研究对象在比赛中成绩好，那就用成绩来说明心理训练效果；反之，则用指标数据来说明。显然，我们希望看到心理训练在运动员比赛中能够发挥"神奇"的作用，但是，运动员比赛成绩是综合因素共同作用的结果，而不是单一因素所能决定的。有时，运动员比赛成绩的好坏是不能完全说明心理训练效果的。

使用指标数据来定量评定心理训练效果是一种值得重视的方法，但是遇到的主要问题是指标的效度低和评价标准不好确定。我们在心理训练研究中，测定生物反馈训练与表象训练时运动员额肌的肌电变化，并用肌电变化这一指标来评价运动员放松能力和表象能力，取得了较好的效果。[①] 在模拟训练等效果的评定上则采用观察、口语报告等方法。

1.3.2　运动员心理训练与技术训练结合的问题

一些运动员比赛成绩不好，多被认为是自身心理素质差造成的。这些运动员之所以比赛不好，是因为我们没有教给他们"比赛"技能，而只是让运动员学会了"训练"技能。训练和比赛并不完全是一回事，训练与比赛主要差异表现在运动员心理负荷上不同，由此导致运动员平时训练成绩与比赛成绩的不一致。

现在迫切需要一些把心理训练和技术训练结合起来的提高运动员实战能力的训练方法。我们在优秀射箭运动员心理训练中发展了运动员模拟训练的一种新方法——动静训练，即先给运动员施加一定运动负荷，使其心率提高到比赛时水平，然后让运动员在这种较高的心率下进行射准练习。[②] 这种动静训练强调射箭运动员练习在较高心率情况下打 10 环，让运动员在平时训练模拟比赛身心状态下打 10 环，来说明比赛时出现这种生理变化也是能够打10 环的，从而有效地解决训练向比赛的过渡问题，使运动员能在重大比赛中充分发挥自己平时训练的水平。过去我们多采用放松手段或认知调节，而这种训练方法则突出"适应"，实则是对比赛"脱敏"。这是目前缓解运动员比赛中情绪过分紧张的又一条探索之路。

现在对这类模拟训练提出质疑最多的就是心理负荷上不去的问题，这是无法回避的事实。这是一个世界性的难题，目前还没有找到能从根本上解决

---

① 石岩，等 . 优秀女子射箭运动员视动行为演练中额肌的肌电变化 [J]. 山西大学学报（自然科学版），1997，20（1）：111–113

② 石岩，等 . 优秀射箭运动员定量运动负荷训练的研究 [J]. 体育科学，1998，18（5）：44–46.

这一问题的方法。

1.3.3　运动员心理训练的项目与个体差异问题

（1）运动员心理训练的项目差异

闭锁性动作技能项目（如射击、射箭、体操、跳水等）主要特点是：自己比自己的，没有直接对抗，心理因素对比赛结果影响很大。这类项目运动员要想在比赛中取得好成绩，最重要的是动作熟练性，同时对心理训练有较大的需求。因此，有很多运动心理学家纷纷介入这一领域工作，而且效果较好。

对于开放性动作技能项目（如球类、拳击、摔跤、柔道等），其技术和战术学习要根据对手的变化来进行，不能自己练自己的。心理因素对比赛的影响不如闭锁性项目突出，这也是运动心理学家介入少的一个原因，目前即使开展心理训练工作也效果不显著。

运动员心理训练的项目差异是比较明显的。例如，应用模拟训练时，开放性项目突出对手的模拟，但是闭锁性项目则强调心理负荷的模拟。另外，技能主导类项群和体能主导类项群等不同项群、集体与个人项目以及每一个具体运动项目如何开展心理训练，是一个摆在我们面前有待解决的难题。

（2）运动员心理训练的个体差异

采用 Eysenck 个性问卷（EPQ）测定了 4 名我国优秀女子射箭运动员的个性特征。4 名运动员个性特征各不相同。在多年的追踪研究中我们发现：4 名女子射箭运动员心理训练的个体差异比较明显；并不是每一种心理训练方法都能使所有运动员获得较大的益处。[①] 进一步研究发现，不同个性运动员存在抗应激能力与动作本体感觉能力的补偿问题。在心理能力方面没有完美的运动员。一个运动员优秀，他一定具有有利于出成绩的一些好的心理品质，但他也会有薄弱的心理品质。因此，对于不同个性运动员，心理训练要个性化，首先要扬长，其次补短。

---

① 石岩, 郭显德. 优秀女子射箭运动员 10 年训练中人格变化与训练策略 [J]. 成都体育学院学报, 2004, 30（6）：69-71.

1.4 运动员心理训练展望

1.4.1 心理训练理论有重大突破，心理训练新方法不断涌现

心理训练理论的发展来源于两个方面：一是心理科学的进展，二是运动心理学工作者在运动实践工作上的深入。可以预期，心理训练理论在不久的将来会有一个大发展，从而给我们带来观念上的变革、心理训练方法与手段上的创新。

1.4.2 更加注重心理训练在运动实践和其他相关领域中的应用

心理训练将在更多运动项目优秀运动员训练与比赛中发挥重要作用，许多项目运动队都将配备专职的心理教练，同时，心理训练也将被广泛应用于特殊专业人员（如宇航员、飞行员、演员、警察、官兵以及消防员等）以及卓越人才（如企业家、政治家等）的培养上。

1.4.3 心理训练与体能、技术和战术训练更好地融合在一起

目前，心理训练在运动训练中被人为地与体能、技术和战术训练分离的情况还比较明显。未来这种状况会有很大的改观，心理训练与体能、技术和战术训练会实现有机整合。心理训练专家将全面参与运动员训练计划的制定与实施。

1.4.4 运动员心理训练智能化水平提高

各种智能化的心理训练专用仪器设备被开发研制出来，并应用于运动训练实践中。心理训练专家更多的工作是编制心理训练应用软件。在INTERNET上会出现一些心理训练网站，实现心理训练信息资源的共享，并开展心理训练网上服务。

1.4.5 运动员个性化心理训练广泛应用

许多高水平运动员都有自己的心理教练。他们来帮助运动员制订心理训练方案，并组织实施与监督检查。心理训练专家为这些运动员提供编制好的个性化心理训练专家系统软件。这样，运动员可以很方便地在平时训练和比

赛过程中进行心理训练。

21 世纪，人类进入了数字化时代。数字科技也将带来一种新的运动员心理训练模式。在这里可以描绘未来运动员心理训练情景："在一个现代化的运动员心理训练中心里，屏幕上全方位呈现未来比赛的真实情景，运动员好像置身于比赛的实战中，进行技术与战术训练，在这种模拟环境中感受到比赛那种逼真的紧张感，学习应对比赛中可能出现各种问题的方法……"

2　体育运动中的正念训练

正念禅修在西方风靡很多年，近年来多次荣登美国时代周刊《TIME》封面，被称为 "The Mindful Revolution（正念的革命）"，逐渐成为研究的热点，被广泛应用于西方各临床医疗机构。Kabat-Zinn 博士在 1982 年发表了第一篇关于正念治疗方法和长期慢性疼痛的研究报告，学界便开启了正念开创性的研究。自此，正念疗法在西方心理治疗和医学领域兴起。

近些年有关正念的科学研究论文更是呈指数增长，主要在正念与整体幸福感、抑郁、焦虑、疼痛、免疫反应、正念练习对注意力的影响、正念练习对大脑的影响与正念练习对基因的影响等方面，同时，美国国立卫生研究院（NIH）支持的一项研究中，证明了 3 天集中的正念训练就可以使杏仁核缩小，并且减弱杏仁核和前扣带回的链接来降低压力，而普通放松训练没有这种作用。①

那么，到底什么是正念，正念的效果怎样，像很多战绩骄人的运动员都说自己曾达到"心流"（in—flow）境界一样，专注彼时彼刻，其他一切事物仿佛不存在，这种状态与正念有异曲同工之妙。

世界著名橄榄球运动员 Jonny Wilkinson 在压力大时会运用正念，帮助其

①　TAREN ADRIENNE A,GIANAROS PETER J, et al.Mindfulness meditation training alters stress-related amygdala resting state functional connectivity: a randomized controlled trial[J]. Social cognitive and affective neuroscience, 2015, 10(12): 1758-1768.

平静，在橄榄球世界杯（Rugby World Cup）为英格兰捧回了世界杯。同样，美国职业联赛 NBA 前公牛队和湖人队的主教练 Phil Jackson，绰号"禅师"，获得 11 次 NBA 总冠军，他曾公开自己取得成就的秘诀之一在于：不仅他进行日常规律性的正念练习，还聘用了专门的教练员 George 指导运动员正念练习，其帮助 Michael Jordan、Kobe Bryant、Andrew Bynum、Lamar Odom 和无数其他 NBA 球员扭转了局面，他写的《The Mindful Athlete》更是给世界带来了伟大的运动员。

美国奥委会运动心理学家 Peter Haberl 曾与多个成绩卓越的国家队进行过合作。他认为，正念冥想对意识和注意力是一种很好的训练方法，既是一系列的技巧，也是一种存在的方式。正念训练可培养人们把注意力集中于某一点、维持注意力和重拾注意力的能力，并能把注意力指向需要的地方，是高水平运动员在奥运会上取得好成绩所需具备的重要能力。

正念及正念训练在世界掀起了一股研究热潮，不论是理论还是实践应用，都取得了一定的成果。然而，目前在运动领域所进行的正念研究并不是很多，通过综述已有的研究和相关文献介绍正念的定义、正念疗法以及正念训练在中国运动心理学领域的应用，发现其效用与价值。

2.1 正念概述

2.1.1 正念的定义

正念，最早来自佛教《四念住经》，英语译为"正念之源"（the scripture of foundations of mindfulness），是"八正道"之一。在二千六百年前被佛陀第一次正式介绍，是佛教禅修的核心，旨在达到当下的觉知与平静，促进心灵的升华，主要用来缓解修行人的苦楚和实现自我觉醒，通常人们认为其是以一种非评判性的方式关注此时此地的体验。

Kabat-Zinn 将其定义为"一种通过将注意指向当下目标而产生的意识状态，不加评判地对待此时此刻所展开的各种经历或体验"。它被看作是一种此时此刻的状态，核心是"有意识地觉察"（on purpose）；"活在当下"（in the present moment）；"不做判断"（nonjudgementally）。[1]

（1）有意识地觉察

当我们允许自己经由身心感受去体验事物，而不是经由习惯性思维，我们会更深的和生活接触。正念是以不同的、更智慧的方式加以关注。这意味着要用到整个身心，动用身体和感官全部的资源。接下来的葡萄干练习可以作为正念让我们体验"有意识地觉察"。

"仔细观察这些葡萄干在手掌中变得越来越黏软，拿起一颗葡萄干仔细观察葡萄干表皮的颜色、光泽、褶皱、甚至新鲜葡萄从树上被摘下时留下的凹痕。然后拿起葡萄干放进嘴里，用舌头感受着它每一处纹理，把葡萄干顶到齿间，撕裂它的外皮，慢慢地咀嚼……"

拿起它，触觉；闻闻它，嗅觉；看看它，视觉；吃掉它，味觉。这就是以正念的独特方式吃一颗葡萄干的过程。

（2）活在当下

活在当下意味着我们意识到并注意到此时此刻正在发生的事情。我们不会因为对过去的沉思或对未来的担忧而分心，而是专注于此时此地。我们所有的注意力都集中在当下。

学僧：师傅，何为活在当下？

禅师：饥来吃饭困来眠。

学僧：平常人不也吃饭睡觉？

禅师：平常人吃饭时千般计较，不肯吃饭；睡觉时百般思索，不肯睡觉。师傅只是该吃饭的时候吃饭，该睡觉的时候睡觉，该打坐的时候打坐。

（3）不做判断

在你专注一件事时，突然有其他念头闪现，使得大脑脱离了正在做的这件事，陷入其他事情以及引起的情绪之中。在遇到这种情况时，我们只需要观照自己想到了其他事情，甚至观照到自己生气等情绪，但是无须判断自己走神这件事到底好不好，为什么有这样的情绪也无须追究，此时你正处于正

---

[1]　JON KABAT ZINN. Mindfulness–Based Interventions in Context: Past, Present, and Future[J]. Clinical Psychology: Science and Practice.2003, 10(2): 144–156.

念之中。

2.1.2 正念理论的模型

随着正念在不同领域的应用，越来越多的研究者开始研究正念是如何起作用并对其理论做了基本的解释。

（1）正念三轴模型

正念训练强调对此时此刻的内外部刺激的持续注意和不评判接纳，此时个体的感知觉、敏感性、注意力、记忆能力以及情绪状态、情绪调节能力等将发生显著变化。

关于该训练的作用机制，Shapiro 等（2006）提出正念三轴（IAA）模型，认为正念是由 I 目的（对为何做正念训练的解释）、A 注意（正念的核心部分，强调对个人身心的变化做明确体验）和 A 态度（一种无价值性的判断、接纳、善意、开放的态度对待内在和外在的体验）三个维度构成并紧密联系。[①] 它是通过有目的地、开放地和不评判的态度进行注意加工，这种注意加工会产生"再感知"，即思维方式的转变，这种转变是对心理内容如思想、情绪和感觉进行去自动化、分离的加工，并直接或间接地导致正念练习者感知觉的改变或重建（图 6-2）。

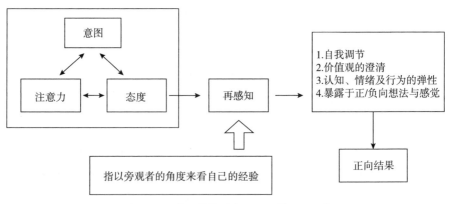

图 6-2　正念三轴模型（shpairo 等，2006）

---

① SHAPIRO S L, CARLSON L E, et al. Mechanisms of Mindfulness[J]. Journal of Clinical Psychology, 2006, 62(3): 373-386.

（2）正念应对模型

Garland 等提出的假定因果模型则更关注积极的认知重评所起的关键作用，强调正念对元认知的调控作用。当个体评价一个特定事件的威胁、伤害或损耗程度超出其能力范围时，以正念方式对应激评价采用去中心化的适应性反应，关注意识的动态过程，而不是意识的内容，这样会扩展意识并加强认知的灵活性。[①] 凭借扩展的元认知状态，使个体对压力事件进行积极的认知重评，重新定义或构建压力事件，并最终引发能缓解压力的正性情绪，如怜悯、信任、自信和平和等（图 6-3）。[②]

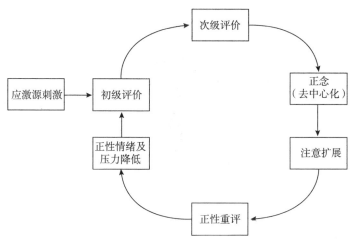

图 6-3　正念应对模型（Garland 等，2009）

（3）正念推动性上升螺旋模型

正念训练帮助个体有意识地选择并识别思维、情绪和感觉，虽不产生习惯性的反应，但可以增强个体情绪调节的能力，从而逐渐消除对困扰情绪产生自动化评价的过程，有利于促进心理健康。为此，Garland 等根据正性情绪

① GARLAND E, GAYLORD S, PARK J. The Role of Mindfulness in Positive Reappraisal[J]. Explore, 2009, 5(1): 37–44.

② 陈语，赵鑫，黄俊红，等 . 正念冥想对情绪的调节作用：理论与神经机制 [J]. 心理科学进展，2011，19(10)：1502–1510.

扩展和建设理论提出正念状态是扩展认知的一种形式[①]，即在一定程度上，正念练习可以通过情感与认知之间的相互联系而导致广泛意识，调节破坏性负面情绪，引起积极的情绪，这反过来又可能生成灵活的思维方式。当对其进行长期培养时，正念练习产生的广泛注意力状态可能会产生积极的情感，如同情心、爱心、感激之情、自信心和满足感，这又会带来乐观和韧性（图6-4）。

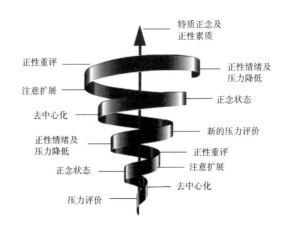

图6-4　正念推动性上升螺旋模型（Garland 等，2010）

以上正念训练的相关理论模型，都肯定了正念训练的调节作用，并从不同的角度阐释了这种调节作用的内在机制。

2.1.3　正念的分类

正念（mindfulness）是个体有意识地把注意维持在当前内在或外部体验之上并对其不做任何判断的一种自我调节方法。正念分为特质正念和状态正念。它可以是一种状态，也可以是个体身上的心理特质。

特质正念是指较为稳定的正念的个体差异，即在觉察及将注意维持在当

① GARLAND E L, GAYLORD S A , Boettiger C A , et al. Mindfulness training modifies cognitive, affective, and physiological mechanisms implicated in alcohol dependence: results of a randomized controlled pilot trial[J]. Journal of Psychoactive Drugs, 2010, 42(2): 177-192.

下的事件或体验时，个体之间在倾向性及意愿上所具有的差异，可以通过特质正念量表（如 FFMI、MAAS 等）测量。

状态正念是一种正念的状态，即个体内正念的变化（如通过冥想达到的状态），是指在正念过程中产生改变了的感觉、认知和自我参照意识。

需要指出的是，特质正念不是一个稳定的人格特质，而是类特质变量，同时受到先天和后天的影响。对于具有特定特质的人，正念练习可提高其正念特质，但是如果停止正念练习，可能会保持在停止练习时的那种状态或回到练习前的状态。

2.1.4 正念的测量

正念是一个具有多重含义的概念，我们除了可以把它看作一种具体的实践方法，即冥想（Meditation）外，正念是一种心理状态、一种心理过程或是一种特质。因此，在目前的心理学领域，正念所指代的并非一个单一的概念，而是一个复杂的多维系统。这在正念的测量上表现得更为明显，主要有 Freiburg 觉知量表（Freiburg Mindfulness Inventory, FMI）、五因素正念量表（FiveFacet Mindfulness Questionnaire, FFMQ）和正念注意觉知量表（Mindfulness Attention AwarenessScale, MAAS）等。

其中五因素正念量表（FiveFacet Mindfulness Questionnaire，FFMQ）是由 Baer 等人用来测量个体正念水平的自我评估量表，发现同一元素在不同量表中相关系数存在显著差异，并进一步提出正念元素的划分不准确是导致这一差异的主要原因。

基于此综合既往正念类量表的优势进行分析开发了五因素正念量表，共有 39 个条目，分为五个维度：观察（observing items）、描述（describing items）、有觉知地行动（actaware items）、不判断（non-judging items）、不反应（non-reacting items）。[1] 其中，"观察"子量表测量的是对外部的觉察程度，如对日常事务的知觉、感觉、认知等；"描述"子量表测量的是是否会用词语

---

① DENG Y Q, Liu X H, RODRIGUEZ M A, et al. The Five Facet Mindfulness Questionnaire: Psychometric Properties of the Chinese Version[J]. Mindfulness, 2011, 2(2): 123-128.

描述事务，或在内心标注某些刺激；"有觉知地行动"子量表是正念的核心，测量主体能否将意识完全参与到当前的行为中，一心一意地关注当下的活动；"不判断"子量表是测量主体能否做到不让情感、认知、感觉等内部体验对正在进行的事务做出评价；"不反应"子量表测量的是主体能否接受内部体验的真实面目，承认它们的存在，允许这些想法或感觉来来去去，而不试图去控制、排除或降低它们。

许多国内外文章实验研究表明，FFMQ 中的这五个元素具有良好的内部一致性，同时这五个元素与经验回避、思维压抑、公开经验、情商等多种可能和正念有关的变量也有很好的相关性。

"正念"既可以被看作是一种行为（冥想），也可以被看作是一种注意状态或心理过程；正念是一种方法、一种特质，还是一种状态和存在方式，这些元素是相互有机联系不可分割，且我们运用相关量表可测量个体的正念能力或技巧，并通过一定的练习，可提高我们对现实环境的觉察，使参与者获得相应的技能，更好地活在当下。

2.2 正念疗法

正念（mindfulness）是从坐禅、冥想、参悟等发展而来。后来，正念被发展成为一种系统的心理疗法，即正念疗法，就是以"正念"为基础的心理疗法。而正念训练（Mindfulness Training, MT）是一系列以"正念"为基础的心理训练方法的总称。

当我们在正念的练习中有两种截然不同关于注意力和情绪调节的训练：（1）集中注意力（Focused Attention, FA），也叫"止"的方法，（2）开放监控（Open Monitor, OM），也叫"观"的方法。"观"方法是建立在"止"方法基础上。

由此可见，集中注意力和开放监控都是正念干预中的两类有效机制，在正念干预的练习中你所秉承的态度也十分重要，它能让你身体放松，注意集中，看得更加清晰。七个态度性的因素即非评判的态度；耐心的态度；初心的态度；信任的态度；无为不强求的态度；接纳的态度；放下的态度，构成了正念减压中所教授的正念练习的主要支柱。

2.2.1　正念减压疗法（MBSR）

Jon Kabat-Zinn 在 20 世纪 70 年代末源于东方禅修文化的正念终于被引进心理治疗领域，并且与宗教脱离，更加操作化，实现将正念从灵性修炼转变为以科学为基础的"正念减压疗法（Mindfulness-Based Stress Reduction，MBSR）"，也正是这种"去宗教化"的价值定位使得该疗法在世界各地越来越受欢迎。

正念减压疗法是一种系统化的、以患者为中心和"正念"为核心概念建立的一种关于压力管理的心理治疗方法。我们可以通过正念练习使个体对人、事、物觉察力和注意力发生积极改变，改变其对外界刺激的行动模式，增强自我调节能力。

正念减压疗法中的练习有：正念冥想、行禅、身体扫描、三分钟呼吸空间、正念瑜伽等。基于上述的七种学习态度后修习三种主要的禅修技巧：（1）身体扫描（body scanning）：将注意力从头顶到脚趾进行扫描，不加判断地将注意力集中于身体各部位感受，有节奏地呼吸；（2）坐禅（sitting meditation）：观察随着呼吸而产生的腹部起伏运动，或者意守鼻端，观察鼻端与呼吸接触的感受；（3）正念瑜伽（mindful yoga）：觉察呼吸练习、放松及为强壮肌肉骨骼系统而设计的简单拉伸肢体姿势时身体的反应，观照当下的身心状态。

此外，为将正念修行融入日常生活，MBSR 也教导"行禅"（walking meditation）以及如何在日常生活中培育正念的技巧（mindfulness in daily life）。其练习时长持续 8 周，每周 1 次 2.5 ~ 3.5h 团体练习（限 30 人）和至少 6 次家庭练习（结合音频指导语，每次至少 45min 正式练习和 5 ~ 15min 非正式练习）。[①] 现在正念中心不仅提供治疗，也为医学院学生及医护人员、心理治疗师、教育工作者等提供相关的师资训练，MBSR 也是当前得到应用和研究最多的正念疗法（表 6-1）。

---

① JON KABAT ZINN. Full Catastrophe Living – Using the wisdom of your body and mind to face stress, pain, and illness[M]. New York: Bantam Dell, 2005. 434–435.

表 6-1　正念减压疗法课程内容

周次	训练内容
第1周	A. 成员之间自我介绍。B. 介绍"正念"的定义、功效和机制，正念训练技巧。C. 正念呼吸：把觉知带到气息出入时、腹部感觉的变化模式上。吸气和呼气时与腹部感觉变化保持接触（以呼吸为锚点，每次走神之后再回来）。D. 讨论交流。E. 每日练习"正念呼吸"45分钟；"坐禅"10分钟。
第2周	A. 成员互动，交流学习成果分享练习体验。B. 身体扫描：通过音频资料引导进行身体扫描。静坐地面，闭上眼睛，匀速、有意识地呼吸，呼吸时将注意力从头顶到脚趾进行扫描，感知身体各部位不同感受（保持专注）。C. 讨论交流。D. 家庭作业：每日练习"身体扫描"45分钟；"坐禅"10分钟。
第3周	A. 分享上周感受，讨论作业和练习，复习身体扫描。B. 正念瑜伽：引导练习，练习中注意体会拉伸过程中身体感受、情绪、念头和想法，舒缓动作如放松肌肉、骨骼的同时注意与呼吸节奏的搭配（通过简单的瑜伽动作了解自己的身体）。C. 讨论用身体感觉、情感意识降低压力方法及知觉在压力反应中起的作用。D. 家庭作业：每日练习"正念瑜伽"45分钟，静观坐练习15分钟。
第4周	A. 分享上周体验，讨论作业和练习，复习正念瑜伽。B. 正念冥想：盘腿而坐，注意力集中在缓慢呼吸中，气流通过鼻腔时有意识的、不加评判地感知腹部隆起与收缩，感受身体产生感觉和此刻想法（观察内心想法的来去，保持对其的接纳）。C. 分享最近令自己不愉快的事，描述消极情绪出现内心感受，讨论原因。D. 家庭作业：每日练习"坐禅"15-20分钟，记录一件生活中发生不愉快事件。
第5周	A. 分享上周练习、正念日记，交流中认识自己不良情绪。B. 正念行走：散步的方式，行走中感受脚与地面的每一次接触、空气流动与皮肤的接触，完全活在当下（行走过程中时刻保持觉知）。C. 讨论几周训练感想和思维模式变化，面对压力正念能起到的作用及应对。D. 家庭作业：每日练习"行禅"45分钟，生活中的"正念修行"。
第6周	A. 分享上周练习成果，用正念思维面对生活中不良情绪，复习正念行走。B. 正念吃葡萄干：具体包括7步：持、看、触、嗅、放、咽、感受（体会思维的正确化引导）。C. 分享过程带来的愉悦感，最近令自己高兴的情绪，将情绪反应告诉同伴。D. 家庭作业：身体扫描和正念瑜伽交替进行，用正念方式进食，记录感受。

续表

周次	训练内容
正念日	整天的时间觉知你做的动作、表情，不慌不忙享受它。
第7周	A.复习正念冥想与呼吸，引导组员体验思想意识的产生与消逝。B.意的正念：通过静坐进行冥想和身体扫描，扫描中再次感受呼吸。C.分享生活中快乐和不快乐的事，这些事带来情绪上波动时如何面对。D.家庭作业：将各种正念训练融到生活，混合二至三种方法练习45分钟。
第8周	A.引导成员分享运用正念的方式去思考生活琐事的过程和感受，并反思新思考方式对生活的影响。B.生活正念：引导前七次的正念训练内容复习，自行选择单一或者混合的练习45分钟，鼓励成员将正念融入生活的各个方面。C.对整个课程进行回顾和总结，处理成员间离别情绪。

在正念减压疗法（MBSR）之后又诞生了辩证行为疗法（DBT）、正念认知疗法（MBCT）、接受投入疗法（ACT）等，被誉为"行为与认知疗法的第三次浪潮"。

2.2.2　接受-投入疗法（ACT）

接受－投入疗法（Acceptance and Commitment Therapy，ACT，读音同"@"）是由 Steven C.Hayes、Kelly G.Wilson、Kirk D.Strosahl 于 20 世纪 90 年代创立的，是一种以有关人类语言、认知的关系框架理论和功能性语境主义哲学为基础的认知行为治疗理论和实践。

ACT 将人类的心理病理模型直观地用一个六边形（经验性回避、认知融合、概念化过去与恐惧化未来的主导、依恋于概念化自我、缺乏明确的价值观和不动、冲动或持续回避）来表示（图 6-5），六边形的每一个角对应造成人类痛苦或心理问题的六大基本过程之一，六边形的中心是心理僵化（psychological inflexibility），是对心理病理六大过程之间相互作用的一个概括。

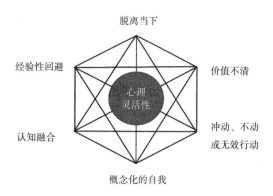

图 6-5　ACT 六边形心理病理过程

　　基于上述心理病理模型，用 ACT 六边心理治疗提高心理的灵活性（图 6-6），即通过活在当下（有意识地注意此时此刻所处的环境及心理活动，不做评价，完全接受）、接纳（不仅仅只是容忍，而是对过去经历的个人事件和此时此刻经验的一种积极而非评判性的容纳）、认知解离（将自我从思想、意象和记忆中分离，客观地注视思想活动如同观察外在事物，将思想看作是语言和文字本身，而不是它所代表的意义，不受其控制）、以自我为背景（痛苦的思维和感受是对来访者的自我产生威胁，这种负面的感受在自我作为概念化对象时尤为显著）、明确价值（用语言建构的，来访者所向往的和所选择的生活方向）和承诺行动（是一种接受取向的治疗策略，更是一种改变取向的治疗策略等过程），帮助来访者增强心理灵活性，投入有价值、有意义的生活。

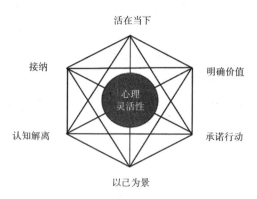

图 6-6　ACT 六边形心理治疗过程

综上所述，正念减压疗法是一种以"正念"为基础的心理疗法，其在各领域应用范围十分广泛，课程包括多种形式的正念练习，主要是通过观进食、观呼吸、观身体感受、观声音、观念头、观情绪以及观觉知等方式培养注意力而达成转化或疗愈的练习，且在进行正念减压练习时要遵循由浅入深，循序渐进的原则。

2.3　正念训练在体育运动中的应用

运动员在竞争激烈的比赛和强负荷的训练中，会面对巨大的压力。若压力不能及时处理、恰当应对，很可能影响运动员的比赛成绩和心理健康。

在过去的几十年中，应用运动心理学一直使用认知行为疗法理论基础，主要采用传统心理技能训练（PST）来帮助运动员达到理想的竞技状态，PST强调通过一系列心理技能训练来帮助运动员将自身心理状态调整至最佳或流畅状态，消除负性情绪，但出于对传统心理训练范式PST的质疑，有运动心理学家提出要重新定义理想竞技表现，要理解逆境是比赛中的正常现象，运动员即便不是处在最佳心理状态，只要能合理应对逆境，调节自身，仍有可能达至理想竞技表现。

正念训练（MT）强调以不加评判的方式来对当下予以关注并充分体验，接受内部消极体验的存在，充分感知而不试图去消除、控制以及改变，即不过多关注运动员心理状态是否达到最佳，而是直接指向行为表现，把注意力放在与行为表现任务有关的行为上，即注意当下。随着以正念接受为基础的认知行为疗法"第三次浪潮"在心理治疗领域取得显著效果，受到运动心理学家们关注。他们将正念减压疗法（MBSR）用于运动员心理干预，由此，以正念思想和相应理论为基础，专门针对竞技体育情境的正念训练方法也不断被开发出来，并得到了越来越广泛的认可和应用，这些正念训练方法在自成体系的同时，彼此之间又有借鉴与交叉。

目前，在体育运动领域较主要的正念训练方法包括正念运动表现促进（MSPE）、正念 – 接受 – 投入（MAC）、正念 – 接受 – 觉悟 – 投入（MAIC）、正念认知行为治疗（MBCT）。

2.3.1　正念运动表现促进（MSPE）

MSPE 以正念冥想（mindful meditation）为核心，Kaufuman et al（2009）在结合正念减压疗法（Mindfulness–based Stress Reduction，MBSR）和正念认知疗法（MBCT）的基础上，发展了针对运动员的正念运动表现促进训练（MSPE）。[①]

可以看出，其开发之初的基本目的是借助于此训练来改善运动员的流畅状态、竞技表现和影响竞技表现的心理因素，为了适应运动员繁忙的运动训练日程安排，MSPE 训练缩短了时间周期（表 6-2）。

（1）MSPE 课程内容

表 6-2　MSPE 课程内容

课次	课程内容
第一次课 （大约 90 分钟）	A、心理准备与课程原理，介绍工作坊的概念、原理，正念训练的定义，以及运动所关注的核心的心理因素。B、团队相互介绍。C、糖果练习和讨论（20 分钟）。D、静坐冥想介绍，主要是观呼吸练习（10 分钟）讨论。E、讨论这一周的家庭练习，要求在第二次课之前，完成静坐冥想练习 6 次，每次 10 分钟。F、第一次课的总结和讨论。
第二次课 （大约 90 分钟）	A、讨论家庭练习 B、讨论将冥想训练应用于运动。C、身体扫描冥想（30 分钟），然后讨论。D、静坐冥想练习，重点关注呼吸（10 分钟），然后讨论。E、讨论下一周的家庭练习，要求（1）在第三次课之前进行身体扫描练习 1 次，每次 30 分钟；（2）在第三次课之前进行静坐冥想练习 5 次，每次 10 分钟。F、第二次课总结，讨论。
第三次课 （大约 90 分钟）	A、讨论家庭练习。B、正念瑜伽练习（40 分钟），然后讨论。C、静坐冥想练习，重点关注呼吸和身体（15 分钟），然后讨论。D、讨论下一周的家庭练习，要求（1）第四次课之前进行身体扫描练习 1 次，30 分钟；（2）第四次课之前进行正念瑜伽练习 1 次，40 分钟；（3）第四次课之前进行静坐冥想练习 4 次，每次 15 分钟。E、第三次课的总结和讨论。

---

① DE PETRILLO L, KAUFMAN K, GLASS C, et al. Mindfulness for long- distance runners: An open trial using mindful sport performance enhancement （MSPE）[J]. Journal of clinical sport psychology, 2009, 3(4): 357–376.

续表

课次	课程内容
第四次课 （大约 90 分钟）	A.讨论家庭练习。B.正念瑜伽练习（40 分钟），然后讨论。C.行走冥想练习（10 分钟），然后讨论。D.简短的静坐冥想练习，重点关注腹式呼吸（3 分钟）。E.讨论下一周的家庭练习，要求（1）第五次课之前进行身体扫描练习 1 次，30 分钟；（2）第五次课之前进行正念瑜伽练习 2 次，每次 40 分钟；（3）第五次课之前完成行走冥想练习 3 次，每次 10 分钟。F.第四次课的总结和讨论。
第五次课 （大约 90 分钟）	A.讨论家庭练习。B.静坐冥想练习，重点关注呼吸、身体和声音（23 分钟），然后讨论。C.行走冥想练习（10 分钟），然后讨论。D.特定的运动冥想练习（13 分钟），然后讨论。E.简短的静坐冥想练习，重点关注腹式呼吸（3 分钟）。F.讨论下一周的家庭练习，要求（1）第六次课之前进行静坐冥想练习 3 次，每次 23 分钟；（2）第六次课之前进行行走冥想练习 1 次，10 分钟；（3）第六次课之前进行特定的运动冥想练习 2 次，每次 13 分钟。G.第五次课的总结和讨论。
第六次课 （大约 90 分钟）	A.讨论家庭练习。B.运动冥想（13 分钟）然后讨论。C.身体扫描练习（30 分钟）然后讨论。D.简短的静坐冥想，主要关注腹式呼吸（3 分钟）。E.工作坊总结，讨论后续练习，探讨回家之后继续练习的策略，要求在家继续练习，每周正念练习 6 次，每次 30 分钟。

（2）MSPE 课程特点

（1）每次课的课时 90 分钟基本固定，和 MBSR 的八周训练一样，训练时间基本固定（每次 2.5 小时），但是时间长度略有缩短；

（2）从第二次课开始到最后一次课结束，每次课都以对家庭练习的讨论开始，都以对这节课的总结和讨论结束；

（3）先后进行的正念练习由浅入深，依次是：静坐冥想（观呼吸）—身体扫描—正念瑜伽—行走冥想—运动冥想；随着课程次数增加，正念练习不断深入，表现为正念练习种类逐渐增多，时间逐渐延长；

（4）随着课时增加，动态正念练习的强度逐步增加，从静态的静坐冥想、身体扫描逐步转移到动态的正念瑜伽、行走冥想和运动冥想，完成从一般正念到运动正念的过渡。

除此之外运动心理学家发现那些需要有效关注在精细动作上的自控节奏、

客观评分的、以封闭性技能为主的运动项目能够从 MSPE 中获得更大的收益，现已有研究将 MSPE 训练应用到射箭、高尔夫和业余长跑运动员的训练中，并对其效用进行了验证。

2.3.2　正念-接受-投入（MAC）

在受到以正念和接受为基础的训练在临床心理领域应用的启发，Moore 和 Gardner（2007）首次提出了他们的以正念－接受为基础的心理训练方法，并在随后的时间里对其进行了发展和完善。最终，以临床心理领域的接受和投入疗法（Acceptance and Commitment Therapy，ACT）和正念认知疗法（Mindfulness- Based Cognitive Therapy，MBCT）为基础，Gardner 和 Moore 整合发展出了一个系统的正念训练程序：正念－接受－投入（MAC）训练，因此其同时兼有接纳承诺疗法的隐喻和认知行为疗法的咨询逻辑。它训练的目的是提高运动员的竞技表现（athletic performance）和心理健康水平（psychological well-being）。这与传统心理技能训练要求通过控制或改变来获得最佳内部状态体验，与获得最佳运动表现的思路有根本区别。[①]

MAC 训练最初发表版本包含了 5 个不同的训练干预阶段，调整后，MAC 训练的 7 个模块包括：（1）对训练对象进行基本的心理教育；（2）介绍正念和认知解离；（3）介绍价值和价值驱动行为；（4）介绍接受；（5）提升投入；（6）技术巩固结合与平衡：将正念、接受与投入结合；（7）维持和提升正念、接受与投入。其使用到的主要练习有：简要定心练习、正念洗盘子练习、正念呼吸练习和投入表现价值练习。

2.3.3　正念-接受-觉悟-投入（MAIC）

正念虽源于东方宗教哲学，却最先为西方学者所重视并大力应用于临床及运动领域，但如刚彦认为有些运动员在追求卓越表现的过程中他们可能会遇到很多问题与挫折，如压力过大放不开手脚、成就动机过高等，所以此时

---

① GARDNER F L, MOORE Z E. The psychology of enhancing human performance: The mindfulness-acceptance-commitment(MAC)approach[M]. New York: Springre Publishing Company. 2007.

应当以正念训练辅以提高"觉悟"来帮助运动员解决问题。觉悟是来源于我国佛教的概念，运动员的觉悟是指对生活意义与价值观形成了新的觉知，是思维不执着的表现，有助于当下问题的解决或改善。因此，在 MAC 中国化的进程中，继续沿用了 Gardner 和 Moore 提出的"价值观"的同时还提出了"觉悟"这样一个具有中国特色的核心概念，即在 MAC 基础上融入逆境应对理念和禅宗觉悟，延伸出了一个以接受为基础的、专门针对亚洲运动员的正念—接受—觉悟—投入训练（MAIC）。[①] 目的是帮助运动员从巨大痛苦、重大期望和深深迷茫中解脱出来，从而更好地参与体育竞技。

姒刚彦等人在中国化的正念训练中，延续了 MAC 的基本框架，主要是为了使运动员全身心地投入到当下的行为过程，提高行为有效性和运动表现水平，方便运动员进行操作实施。

卜丹冉等（2020）通过对某省队 49 名羽毛球运动员进行干预，对比正念组（进行 7 周的 MAIC 课程）和对照组（不干预），表明：接受 7 周的 MAIC 课程训练的羽毛球运动员在正念、焦虑、抑郁、训练比赛满意感和接受变量上均有显著改善，证明了 MAIC 能够有效帮助运动员应对逆境挫折或情绪起伏状态和压力反应[②]，同时能够帮助运动员有效控制注意力，保持专注，提高运动表现水平。冯国艳等（2015）采用多重基线水平的 ABA 单被试实验设计，证明 6 名被试的正念水平、注意力水平和运动表现水平均有所提高，表明 MAIC 具有良好的干预效果。[③]

MAIC 课程主要内容是：

（1）安排为七次，每次课的课时一般为 60-90 分钟，练习内容包括此次课的正念练习和以往课的正念练习;（2）从第二次课到最后一次课，每次课

① 姒刚彦，张鸽子，苏宁，等.中国运动员正念训练方案的思想来源及内容设计 [J].中国运动医学杂志，2014，33（1）：58-63.

② 卜丹冉，钟伯光，张春青，等.正念训练对中国精英羽毛球运动员心理健康的影响：一项随机对照实验研究 [J].中国运动医学杂志，2020，39（12）：944-952.

③ 冯国艳，姒刚彦.花样游泳运动员正念训练干预效果 [J].中国运动医学杂志，2015，34（12）：1159-1167.

的形式：指导者讲解、课上和课下练习、总结，练习层次是从一般正念到运动正念；（3）整个课程围绕两方面知识，"怎么做"（第二次到第四次课，如何用正念态度对待行为任务）、"做什么"（第五次和第六次课，为行为明确了方向）（表6-3）。①

表6-3　MAIC课程训练内容

课次	训练主题	训练内容
第一次	正念训练准备	A.介绍正念心理训练基本情况，引起运动员对正念训练的参与兴趣。B.指导运动员进行基本"定心练习"，为后面练习做准备。
第二次	正念	A.指导运动员练习上节课的正念练习，询问练习情况及感受。B.介绍正念的概念，体会正念，结合自身事例讨论。C.带运动员做"正念呼吸""身体扫描""正念行走"练习。D.总结。
第三次	去自我中心	A.练习上节课的正念练习。B.讲解去自我中心概念；引导运动员从自我关注转向任务关注。C."洗盘子正念练习""忘我行为"练习。D.总结。
第四次	接受	A、带运动员练习上节课的正念练习。B、介绍接受的概念，培养与消极体验共处能力。C."正念瑜伽""共处能力练习"。D.总结。
第五次	价值观和觉悟	A.复习上节课的正念练习。B.帮助运动员明确行为方向，理解觉悟与价值观的关系。C."正念运动行为练习"。D.总结。
第六次	投入	A.练习上节课正念练习。B.有规律前后一致地实现个人价值观，遇到的障碍和如何克服。C."定力练习"。D.总结。
第七次	综合练习	A.练习上节课正念练习。B.对上述各环节的内容和与涉及的技能进行综合，帮运动员系统梳理整个框架，建立对正念心理训练的有机整体认识与经验。C."讲故事练习"。D.总结，对正念训练有整体的认识，进行综合练习。

运动员在运用MAIC训练和比赛时要积极运用正念训练技能，在练习中由浅入深，并逐步走向专业化和技能化。

---

① 姒刚彦，张鸽子，苏宁.运动员正念训练手册[M].北京：北京体育大学出版社，2014.

2.3.4 正念认知行为治疗（MBCT）

正念认知行为治疗（Mindfulness Based Cognitive Therapy，MBCT）是由英国 Mark Williams 等三位心理学家融合了认知疗法与正念减压疗法而发展的一种用以主要解决长期抑郁症复发问题的一种心理疗法。

它是通过认知方式帮助对象认识问题，运用正念与正念冥想等手段，帮助觉察自己思维、情绪的产生，接受但不执着于它们或立即做出反应。

它是结合现代科学和冥想的最新理解，且这些冥想方法临床效用已在主流医学和心理领域获得证实。通过崭新有力地综合对身心不同理解方式，帮助我们转变消极想法和情绪的关系。[1]

MBCT 甚至被研究称为是认知行为治疗继以学习理论为主导的第一浪潮以认知疗法为主导的第二浪潮之后的第三浪潮。

（1）MBCT 八周课程内容

表 6-4　MBCT 八周课程内容

课次	主题	内容
第一次	觉知和自动运行	A. 明确课程的方向；团体训练的要求与原则介绍；自我介绍。 B. 正念练习：葡萄干练习、躯体扫描（持续维持注意力）。 C. 家庭作业：身体扫描、生活中正念。
第二次	活在我们的头脑中	A. 正念练习：躯体扫描练习、想法和情绪练习、正念呼吸（觉察）。B. 家庭作业：身体扫描冥想、愉快事件日记、10分钟正念呼吸。
第三次	聚焦离散的心理	A. 正念练习：看的练习、静坐冥想、休息时间、正念拉伸。B. 家庭作业：正念瑜伽、正念呼吸与身体觉察，不愉快时间日志。
第四次	识别厌恶	A. 正念练习："听"的练习、静坐冥想、正念行走（体验）。B. 家庭作业：3分钟呼吸空间与身体觉察，觉察愉快和不愉快事件。

① MARK WILLIAMS, JOHN TEASDALE, et al. The Mindful Way Through Depression Freeing Yourself from Chronic Unhappiness[M]. New York: The Guilford Press, 2007.

续表

课次	主题	内容
第五次	允许/顺其自然	A.正念练习：静坐冥想、休息时间（补充指导）（觉察并接受）。B.家庭作业：正念呼吸与身体觉察，然后探索困难之处。
第六次	想法不是事实	A.正念练习：静坐冥想、休息时间、情绪想法和观点采择练习、识别负性自动想法（改变对体验的基本思维形式）。B.家庭作业：正念呼吸、身体、声音和想法，3分钟呼吸空间。
第七次	"我如何能更好地关爱自己"	A.正念练习：静坐冥想（探索活动和情绪之间的关系、平衡滋养与空虚活动、制愉悦和掌控感清单）（选择不同方式作出反应）。B.家庭作业：正念呼吸、身体、声音和想法，3分钟呼吸空间，每日交替训练自选冥想。
第八次	保持及扩展新的学习	A.躯体扫描，正念进食，总结与分享（行动模式进入存在模式）。B.家庭作业：选择一个可持续的正式和非正式的正念练习模式。

（2）MBCT在射击运动中的应用效果

2012年伦敦奥运会前，我国速射选手丁峰和心理教练一起明确参赛心理要求，根据速射项目特点和规则改变，提出立足自我、平常心参赛，做到结果定向与操作定向结合的思路，起到了比赛中激发"承诺"的作用，说明他的自我要求符合正念训练的核心概念：正念、认知分离、接受、价值、承诺。正确的理念使他敢于直面竞争，获得了伦敦奥运会铜牌，第一次使速射项目登上了领奖台，是我国该项目的新突破。通过运用MBCT疗法对我国射击运动员正常发挥过程的心理把控，发现正念训练与射击运动存在目标取向、技术动作要求与比赛态度契合点[1]，因此，将正念训练运用到射击运动中能产生更好效果。

李四化等（2015）以葡萄干正念和习惯破除练习为基础，引导射手对枪支正念，包括空枪（看、嗅、触、听、持、据）、实弹（装、放、压、扣、感、退）和强化好习惯（闭眼据枪、变向瞄准、有意扣响、击发后无保持、换手据枪、使用他枪）等练习，帮助射手加强觉知、改善注意和调节情绪，

---

① 刘淑慧，徐守森.正念训练对射击运动心理训练的启示[J].首都体育学院学报，2013，25（5）：455–458.

并对射手对枪的正念进行扩展，助于射手提升觉察能力、形成良好枪感、集中注意于当下操作、满足内心需要和增进与枪的情感，形成"人枪合一"。[①]

此外，徐守森等（2014）将正念训练和射击运动相结合，遵循"射击心理训练四阶段理论"，提出正念训练在射击运动心理训练应用中的层级递进结构—般性正念训练（正式练习主要包括正念呼吸、正念饮食、正念行走、正念瑜伽等四种基本形式，非正式练习则要求结合日常生活）、结合射击技术训练的正念训练（射击感知正念训练、射击思维正念训练、射击情绪正念训练、射击人格正念训练）、加重心理负荷的射击正念训练（多种模拟训练形式，如有奖有罚训练、考核、制造场外观众干扰以及对抗赛、模拟赛等）、结合比赛的射击正念训练（比赛中，运动员遭遇意外刺激，引发训练中不易觉察的体验及外部环境诸多因素的消极感受，场上成绩的瞬间变化引发的顾虑、恐慌），运动员赛前要有充分的心理准备，把握住自己，"觉察"动作，从正念训练基本方法到与技术训练结合，增强其操作性，提供动作的反馈，循环往复，有利于出现比赛流畅状态。[②]

综上所述，在竞技体育领域常用的正念训练方法都是基于正念思想而发展和设计的，但在目标、体系和方法上都有各自的特点与侧重。不同正念训练方法在竞技体育领域里的应用还应考虑应结合项目的心理规律与特点选择最适合的正念训练方法。

2.4 禅定移植于运动心理训练的探讨——早年间的相关探索

禅定是一种精神训练的方法。西方学者常常将正念(mindfulness)与禅定结合起来，称为"正念禅定"，近年来，禅定越来越成为西方心理学中的热点课题，尤其是对禅定的功效研究。

在世界各国优秀运动员技能水平不断提高，且几乎达到势均力敌的情况下，运动员心理品质对其比赛成绩影响极大。1982年，加拿大运动心理学家

---

① 李四化，李京诚，刘淑慧.射手对枪的正念[J].体育文化导刊，2015，8（8）：82-86.
② 徐守森，刘淑慧.射击运动正念训练层级递进结构研究[J].体育文化导刊，2014，5（5）：76-79.

Terry Orlick 博士曾在其《力争优异成绩》中提到"禅宗"是西方哲学与东方梦幻的一种结合，并提出"TM"概念，即自然的冥想，是通过静坐默念领悟佛理、静坐敛心、止息杂念，使之达到身心放松，无所顾忌，消除紧张，发挥应有技术水平，获得竞赛胜利。[①]

2.4.1　关于禅定

禅定是佛教徒通过静坐、默念领悟佛理、静坐敛心、止息杂念、使思想达到一定的向往境界的手段。"妄念不生为禅，坐见本性为定"（《佛学大辞典》）。禅定的目的是通过坐禅，熄灭任何妄念，不论在适应或不适应的情况下，都能保持心理平和、温顺的状态，不应有反抗的意图，训练脱离现实宗教世界观，达到空无的真如世界（佛教的最高真理）。

2.4.2　禅定的要求与方法

（1）禅定的要求

思想要求：吃苦守行，与人不往，吃素食，行善事，不受声色诱惑，心无是非妄念。

坐禅要求：坐：称坐香，有师传承，早饭后起香坐禅；走：称行香，坐完一炷香或两炷香后，要站起来走一走；不语：坐在一起不说话；巡香：就是检查；警策：发现打瞌睡或神不守舍的要用"香板"打肩；坐垫：北方用蒲团，南方用芦花。

（2）禅定的方法

身法：身要坐直，头要端正，体态自然；眼法：眼睑下垂，不视他物或微视己鼻；腿法：结跏趺坐，即盘腿打坐；手法：右手在下，左手在上，手心朝上，拇指相对，放在丹田处；舌抵上腭：为了使口舌不干、不燥；调呼吸：呼吸均匀，顺其自然。

---

① 刘崇庚, 石岩, 等.禅定——佛教心理修习方法移植于运动心理训练的探讨[J].山西体育科技,
　　1993，13（3）：35-38.

（3）禅定的时间

一日三时，称三时坐禅。分别为：早禅，巳时（9-11时）；晡禅，申时（15-17时）；晚禅，戌时（19-21时）。

2.4.3 禅定在运动员心理训练中的移植与应用

禅定在运动员心理训练中的移植与应用，并不是生搬佛教禅定的心理修习方法，而是要去掉它的唯心主义内容，弃其复杂繁难的成分，取其能为我所用的简单可行的方法，移植到运动员心理训练中。它是对运动员精神集中、观想特定对象和去掉紧张怕输的妄念等进行心理训练，使运动员在赛前进入"思想空空，内容净净，无恐无惧"的状态，做到止息杂念，轻装上阵进行比赛。

禅定修习从身、息、心所谓"三调"入手：

（1）调身

两足：盘足而坐，单盘、双盘均可，也可以坐在椅子上；两手：若在椅子上坐，两手放在膝上；胸、臂、腹：胸部微向前，腰板挺直，臂部略向后，腹部之下宜锁定；颜面、耳、目、口、津液：颜面、头颈正直，耳如不闻，眼要轻闭，也有七分合三分张者，但以不打瞌睡为宜。

（2）调息

呼吸用鼻，切勿用口。即一呼一吸谓之一息，呼气吸气宜静而细，以自己不闻其声为宜，尽可能做到轻、细、匀。

（3）调心

止息杂念，心境专一，使意志集中一处，做到"无思无虑，心意寂然，如皓月悬空，洁净无滓"。

事实上只要达到了精神上的正念，也就达到了禅定的所有效果，自《正念的革命》一文登上了时代周刊的封面，正在世界各地兴起的"正念热"和目前正念科学研究领域出现的种种问题给了我们一个机会，以东方文化下的哲学视角重新审视"正念"，也许可以为正念科学注入另一股强大的动力。

其实，我们的人生就是一场修行，行走时，修行者应当觉知到他正在行走；坐下时，修行者应当觉知到他正在坐下；躺下时，修行者应当觉知到他正在躺下。无论身体是何种姿势，修行者都应当对此有所觉知。如此修习，修行者才能观照内身，直入正念，安住其中。

2.5 结语

正念是非评价性和现实性的，让我们看到事物当前的真实状态，增加对当下任务的关注，而正念训练是一系列以"正念"为基础的心理训练方法的合称。

体育领域常用的正念训练方法都是基于正念思想而发展和设计的，但在目标、体系和方法上都有各自特点与侧重，应用时要考虑结合项目心理规律与特点和实践者的"匹配"。

将正念训练本土化并为我国运动员和教练员提供最佳运动心理服务将成为一种新挑战，同时，将正念训练普及化和规范化并引入到学校体育和大众体育中也是目前应考虑的问题。

第七章　竞赛心理与心理调节

1　竞赛心理

1.1　体育竞赛的过程模式

体育竞赛是体育运动的一个重要组成部分。同时，体育竞赛是一种社会成就情境。这种成就情境包括对动作的评价和用某种标准来对它加以比较。同时，在此情境中要有其他人（如观众、裁判）在场。

体育竞赛不仅要有上述的一组条件，而且是一个过程。根据美国R.Martens描述的竞赛过程模式，它包括以下几个阶段：

（1）在比赛的开始阶段必须有客观的竞赛情境，即必须有比较动作的标准和有能够评价比赛的其他人。一旦有了这些条件，比赛过程才能开始。

（2）主观的竞赛情境，它包括一个人对竞赛情境的直觉、解释和评估。这往往反映着个性和个别差异。如有的人把比赛看作是一场挑战，或者看作是获得经验的一次机会，另一个人可能会把同一种客观的竞赛情境看作是可能会失败的处境。主观的竞赛情境决定着一个人对竞赛的反应。

（3）反应阶段，它包括身体反应（如心率加快，汗腺分泌增多）、心理反应（如感到焦虑或担忧）及行为反应（包括运动行为反应及诸如攻击性等非运动行为反应）。

（4）竞赛过程的最后阶段是结果，包括赢或输，有成功感或失败感，以及其他的比赛结果。比如，提高了运动技能，取得了运动经验；或者受到了教师的批评而对下一次比赛情境变得更为担忧和焦虑。

　　总之，无论哪一种形式或哪一种等级水平的竞赛，参赛者都会表现出各种心理特点和情绪状态。

1.1.1　参赛者的一般心理特点

　　参赛者的一般心理特点主要表现为：

　　（1）竞争性

　　这是指在体育竞赛中想要取得成功的倾向。它可以指向成绩，也可以指向个人目标。竞争性是参赛者好胜图强的具体表现，也是参赛者突出的心理特点，他是从成就动机发展而来的。各个参赛者的竞争性不尽相同。例如，有的短跑运动员为自己设定的是与自己的最高成绩相比较而言的时间目标，有的球类运动员为自己设定的是发球准确率达到 80% 的目标，而有的运动员设定的却是获取冠军或亚军的目标。

　　体育竞赛不仅是参赛者的体力、技术和战术等方面的较量，也是心理上的较量。在体育竞赛中，竞争性主要表现在参赛者敢于拼搏，敢于胜利，敢于与对手一比高低。这对于参赛者能否在竞争中获胜是至关重要的。如果参赛者在竞争中不敢与对手竞争，怕这怕那，其应有的技能水平就发挥不出来，也就谈不到最后获取胜利。参赛者在体育竞赛中有无竞争性及其程度上的差异，有着个性因素方面的深层次原因。因此，不是所有的参赛者都有强烈的竞争性。

　　（2）适应性

　　体育竞赛不同于平时进行的运动训练。首先，体育竞赛对参赛者提出了较高的要求，这些要求会使他们的心理体验明显改变，即由平静变为紧张或焦虑。其次，环境条件也有很大的不同，如竞赛的场地、大量的观众以及突如其来的新异情况的出现等也会引起参赛者的紧张或焦虑。参赛者要想在体育竞赛中取得好成绩，应该具有对体育竞赛较强的适应性。如果对竞赛场地、器械设备、观众、天气以及突发事件的适应性较差，他们在竞赛中就发挥不出其应有的技能水平。因此，教练员在平时训练中要尽量创设在竞赛时可能出现的各种情境，并为帮助他们适应这些情境而有针对性地进行适应性训练，使他们事先做好多种准备，提高心理适应能力。事实表明，适应性是在体育竞赛中获取成功的一个主要的心理特点。

（3）紧张性

众所周知，体育竞赛会给运动员带来不同程度的心理紧张，但心理紧张对参赛者的影响各不相同，由此而在体育竞赛中出现了"训练型"和"比赛型"两类参赛者。训练型的参赛者是指在平时训练时成绩很好，而在竞赛场上由于过度紧张等原因大失水准的那些运动员；比赛型参赛者是指那些在平时在训练中表现一般，而在竞赛中情绪稳定、超水平发挥的运动员。体育竞赛要求参赛者应当具有适度的紧张性。体育竞赛中的获胜者大多处于适度紧张状态。适度紧张则是因人、因项目等具体情况而异的。

（4）对成功的信念（即有无运动自信心）

在体育竞赛胜负的较量中，人们总可以感受到一种智慧所不能及的力量——信念的作用。在许多情况下这种无形的信念左右着体育竞赛的进程和结果。换言之，胜利属于那些坚信自己一定会取得成功并为之付出超长努力的参赛者，特别是在双方旗鼓相当、水平不相上下时，参赛者有没有必胜的信念对其能够获胜显得尤为重要。这种必胜的信念不是来自一时的想法，而是源于平时训练而形成的一种向"不可能"想法进行挑战、绝不向困难低头和勇于搏击的精神力量。体育竞赛不仅是一种战胜对手、追求优异的角逐，更主要的是给人们提供一个直接战胜自己、超越自我的机会。在此过程中充分体现了参赛者的必胜信念（即运动自信心）的重要性。

1.1.2　参赛者在体育竞赛中的一般情绪表现

在体育竞赛过程中，参赛者主要表现出来的情绪状态是紧张或焦虑。在比赛前后人们经常会听到这样的议论："太紧张了，成绩不会好的""上场以后，紧张得不知道该干什么了"等。参赛者的紧张和焦虑情绪是体育竞赛中一个迫切需要解决的实际问题。

（1）参赛者在体育竞赛中的紧张情绪

什么是紧张情绪？这里所说的紧张，并不是指日常工作、学习和生活节奏上的那种"紧张",而是指由紧张源引起的机体身心变化。

体育竞赛中所产生的紧张情绪主要可分为两种:一种是适度的紧张情绪;另一种是过度的紧张情绪,也就是通常所说的"怯场"。任何一个人参加体育竞赛时都会体验到程度不同的紧张情绪。

常见的对参赛者产生影响的紧张源从主观上讲有:①对竞赛和对手的认识,即在主观上认为,此项比赛十分重要和对手不好对付时,易引起极度紧张;②担心发挥不好,即主观上感受到动作技能掌握得不够熟练,没有做好充分准备时,更容易引起紧张;③求胜心过强的竞赛动机和胜负荣誉感带来的精神压力,易产生极度紧张。因此,通过认知训练改变参赛者的认知方式,将有助于控制他们的极度紧张情绪。

适度的(积极的)紧张情绪能促进人的注意力高度集中于任务,并能够充分调动全身心的力量,产生明显的增力效果。国外曾有这样一则报道:有一位父亲在家门口空地上换汽车轮胎。他首先用千斤顶将旅行车顶起来,他的孩子们一直在旁边观看。后来,他被叫回了家里。过了一会,有一个孩子跑回来告诉父母,汽车从千斤顶上掉下来压在另一个孩子身上。他的父母立即跑出来救孩子。头脑敏捷的父亲准备重新安放千斤顶,把车顶起来,而母亲则用力抬起了汽车,使孩子得以逃生。事后发现,这位母亲自己的背脊骨竟被折断了。可见,这位母亲的紧张情绪当时起到了增力的效果,甚至连她自己的伤痛也察觉不到。①

适当的紧张情绪有助于参赛者发挥出自己应有的运动水平,而过度的紧张情绪(怯场)则会使他们表现出心理的异常变化,如担忧、不安、优柔寡断、自我感到忙乱、注意力不集中、注意转换能力降低、自我控制能力降低、注意狭窄等,运动成绩会比平时训练时差很多,而表现大失水准又会给他们带来失望感。

造成参赛者在体育竞赛时产生极度紧张的心理,除了上述主观原因外,与参赛者的人格类型有很大关系。我国学者应用英国 H.J.Eysenk 的人格理论

---

① 石岩 . 射箭射击运动心理学 [M]. 北京:人民体育出版社,1999.

及其编制的人格问卷（EPQ）对参赛者的人格类型和运动行为表现关系进行的研究发现，具有"情绪不稳定、内向"类型的参赛者容易怯场。这种人突出的表现是消极思维很多，过多地注意别人对自己的评价。[①]

此外，影响参赛者心理紧张的客观原因有：①大量观众所造成的特殊的刺激气氛；②遇到强手或对方通过强有力的宣传媒介制造出紧张的空气；③比赛场地新异、气候自然条件差等。因此，预防或克制参赛者的极度紧张情绪，最积极的方法是前述的适应性训练法，以提高参赛者对竞赛的适应能力。当然，适应性训练法也有一定的局限性。在体育竞赛中还可采用"信息回避"法来减少或消除不必要的外界因素（或信息）对参赛者的干扰，如不打听成绩，不关心对手的比赛好坏以及赛前及赛中的封锁措施等。

（2）参赛者在体育竞赛中的焦虑情绪

焦虑是一种伴随着某种不祥之事可能发生的预感而产生的模糊而又令人不快的情绪。其中包含有紧张、不安、惧怕、愤怒、烦躁和压抑等情绪体验。焦虑通常没有显而易见的原因，它对于未来的不愉快的关注更甚于对当前情境的担忧。例如，当人们来到一个新的单位，对将会遇到的事情以及由此而产生的烦恼的原因可能并不清楚。然而，正是这些不可名状的原因，使人处于不安情绪的控制之下，被焦虑所困扰。研究表明，一切不知道将要发生什么，不知道被期望做的是什么，不知道最好的行动方针是什么的情况，都可能引起焦虑情绪。事情的不确定性是产生焦虑的根源。

有一个实验是这样做的：被试者为大学生，实验者要求他们听数数字，从1数到15，并告诉他们，当数到10的时候，可能要受到电击，而是否受到电击，取决于被试者从一盒共20张卡片中抽出的卡片上面写的是"是"还是"否"。第一组被试者仅有一张表明要受到电击的卡片（即受到电击的5%）。第二组被试者有10张表明要受到电击的卡片（即受到电击的机会是50%）。第三组被试者有19张表明要受到电击的卡片（即受到电击的机会是95%）。随着计数的开始，通过仪器测得被试者生理反应的数据，结果表明第

---

① 祝蓓里，等.体育心理学[M].上海：华东师范大学出版社，1996.

一组被试者比第二、三组被试者显示出更高的生理唤醒水平，从而得出他们具有更高的焦虑水平，因为他们体验到更多的不确定性。[①]

美国 C.D.Spielberger 把焦虑分为特质焦虑和状态焦虑。特质焦虑是一个人相当稳定的人格特征。具有较高特质焦虑的人几乎在他们面临的许多情况下都表现出焦虑，他们为许多事担忧，对未来的许多事情（包括没有危险的情境）都会模糊地感到心神不安，总觉得有什么祸事将临头。状态焦虑是指一个人在特定的情境中所表现出来的焦虑。

美国 R.Martens 等结合运动竞赛的情境又区分了竞赛特质焦虑和竞赛状态焦虑，并编制出了标准化的两种测试工具（我国已修订出中国常模[②③]）。竞赛特质焦虑是指对运动竞赛（包括游戏）经常表现出来的焦虑反应倾向，竞赛状态焦虑是指在竞赛的特定时刻（赛前、赛中、赛后）所表现出来的焦虑反应。

在体育竞赛中参赛者所产生的状态焦虑主要有两类：①伤害焦虑（怕身体受伤）；②社会性焦虑（怕失败、怕受打击）。对运动成绩影响更大的是后者，而不是前者。

参赛者焦虑程度（或水平）与竞赛成绩的关系可用 Yerkes-Dodson 定律来说明，即焦虑与竞赛成绩之间呈"倒 U 型曲线"的关系。

在体育竞赛中，运动员焦虑水平过低或过高都不会取得最好成绩；只有焦虑水平处于中等水平（最佳范围），才助于发挥出最好水平。也就是说，当焦虑水平从很低提高时，竞赛成绩会有所提高，直到达到最佳的焦虑水平（范围）和最好成绩。焦虑水平若进一步提高，竞赛成绩就会逐步下降。

不同体育项目的倒 U 型曲线有很大的差异。美国 J.B.Oxendine（1984）

① 哈代，琼斯，古尔德 . 运动心理准备的理论与实践 [M]. 宋湘勤，等译 . 北京：北京体育大学出版社，2011.

② 祝蓓里 . 运动竞赛焦虑量表中国常模的修订 [J]. 心理科学，1993，16（2）：32，37–41，62，67.

③ 祝蓓里 . 运动竞赛状态焦虑量表（CSAI—2 问卷）中国常模的修订 [J]. 心理科学，1994，17(6)：363–365，369.

的研究发现，从事举重、仰卧起坐、俯卧撑、引体向上、200 米至 400 米赛跑等项目，当有较高的焦虑水平时人能取得最好成绩，但是，从事高尔夫球、射箭、射击和篮球的罚球项目时，则只有在低水平的焦虑情绪下才能取得最好成绩。大多数体育项目或动作技能则在中等焦虑水平下才能取得最好成绩。

此外，研究还发现，不同技能水平的参赛者，以及在同一体育项目竞赛中处于不同位置的参赛者也有不同的倒 U 型曲线。有经验的参赛者比初学者在取得最好成绩时，最佳焦虑水平幅度更宽。对于参赛者而言，最佳的焦虑水平并没有统一固定的标准，它是因人、因项目而不同的。

在体育竞赛中，首先要搞清所参加项目的最佳焦虑（或唤醒）水平情况以及测定参赛者本人的竞赛特质焦虑和竞赛状态焦虑的水平（用分数表示出来）；其次，采用相应的心理镇静或心理兴奋的方法和手段来调控参赛者的焦虑水平，争取使其在适宜的焦虑水平或范围之下参加竞赛，以取得最好成绩。

1.2　赛前、赛中、赛后心理状况分析

1.2.1　赛前心理状态的诊断和心理准备

（1）体育竞赛前的心理状态分析

心理状态是指在一定时间内人的心理活动相对稳定的总状态，它常常是一种整体的综合的东西。它不仅有内在的心理体验，而且也伴随着不同的行为表现。心理状态一经形成，就会影响当前活动的进行。参赛者在赛前的心理状态直接影响到能否以最佳竞技状态投入竞赛，这也就是经常说的"起赛问题"。

一般而言，参赛者在赛前的体力和技、战术等方面不会有多大变化，变化最大的是心理方面，即以情绪变化为主的不同心理状态。

造成他们赛前有不同心理状态的原因主要有：①对体育竞赛重要性的认识；②对成功的渴望和对失败的恐惧（想赢怕输）；③对竞赛结果把握不大等。

参赛者的赛前心理状态一般表现为以下四种类型 [①]：

①战斗准备状态

这是一种理想的赛前积极应战的心理状态。处于这种状态的参赛者主要表现为，对竞赛盼望已久，跃跃欲试，斗志昂扬，注意力集中和有适度的兴奋等。

苏联心理学者普尼提出，赛前战斗准备状态的基本结构是：①清醒地相信自己的力量；②具有为争取竞赛胜利而力求顽强斗争到底的志向；③有最适宜的情绪兴奋程度；④有对抗各种内外干扰影响的高度抗干扰能力；⑤具有随意控制自己的动作、思维、情绪和整个行为的能力。

赛前战斗准备状态作为一种理想的赛前情绪状态，它不是自发形成的，而是在参赛者良好心理素质的基础上长期坚持心理训练的结果，也是他们自觉地追求、教练员有意识地安排和调整的产物。

②赛前焦虑症状态

这就是平时所说的个别参赛者所出现的"起赛热症"。其生理方面表现为：离竞赛开始还有一段时间（前一天，或更早些）就吃不下饭、睡不着觉、总感到心跳加剧、呼吸不顺畅、出虚汗、四肢发凉、排尿次数增加和腹泻等；在心理方面表现为：提心吊胆、担心害怕、左思右想的全是比赛、注意力涣散、急躁易怒、头脑昏沉和兴奋过度等；在外部行为上表现为：坐卧不安、手脚哆嗦和动作僵硬或失调等。个别参赛者甚至在赛前几个月时就处于这种状态，而到参赛时由于长时间的高度兴奋和得不到应有的休息，身心能量过分消耗而接近于精疲力竭。在这种情况下参加竞赛失利是必然的。赛前焦虑状态不仅出现在青少年学生身上，专业运动员也常受此困扰。

③赛前抑郁症状态

这是一种与赛前焦虑症不同的起赛淡漠心理状态。这种状态表现为：对竞赛抱消极、逃避的态度，没有竞赛的愿望，对竞赛打不起精神、意志消沉、

---

① 石岩，郭显德．我国奥运选手参赛心理若干问题探悉 [J]．天津体育学院学报，2008，23（3）：235-238．

注意分散、对自己运动能力产生怀疑、动作呆板、食欲和睡眠不正常等。形成这种状态的原因主要有：①参赛者曾因多次在竞赛中失利而形成了无能感；②因对竞赛的期望值过高而实际结果较差形成了失望感；③外界批评不当；④身体有伤病；⑤运动能力有限；⑥人格类型上有弱点等。

体育竞赛前的抑郁症状态虽然只是在少数参赛者的身上表现出来，但它在运动队中的"传染"却不容小视。为提防这种消极悲观心理的相互影响。必要时，在赛前要减少相互之间的交往，把自己"隔离"起来。

④赛前虚假自信状态

这种虚假自信状态主要表现为，口头上有信心而在内心实际上缺乏自信心，并害怕在竞赛中失败。虚假自信心是一种不切实际的、超过了能力基础的自信，即过高地估计了自己能力的自信。虚假自信心实为心理上的自欺欺人。具有这种状态的参赛者一般在赛前大多已为自己失利找好借口，不肯对自己的失误承担任何责任；他们在竞赛中只能处于"顺境"，一旦感到不顺或遭受挫折，很快就会败下场来。

赛前过高地估计自己对于参赛有害而无益。对于大多数参赛者来说，赛前对自己估计得稍低一点，反而能轻装上阵，往往会取得事先没有想到的好成绩。

信心是通过努力争取到的，而不是凭空想出来的。赛前自信心应当建立在强大的运动实力的基础之上。

（2）体育竞赛前心理状态的诊断

运动员赛前心理状态的诊断，主要可以从经验诊断和测量诊断两个方面来进行。经验诊断是指通过察言观色、检验饮食、睡眠等了解参赛者心理状态的有关表现，并与已形成的"经验标准"相对照，以断定这些参赛者是处于何种赛前心理状态。经验诊断已被许多教练员有意识或无意识的运用，但由于每个教练员的"经验标准"不一定适合所有参赛者，加之个人的心理状态千差万别，所以常常会出现一些错误的诊断结果，使得某些参赛者不能及时地调控赛前不良的心理状态。

研究表明，如果采用心理—生理指标测试和纸笔测验的测量诊断，则可以提高对参赛者赛前心理状态诊断的准确性。

苏联心理学者提出，一个优秀的运动员在赛前的时间估计（10秒）值与标准值相差 1–1.5 秒以上，复制 50% 的最大握力值与标准值相差 5 千克以上，就可以诊断他有过度紧张的趋向。我国的研究同样表明，时间估计能力和用力感可以作为诊断参赛者赛前心理状态的指标。皮肤电阻值这一指标也常用于赛前心理状态的诊断。通常，人在情绪紧张时，皮肤电阻值降低，而处于放松状态时则升高。不过在使用这一指标时，要先记录到该参赛者在安静、放松状态时的皮肤电阻值，以此作为评定紧张情绪的参考标准。同时，还要考虑到温度、湿度和个体差异等因素的影响。此外，心率、血压和肌电等也是较好的可供选用的指标。[①]

纸笔测验主要是让参赛者在赛前填写有关问卷，然后通过统计分析，了解他们当时的心理状态。纸笔测验工具大多是标准化的心理量表，如《状态—特质焦虑量表（STAI）》《运动竞赛焦虑量表（SCAT）》和《抑郁自评量表（CES—D）》等。这些心理量表在我国体育界已广为使用，并取得了较好的效果。

（3）体育竞赛前的心理准备

参赛者在参加竞赛前要做好各方面的准备，包括体力、技术、战术和心理等准备。过去人们大多重视上述各项中有形准备，而忽视了无形的心理准备。随着体育竞赛中不断有运动员因心理准备不足而失利的战例，心理准备才被逐渐地纳入赛前准备工作之中。

参赛者赛前心理准备的主要目的是形成最佳的竞技心理状态。这是他们在体育竞赛中能否取得优异成绩的保证。

参赛者赛前心理准备的主要内容有：

①建立正确的竞赛心理定向

参赛者竞赛时的心理定向于竞赛的过程和动作上，不应指向竞赛的结果

---

① 石岩. 我国备战与征战奥运会过程中值得关注的几个问题 [J]. 体育与科学，2004，25（1）：42–46.

和成绩。这不仅是赛前心理准备的内容，更是平时训练中着重培养的内容。

如何树立正确的竞赛心理定向？将竞赛心理定向于参赛者所能控制的事物时，最容易把握竞赛，赢得胜利。参赛者能够控制的东西是：自己、现在和动作，不能控制的因素有：竞赛场地、观众、天气和对手等。虽然影响竞赛成绩的因素很多，但是参赛者若能把握住可控的因素，无疑增加了胜利的可能性。

在体育竞赛中，参赛者过分考虑竞赛结果而忽视技、战术水平的发挥导致失利的战例屡见不鲜。过去人们往往找不到真正原因，现在基本上统一了认识。如果在平时训练中和在赛前高度重视参赛者的竞赛心理定向并加以有效的指导，可取得令人欣喜的效果。

②制定周密的竞赛方案

体育竞赛虽然变化莫测，但还是有规律可循的。参赛者应根据对赛前情况的分析和对竞赛条件的了解，制定出周密的竞赛方案。要尽可能多地设想一些赛场上可能出现的情况和采取的对策。

参赛者在赛前应养成撰写竞赛方案的好习惯。一个好的竞赛方案除了包括技、战术等方面的内容之外，还应有心理方面的安排（包括行为程序和思维程序）。技、战术方面主要是指个人合理的动作程序和集体战术配合的内容要点，行为程序主要是赛前什么时候应当干什么，如竞赛当天早上起来以后安排、准备活动的时间和内容以及竞赛期间空闲时间的活动安排等；思维程序主要是指竞赛前什么时候应当干什么，如默念动作要领和想象动作过程等。此外，还应列出参赛者已掌握的简易的心理自我调整方法；对于竞赛中可能遇到的不利情况，如天气变化、开局受挫以及受伤或其他突发情况等，也要有书面的处理方法。

制定竞赛方案要由参赛者自己来进行，要从实际出发，切记流于形式，不应把平时的训练都无法做到的要求寄希望于竞赛中完成。要使参赛者清楚，制定方案的目的是要在竞赛中应用。即使开始制定的方案不合适，也不要气馁，要及时寻找原因，不断地修改完善，最后使之能真正地发挥其应有的作用。

③调整好赛前心理状态

为使参赛者形成赛前最佳心理状态（即战斗准备状态），教练员首先要运用心理诊断理论和方法来确定参赛者赛前处于何种心理状态及其具体程度；其次，要有针对性地运用镇静类或兴奋类的心理调整方法来帮助参赛者形成理想的赛前心理状态。

当然，调整好参赛者的赛前心理状态是不容易的，要使每一次都能调整得恰到好处，就更难了。教练员对这个问题要有一个清醒的认识。在体育竞赛实践过程中，应该逐步摸索每个参赛者赛前心理活动特点，使用一些相应的心理训练的有效方法，变被动为主动，变盲目为有的放矢。只要有效地加强对参赛者赛前心理状态的调控力度，最终一定会取得实效。

④做好体力、技术、战术以及器械条件等准备

在赛前准备中，仅有心理准备是不够的。即使参赛者心理准备很好，也不能保证他们在体育竞赛中取得胜利。在赛前，参赛者身体上突发伤病，器械条件上出差错，技术上的问题，以及战术上缺乏默契等，都可能导致赛前良好的心理准备付之东流，借用"水桶模型"能更好地说明这一点。我们知道，决定旧式木制水桶装多少水，不是取决于某一最长的木板长度，而是取决于最短的木板长度。参赛者赛前准备的总体水平显然也如同构成水桶的各块木板的长度一样，受到体力、心理、技术、战术以及器械条件等准备情况制约。因此，参赛者的赛前心理准备与上述因素的准备情况密切相关。

1.2.2 赛中的心理状态和心理战术

（1）体育竞赛中的心理状态分析

赛中，顾名思义就是指竞赛开始后直至竞赛结束的这段时间。竞赛不同于平时练习，除了要承受更强的身体负荷之外，还要承受更强的心理负荷。人们常说：训练场上的英雄并不等于竞赛场上的优胜者。这就是说，体育竞赛不仅要比体力和技、战术，而且也是心理上的较量。参赛者在竞赛中的心理状态与运动成绩有着直接的关系，许多参赛者在取得优异成绩时，曾体验过一种得心应手的顺畅心理状态，但他们处于不良的心理状态下，已有的运动水平则发挥不出来。

下面具体讨论一下理想的赛中心理状态和不良的赛中心理状态。

①理想的赛中心理状态

理想的赛中心理状态是参赛者最佳竞技状态的一个重要组成部分。它是指各方面心理机能和谐协调，最有利于发挥运动水平的心理状态。国外有学者称之为"流畅状态"，也就是平时运动员常说的那种"进入角色""找着感觉"的状态。

国外一些学者多年来一直致力于这一问题的研究，以期能揭开这一神秘的心理体验内幕，为更多的运动员在体育竞赛中能进入这一状态提供帮助。

美国 T.A.Tukto 在 20 世纪 70 年代曾指出，运动员理想的竞技状态可描述为以下四点：①身体运用自如，不受紧张影响，有时并没有费劲，而力量、速度和灵活性发挥之好使自己也感到惊讶；②聚精会神，注意集中在竞赛活动上，头脑里想的就是竞赛；③身心和谐协调，动作感觉一致；④感受到是一种享受，这种体验是令人愉快的，不仅对运动成绩感到满意，对别的包括对对手的表现也都感到称心或令人高兴。

瑞典 L.V.Unesthal（1979）与有过理想的赛中心理状态体验的各项运动员进行过交谈，得出理想的竞技状态有如下特征：①完成任何一种动作技能都显得得心应手；②一切技能都已达到自动化的程度；③不再想知道该做什么或者如何做动作；④在那种场合下不会受到任何干扰的影响；⑤完全专注于竞赛的进程；⑥毫无正确、失误和疲劳的顾虑；⑦内心感到非常自信和有把握；⑧认为成功是很自然的；⑨在完成动作中注视着自己的技能，并从中得到享受；⑩每次都想要体验一下昏睡的状态，但又不可能长时间地感受到。

有趣的是，他们不能强迫自己出现这种状态。处于这种最能发挥水平的状态时，往往是自己意识不到的。一旦意识到了，它便不翼而飞了。很多运动员赛中能出现理想的心理状态，主要在于赛前有系统的准备和平时训练的结果，它可以说是水到渠成的。如果在体育竞赛过程中刻意寻找这种最佳状态，不仅无益反而有害。

②不良的赛中心理状态

不良的赛中心理状态主要表现为过度紧张和惧怕心理。

第一种是赛中过度紧张。在体育竞赛中，由于对手和观众等的存在，以及对竞赛重要性的认识等主客观原因，会使参赛者产生过度紧张的情绪。有时，它在竞赛的某一特定情景（如篮球竞赛中罚球等）中表现出来；有时，它从一上场到竞赛结束期间的较长时间里表现出来。深受这种过度紧张状态告饶的参赛者在体育竞技中常有意识地试图摆脱它，但往往事与愿违，有时越是拼命想使自己不紧张，其结果却越紧张；总是把过度紧张挂在心上，担心它的出现，结果它却偏偏出现。

第二种是赛前恐惧心理。少数参赛者在体育竞赛中对竞赛条件和对手等的强烈惧怕心理有时会莫名其妙地出现。他们一碰到对手就先从心理上败下阵来，不敢与之交锋；有的对器械、场地或观众，甚至对竞赛结局感到恐惧。在体育竞赛中，参赛者普遍有一定程度上的害怕心理，这是因为体育竞赛本身就具有风险性，赛中什么情况都有可能发生。导致伤残的可能性和结果的不确定性等都不同程度地存在着。通常，一定的害怕心理引起的警觉水平，有助于他们减少不必要的伤害。但是，若超过了某一限度，形成恐惧心理，那就会严重影响到竞赛的正常进行。例如，极度地惧怕对手会使参赛者在比赛中畏首畏尾，不知所措，甚至不敢去战胜对手，也就谈不上取胜了。前几年，中国体育界出现的"女排恐古（古巴）""男足恐韩（韩国）"的现象曾引起公众的关注。这与运动员的实力水平有关，但更多的是由于过去和对手的交锋胜少负多，或者由于夸大了对手的实力而怀疑自己水平等因素造成的。对此，除了在平时的训练中应提高参赛者的实力水平外，还应发展他们积极思维，培养他们敢打敢拼的作风，树立取胜的信心。

③ "极点"状态

体育竞赛中的"极点"状态，是一种生理现象，也是一种心理现象。当出现"极点"状态时，在生理上表现为呼吸和脉搏的频率加快，肺活量下降，动脉压升高，动作反应减速；在心理上除了体验到呼吸困难、胸闷、肌肉疼痛、周身沉重外，会失去知觉的明晰性，产生视错觉和运动错觉，记忆与思维减弱，注意的范围缩小，注意的稳定性显著降低，出现沉重的情绪状态以及意志消沉，缺乏信心等。研究表明，某些体育竞赛中所出现的"极点"状态是以大脑皮层协调机能的阻碍为基础的，而不是机体的疲劳过程，所以用意志努力和调整呼吸的方法（在新的更高的机能水平上）能恢复协调机能。①

在体育竞赛中，"极点"出现的时间的强度以及持续的时间，主要取决于参赛者的训练水平和心理素养。凡训练有素的参赛者，"极点"出现的时间极短，而且恢复正常也快。

一般地说，"极点"出现的时间很短，一般在 0.5 分钟—1 分钟。"极点"过后出现的"第二次呼吸"，这时伴随而来的是轻松愉快感和疲劳的消失。据研究表明，参赛者出现"极点"的时间与跑距和跑速有关。不同的距离跑出现"极点"的时间不同；或按不同时间的速度跑步，出现"极点"的时间不同（表 7-1）。

表 7-1　"极点"出现时间与跑距、跑速的关系

距离 （米）	速度 （米/秒）	"极点"出现 （几米后）	"极点"出现 （几秒后）
400	8.0	250	30
800	6.9	550	80
1500	6.3	1150	180
3000	5.3	2000	380
5000	5.3	2000	380
10000	5.3	2000	380

④赛中形势变化时的心理状态

在体育竞赛中，赛场的形势千变万化。常言道，良好的开端是成功的一半。可是人们也发现，一些运动队或运动员在比赛开始时领先，但随着时间的推移，被对手追上甚至超过，直至被打败的战例。

激烈的竞争、扣人心弦的角逐，在体现力与美的同时，胜败得失可以说是参加体育竞赛的集体和个人最为关心的事了。体育竞赛中比分领先、落后以及双方相持情况下，参赛者可能表现出泾渭分明的积极或消极的心理状态。

① 石岩.我国备战与征战奥运过程中值得关注的几个问题[J].体育与科学，2004，25（1）：42-46.

在体育竞赛中比分暂时领先时，多数参赛者能正确对待，产生心理上的优势，信心倍增，情绪积极、稳定，动作得心应手，并会扩大战果，一举取胜。但也有一些运动队或运动员似乎害怕领先，只要一领先，全队或个人就好像变了一个样，紧张急躁，动作失误增多，直到被对手追平或超过时，才又恢复正常或进入激愤情绪状态，动员全部身心力量去"争分"。

当处于落后被动地位时，也会表现出积极或消极的心理状态。奥地利心理学家 A.Adler，（1870—1937）认为，人人都有自卑感，为了解除这种自卑感，人们在心理上就会产生超过别人、胜过别人的需要。在体育竞赛中许多参赛者不甘落后，积极动员身体和心理的能量，使技、战术水平超长发挥，反败为胜，或许正是人类满足这种需要的体现。然而，个别参赛者在落后很多或是刚一落后时，便失去了取胜的信心，情绪低落，毫无斗志，很快就败下阵来。凡是优秀的参赛者一般不会放过任何一次反败为胜的机会，他们不轻易认输，身处逆境也要凭着坚强的意志和不懈的努力走过来。也许正是由于此，才使得他们成为少数出类拔萃的成功者。

在现代体育竞赛中，参赛者的实力水平日趋接近，双方相持的场面明显增多了。俗话说："两强相遇勇者胜"。这里的"勇"就是指"积极的心理状态"，即情绪稳定、头脑清醒、斗志旺盛、敢打敢拼和全力以赴等。相反，在势均力敌、难解难分之时，如果情绪过度紧张，意志薄弱，行动犹豫迟缓，则会屡次失误，丧失良机。

体育竞赛形势起伏变化是正常的，关键是参赛者如何对待各种场上的局面。即使是面对较弱的对手或是领先较多，如果不能正确对待，松懈下来或把它当成"包袱"，也会很快陷入被动地位。因此，教练员在平时训练中就要设置上述各种情境，有意识地培养运动员在临场比赛时有积极的思维方式，以增加其竞赛的成功率。

体育竞赛的魅力之一是向人们展示许多人可望达到而只有少数人拥有的成功形象。人人都渴望成功，但能付出超人努力的人却很少。体育竞赛中的优胜者是以一种积极进取的精神面对赛场上各种艰难险恶，并为此付出超人的代价，战胜自己，走向成功的人。

（2）体育竞赛中的心理战术

所谓心理战术，是指根据竞争中的实际情况施加心理影响的策略，其目的是使本方在竞争中获得主动和优势，直至最后胜利。

心理战术在军事上古今中外都有其大量的应用战例，如三国时期蜀国的丞相诸葛亮利用"空城计"退敌，20世纪80年代海湾战争中多国部队采取多种形式"攻心战"瓦解敌方斗志等。历代军事家总结出来的战争中的心理谋略，丰富了体育竞赛中心理战术的理论，并推动了它的应用。

下面介绍几种体育竞赛中常用的心理战术：

①知己知彼，百战不殆

我国春秋时期军事家孙武在所著的《孙子兵法》（谋攻篇）中指出："知彼知己，百战不殆；不知彼而知己，一胜一负；不知彼，不知己，每战必殆。"这就是说，了解敌人，了解自己，百战都不会有危险；不了解敌人而了解自己，胜败的可能各半；不了解敌人也不了解自己，那就每战都有危险了。"知己知彼"被看作是正确指导战争的先决条件。

体育竞赛与战争一样，都需要了解双方的情况。心理战术中的"知己知彼"，就是要过多渠道多方面的调查研究，全面了解彼此双方的具体情况，分析我方和对方的特长和弱点，力求在实践中扬己之长避己之短，遏制对方的优势，并进攻其薄弱之处，形成"避实击虚"之势，以达到战胜对方的目的。

通过看以往的竞赛录像、搜集已公布的技战术统计数字和有关新闻报道，可以了解对方的基本情况。美国女排当年打败中国女排，曾利用先进的电脑来分析中国女排的技战术打法的特点，取得了良好的效果。有的运动队在平时训练和赛前采用"封闭式训练"，这是一种尽量减少对方知晓本方技术、战术变化或实力情况的有效方法。但是，这种藏而不露的做法也有其不利之处，正如日本女排教练员大松博文曾对苏联女排教练员所说的那样："你们搞得过于神秘化，使运动员得不到锻炼，同时又陷入极其紧张和不安的状态。这种紧张和不安是你们失败的原因。"

②出其不意，攻其不备

这是指当对方毫无准备或准备不足之时，突然袭击对方防守不严、力量薄弱之处，从而造成对方意外，打破对方正常的行动计划，使对方陷入全局被动局面的心理战术。

在赛前，参赛者或运动队都要准备一个竞赛方案，包括竞赛的攻防如何来进行以及通常情况下的心理应变对策等。当然再好的竞赛方案也无法包罗千变万化的场上各种形势的对策。如果体育竞赛的实际情况与已准备的竞赛方案不符，运动员由于对某一（或某些）场上变化没有准备，就会感到局促不安，被动挨打，易乱阵脚。根据这一情况特点，如果教练员能够在战术安排上，采用一些令对方始料不及的或打破常规的手段，就有助于取得赛场上的主动权和优势。例如，第23届奥运会上中国女排与美国女排之战的关键时候，主教练袁伟民让发球好的替补队员侯玉珠上场，利用她的发球连连破坏对方的一传，这是美国队没有料到的，队员失误明显增多。这种出奇兵的心理战术使占有天时、地利、人和的美国女排兵败洛杉矶。

③给对方施加心理压力

体育竞赛前，有时可以根据对方想了解我方情况的"好奇心"，故意在公开场合暴露我方"强大实力"和表现出"胜券在握""对方不堪一击"等态度，用来加剧对方的紧张不安感，对他们施加心理压力，使对方在心理上先败下阵来。在体育竞赛中，则可以趁对手刚上场阵脚未稳之时就先发制人，取得主动权和领先的优势局面，迫使对手悲观失望，士气低落，望而生畏，无心再战。

心理战术的手段还有很多，如声东击西、以逸待劳、虚实结合等。在体育竞赛中，要根据实际情况，灵活地运用心理战术。

1.2.3 赛后心理状态和心理恢复

赛场上的"硝烟"刚刚散去，参赛者是否就会回到往日平静的状态？体育竞赛的结束意味着什么？它给参赛者会带来怎样的影响？有人认为，赛后运动员心理不会有什么问题，这好比是暴风雨过后会是晴空万里一样。然而，体育竞赛实践表明，不仅可能有赛后心理问题，而且有时还不亚于赛前和赛中。

体育竞赛冠军只有一个，其余的参赛者将与之无缘。一般而言，无论是竞赛的成功者还是失败者，都可能有积极的或消极的情绪体验。

（1）体育竞赛后的心理状态分析

①胜利（成功）者的心理状态

人们渴望在竞赛中获胜，因为获胜一方面能满足一个人内心追求优越的需要，同时也能给他们带来一定的物质利益。当参赛者在赛场上实现获胜的愿望之时，短时间高兴喜悦过后，会表现出对于胜利的不同认知和情绪状态。

多数参赛者对胜利充满着自信感和满足感，并能够正确地看待眼前的胜利，认识到胜利只能说明过去的努力，现在应一切从零开始，由胜利带来的愉快心情促使他们渴望继续参加训练和竞赛，即成功的体验增加了他们的自信心和克服困难的意志，也激起了他们今后要加倍努力的动机。然而，也有少数参赛者不能正确地看待眼前一时的胜利，被胜利冲昏了头脑，忘乎所以，目中无人，沾沾自喜，把成功完全归于自己，看不到自己的缺点和不足，或者长时间处于过度兴奋的状态，而不转入积极的有目的的体育训练，不愿付出更大的努力进一步提高成绩。

②失利（失败）者的心理状态

竞赛场上没有常胜将军。偶尔的失利是不可避免的。俗话说，失败是成功之母。失败并不表示一个人始终失败，它只是表示一时尚未成功罢了。

对失败持积极态度的参赛者，能够坦然面对一时的失利。其情绪体验具有增力的性质，因此能为取得优异成绩而积极地投入体育训练。对失败持消极态度的参赛者，则无法忍受失利的挫折，把失利看成是如遭厄运，表现出消沉、苦恼、伤心、无精打采、丧失信心，也有的表现出委屈失望、埋怨、一蹶不振，对周围的同志以及该项运动不感兴趣，甚至想停止训练和比赛。对于这些失败者，教练员一定要对他们多加鼓励，多指出他们的优点及各种有利因素，使其增强信心。同时，要通过参加其他的活动使其精神得以解放，摆脱掉失败后的消极情绪。

无论是对于成功者还是失败者，在体育竞赛后都要防止参赛者自我印象的骤然变化，使他们保持情绪的稳定状态。同时，要注意丰富他们的精神生活，使之及时调整自己的心理，或帮助他们从消极的心理状态重新恢复到积极的心理状态。

（2）体育竞赛后的心理恢复

体育竞赛后，运动员不仅会感到身体疲惫，而且也会体验到心理疲劳，个别人会出现精疲力竭的现象。显然，赛后还有一个心理恢复的问题。

体育竞赛后，通常的做法是进行总结。总结不应形式化，而应纳入赛后心理恢复工作中。在实际工作中，竞赛成功者"一好百好"的总结屡见不鲜，竞赛失败者"一差百差、什么也不是"的总结也不少见。这种不能客观、科学地对竞赛结果作出的归因（对结果的解释），将对运动员个人的成长和今后的竞赛带来潜在的不利影响。运动员赛后正确的归因是什么呢？通常，竞赛失利后不能归于"自己不是干这一行的材料"或"天气不好""身体不适或生病"等原因，而应该反思一下，是"努力不够，还是水平上有差距"等可以改变的可控因素；竞赛胜利后也不能归因于"运气好"等不可控因素（否则不利于今后的训练和竞赛），而应归于自己和全队共同努力的结果。

在这里，特别应该指出的是，怎么理解成功？成功是否一定得拿冠军？成功的含义应该是：在原有的基础之上做出了相应的努力，发挥了平时技、战术水平，赛出了气势。通俗地讲，"尽了最大的努力"就是成功。认识这一点，对于教练员和参赛者都是很重要的。

帮助运动员平衡赛后的心理状态是一项值得重视的工作。这要求教练员对于胜利者的赞扬要适度，要指出他们今后改进的地方和努力的方向，泼泼"冷水"是有好处的，而对于失利者应多鼓励，帮助他们分析失利的主客观原因以及提出解决的具体办法，引导他们向下一个目标奋斗。体育竞赛后，参赛者的消极心理状态是心理失衡的反映，尤其应给予足够的重视和帮助。

赛后心理恢复的方法很多，如放松等心理调整的方法，听音乐、郊游和看电影、电视节目等娱乐休闲的方法，按摩、水浴、理疗等身体恢复的方法。此外，保证充足的睡眠和建立正常的起居制度也必不可少。

赛后心理恢复不仅有利于参赛者今后继续努力参加竞赛，也有利于他们身心健康发展。

2　我国奥运选手参赛心理若干问题探悉

2.1　东道主效应

2001 年"申奥"成功以来，"东道主效应（amphitryon effect）""主场效应（home court effect）"在国内研究中逐渐形成热潮。这种研究热与 2008 年北京奥运会紧密相关，前人相关研究关注的是"东道主优势效应""主场优势（home advantage）"[1]，而今"东道主劣势或负效应""主场劣势或负效应"和"主场 Choking 效应"则成为该研究领域探讨的重点。

2.1.1　相关概念界定

"主场效应"或主场优势效应，是指在主客场赛制下，运动员或运动队在主场比赛时取胜的概率高于在客场比赛的取胜率，即运动员或运动队在自己的场地上进行比赛，要比在其他地方比赛更能发挥出水平。

"东道主效应"（或东道主优势效应），是指承办比赛（特别是综合运动会）方在比赛中获得利益与优势，并取得比以往更好的成绩。所谓东道主（amphitryon 或 host），即承办比赛的参赛方或比赛场的主人或称主队（home team），另一方则为客人或称客队（visiting team）。

从概念上严格区分，"主场效应"与"东道主效应"应该是不同的。就 2008 年北京奥运会来讲，使用"东道主效应"更为贴切、合理，这个概念更多指向"代表团"或"运动队"，而非单指运动员个体。只要"代表团"或"运动队"的整体成绩好于以往参加奥运会的比赛成绩，就是"东道主效应"。

---

① MARTIN HAGGER, NIKOS CHATZISARANTIS. The social psychology of exercise and sport[M]. Berkshire: Open University Press. 2005. 183–191.

2.1.2 东道主优势效应与主场优势效应

从历史上看，东道主队往往会在与实力相当或相近的运动队进行比赛时取得比较好的成绩，即便与比自己实力强的运动队比赛，也能有超水平发挥，这就是东道主优势效应。例如，在近几届奥运会上，东道主无一例外都获得超过上届的金牌数，其中韩国从 1984 年的 6 枚金牌到 1988 年的 12 枚，翻了一番，至今仍是他们的"奥运纪录"；西班牙更是从 1988 年的 1 枚金牌火箭般地蹿升到 1992 年的 13 枚，其他 4 届奥运会也都没有超过 5 枚。[①]

"主场优势效应"与"东道主优势效应"相同之处是在自己的场地上比赛，特别是在自己平时训练的场地上比赛，其优势在于天时、地利和人和，即参赛方没有旅途劳顿、时差、饮食、语言、住宿不适应等主、客观的问题，而是以一种以逸待劳、身心良好的状态参赛。在这种参赛条件"不均衡"情况下，主队取胜的概率增加是理所当然的。

2.1.3 东道主负效应与主场负效应

"取胜概率加大"（一般是主队在比赛中获胜比例超过 50%）并不意味着主队一定会获胜，也就是说，主队也有败北的时候。在这种认为主队应该或必须取胜的逻辑背景下，一旦主队失利了，人们马上就想到了"优势"背后的所谓的"主场劣势"（home disadvantage），于是，在"只能赢不能输"的命题下，面对主队的"失常"表现，"主场负效应"与"东道主负效应"就开始纳入人们的视野，并有可能一度成为热门话题和关注焦点。

通常提到的"主场效应"与"东道主效应"都是指"主场优势效应"与"东道主优势效应"，"主场负效应""东道主负效应"的确存在，但不是主流，出现的概率也比较低。很难想象一支实力强大的运动队会在主场比赛中接连发挥不好，或许只有一种情况就是他们要故意输给对手。就备战奥运会来讲，经常或反复提醒"主场负效应""东道主负效应"的初衷可能是好的，但是效果也许并不理想，或许越不想出现"主场负效应""东道主负效应"，出现的

---

① 许基仁 . 东道主效应——从江苏十运思考北京奥运 [EB/OL].(2005–10–18).https://sports.sohu. com/20051018/n227237780.shtml.

可能性越大。这就是说当我们把注意力放在担心的某种结果上时，反而事与愿违。

迎战在我国举办的重大国际赛事，我们应更多地关注"主场优势效应""东道主优势效应"，想尽一切办法创造、发挥好"主场优势效应""东道主优势效应"，而不要渲染"主场负效应""东道主负效应"，特别不要因运动员在国内比赛一旦发挥不好就用"主场负效应""东道主负效应"来教育和提醒。主场一定比客场有优势，关键的问题是我们的实力和赛前准备如何。不要在奥运会前经常拿"主场负效应""东道主负效应"说事，这实际上是备战奥运会工作的一大误区。

2.2 "血性"

"更让人关注的是，XXX不堪忍受主场裁判的偏袒，下场怒摔毛巾，准备上前和裁判理论，展现一个男人所该具有的血性时，竟然被直接驱逐出场。毫无疑问，XXX已经越来越有血性，这也预示着，XXX离成功，也不远了。"这是近来相关媒体报道中描述的某场比赛中发生的事情。

目前，"血性"说为一些媒体所宣扬，这种导向让人担心。一旦运动员和观众在比赛不如意时都"血性"起来，赛场岂非变成战场？

2.2.1 相关概念界定

血性是什么？如果上述媒体描述的表现是"血性"的话，那么"血性"就是行事冲动不顾后果，为了个人的小事非得脸红脖子粗。

这种"血性"的学术用语是攻击行为（aggressive behavior）。根据攻击时是否有愤怒的情绪表现，可以将攻击（aggression）分为敌意攻击（hostile aggression）和工具攻击（instrumental aggression）。敌意攻击，是指由攻击者的愤怒而产生的、具有使人受伤害的意图、引起他人痛苦的攻击性行为。工具攻击，是指攻击者的目的不是为了伤害他人，而是为了实现某种外在的目标，如获取胜利等。

2.2.2　赛场拒绝"血性"

比赛中运动员的攻击行为经常发生，甚至出现严重的暴力行为。有关运动员攻击行为的理论很多，如挫折—攻击说、社会学习理论等。导致运动员攻击行为的原因很多，涉及个性、性别、观众、道德问题、唤醒、激素水平和服用兴奋剂等因素。

需要指出的是，运动员比赛的合理行为应该是那种在规则允许的范围内所采取的行为，当然其前提是符合法律与道德要求。运动员在比赛中的不合理行为通常是指那些违反规则的行为，包括违例和犯规等，严重的犯规就是那些攻击和暴力行为，而这些失去理智的行为很容易导致赛场秩序发生混乱，甚至引发观众暴力和骚乱。

我们也可以理解为了让运动员在比赛中发挥更好，鼓励运动员要勇猛顽强，但不应该是这种"血性"。使用"打打杀杀""血光四溅"的词语来表述是不适宜的。也许这样的表述能够吸引读者的注意，但是也会无形之中助长运动员攻击行为，给比赛秩序带来负面影响。

在参加国际重大比赛期间，我们担心我国运动员这种"血性"，担心由于"血性"与国外运动员在赛场上大打出手，引发赛场冲突，更担心为了所谓的名次和金牌，观众也一起"血性"。显然，这是国人都不希望看到的。我们更希望运动员在比赛过程中，能够严格恪守体育的道德准则。体育是竞技比赛，比的是身体及技术、战术水平，而不是"血性"。所谓气势，也不过是技术和战术水平占优的表现。战斗意志和团结精神只能是建立在技术和战术的基础上。如果不以技术和战术为基础，去拼"血性"和气势，就背离了体育精神。

文明参赛是对运动员的一项基本要求。千万不要为了一块金牌，做违背体育道德与体育精神的事情。一旦发生类似的事件，即便拿到了金牌，却可能失去人心。"这种捡了芝麻丢了西瓜的事情"，值得深思。今日的中国体育观众和民众对待竞技体育的价值判断已发生很大转变。他们需要清白、干净的金牌，不要带"血性"的冠军。

媒体应该负责任的正确引导读者与观众，而不要进行误导，"血性"说该"休息"了。公平竞赛（fair play）应该成为竞技体育的主旋律。运动赛场拒绝这种失去理智的"血性"。

2.3　个体最佳功能区

近些年来，运动情绪理论有一些新进展。1982 年，R.Martens 提出多维焦虑理论（Multi-dimensional Anxiety Theory），将运动竞赛焦虑分为认知状态焦虑、躯体状态焦虑与状态自信心 3 个方面。1987 年，L.Hardy 和 J.A. Fazey 提出了突变理论（Catastrophe Theory），认为当认知焦虑较高时，过高的生理唤醒将导致突变性反应，使成绩下降。1992 年，G.Jones 和 A.B.J.Swain 在多维焦虑理论的基础上提出一种有关焦虑的强度、方向、频率观点，认为个体不但在竞赛焦虑的强度上具有差异，而且在方向和频率上也具有差异，并认为后两种差异更为重要，与体育成绩和运动水平的关系更为密切。20 世纪八九十年代，M.Apter 和 J.Kerr 发展了逆转理论（Reversal Theory）。[①] 这一理论认为，当人处于高唤醒时，可能感到兴奋（快乐情绪），也可能感到焦虑（不快乐情绪），而当人处于低唤醒时，可能感到放松（快乐情绪），也可能产生厌倦（不快乐情绪）。它强调，无论唤醒水平高与低，两种状态是可以相互逆转的，但是在某一时刻，只有一种情绪体验较为深刻。

2.3.1　相关概念界定

Y.L.Hanin（2002）的个体最佳功能区（Individual Zone of Optimal Functioning，简称 IZOF）[②] 以及相关研究，在运动员情绪理论中受到特别关注。

Hanin（1989）最早提出最佳功能区（ZOF）的概念。它是指运动员在比赛中存在着一个理论上的最佳功能区段，当唤醒水平处于这一区段内时，运动员有更多的机会获得最佳运动表现。Hanin（2002）指出，不同运动员应该存在各自不同的最佳功能区域，即运动员能够最大限度地发挥自己竞技水平的唤醒程度，这就是个体最佳功能区理论（IZOF）。IZOF 能够在理论上对每个运动员的最佳功能区做出正确的定位，为运动员在需要的时候采用有效的

---

① 　J.H.Kerr. Motivation and Emotion in Sport: Reversal Theory[M]. Hove:Psychology Press. 1997.

② 　Yuri L. Hanin. Emotions in Sport[M]. Campaign,IL: Human Kinetics. 2000.

心理调控手段，帮助他们进入并维持于这一区域中提供必要的依据。

2.3.2　个体最佳功能区与备战奥运

国外研究结果表明，个体最佳功能区作为最佳情绪强度区域是和最佳满意情绪相联系的，与优异的运动成绩有着很高的正相关。

目前国内已经有一些个体最佳功能区理论的介绍和研究。有专家建议：个体最佳功能区可以从生理、行为和认知三个反应维度上对其做出评价，其中，生理这个维度更应该得到重视，通过生理学指标来研究人的心理状态不仅是可行的，也是十分必要的。

为了迎战在我国举办的重大国际赛事，有必要根据近年来获得的运动员参加一些重大比赛过程中的生理心理数据参数以及与运动表现的关联情况，建立每一位有可能参加奥运会比赛的我国优秀运动员的个体最佳功能区。

至于个体最佳功能区是什么样的，那是"技术层面"上的事情，关键问题是我们去不去这样去做。只有在找到了运动员个体最佳功能区的基础上或前提下，对参加奥运会的我国优秀运动员实施情绪管理（emotion management）与行为干预（behavior intervention）（适应与回避）才可能取得更好的效果。

2.4　重视运动员心率指标的意义

"航天医学监测显示：从发射、太空高速飞行到返回整个 21 个小时中，杨利伟心率基本不变，只有 70 下左右，只是在点火瞬间达到一百零几，马上又恢复到 80 下左右，在轨道上甚至只有 66 下。飞船临发射前 1 分钟，心率也只有 76 次 / 分。据国外有关资料显示，发射前航天员因为激动或紧张，心跳一般都要加快，有的达到 140 次 / 分。如果第二天早上起来，首飞员感觉不行或者心率不好，那可能还会换人。"①

媒体报道的"航天英雄"杨利伟心率变化表明他在重大应激情景下抗应激能力非常好。心率这个生理指标可以直接反映人的心理紧张状况。从这个

---

① 董建昌. 从"航天英雄"良好的心理素质谈开去 [N]. 解放军报，2003-11-18（8）.

事例中可以看到，目前我国航天医学工程上非常重视应用这个生理指标。

杨利伟可谓是优中选优的结果，具有"超人的心理素质"，以至专家称可以给他打"一百分"。这在很大程度上要依靠他个人先天的遗传素质。后天的训练、教育与培养固然也很重要，但是没有这个先天的绝对优势，他不可能"脱颖而出"。

2.4.1　国外相关理论

不想卷入"先天与后天的理论之争"，但是想在这里重提这样的一个争论的问题：情绪发生过程中生理变化在前，还是认知观念在前？

W.James（1884）和 C.G. Lange（1885）提出了观点相同的情绪理论。James 认为，生理变化先于情绪体验，生理变化所引起的冲动传到大脑皮层时所引起的感觉就是情绪。例如，恐惧。他认为，人并非忧愁才哭、生气才打、怕才发抖，恰恰相反，人是因为哭才忧愁；因为动手打才生气；因为发抖才害怕。没有生理变化，便没有情绪体验。例如，心率增加或肌肉紧张，导致人的情绪体验。Lange 强调血液系统的变化和情绪发生的关系。他认为，植物性神经系统的支配作用加强，血管扩张，结果便产生愉快的情绪；植物性神经系统活动减弱，血管收缩，器官痉挛，结果便产生恐怖的情绪。

一百多年来，对 James-Lange 情绪理论不断地提出批评，但是这一理论却一直持续至今，仍然受人们关注。至少关于生理变化与情绪的密切关系是毫无疑问地被普遍认可的。后来的研究一方面逐渐纠正和弥补了它的某些片面和不足，另一方面又在情绪与生理的关系方面进一步获得新的证据和新的发展。

2.4.2　国内相关研究

一直在思考这一有"争议"的 James-Lange 情绪理论，并常常联想到竞赛时运动员紧张状态下的心率变化问题。

国内对运动员竞赛时心率变化问题的研究起步较早，20 世纪 70 年代末期就有射击、射箭等方面的研究，后来也有一些学者继续进行探索。可惜的是，由于当时条件有限，研究不够系统，应用的情况也不理想。

2004 年在"奥林匹克团结基金会射击教练员讲习班"上，我们看到来自德国的射击专家谈到这方面的内容，并给出了一张射击运动员训练与比赛心率变化图，马上想到过去国内学者曾经绘制出一张射箭运动员训练与比赛心率变化图。实际上，我们课题组在 20 世纪 90 年代研究的"射箭运动员定量运动负荷训练法"，也称"先跑后打"训练法，就是根据运动员训练与比赛的心率状况提出来的。[1]

传统的方法、手段不一定没有效果和落后。在强调科学训练、勇于创新的今天，简单也是创新，有效就是硬道理。航天医学都不"嫌弃"心率这个生理指标，为什么我们很多项目在运动员心率研究上"冷落与沉寂下来"了，训练与竞赛实践上心率指标监控变得似乎"可有可无"了呢？

2.5　运动员心理压力的应对

近些年，应对（coping）问题在国内运动心理学中成为研究热点。胡志（2006）完成了比较有代表性的研究成果。[2]D.Gould（1996）在"应对逆境"一文中提出，20 世纪 80 年代后期在运动心理学领域出现应对研究，并介绍了心理学应对研究与理论、运动心理学应对研究、竞技运动应对模型以及今后研究与应用的问题。[3]

以往在讲授情绪认知理论时，经常提到的是 S.Schachter 和 J.Singer"情绪三因素理论"，即情绪的产生是刺激因素、生理因素和认知因素三方面因素共同作用的结果，其中认知因素起着决定作用。因此，在实践中强调适应和回避，同时使用合理情绪疗法来帮助运动员解决应激问题。[4]

R.S.Lazarus 是情绪认知理论的另一位代表人物。他把 M.B.Arnold 情绪认知理论中的"评价"进一步扩展为初评价（primary appraisal）、次评价

① 石岩.射击射箭训练新理念 [M].北京：人民体育出版社，2005.

② 胡志.我国篮球运动员比赛应对方式的理论与实证研究 [D].重庆：西南大学，2006.

③ LEW HARD, GRAHAM JONES, DANIAL GOULD. Understanding psychological preparation for sport[M]. England: John Wiley & Sons Ltd.1996.203–236.

④ 石岩.体育运动心理问题研究 [M].北京：北京体育大学出版社，2007.

（secondary appraisal）和再评价（re-appraisal）的过程。例如，人们在公园里和森林里看见熊时会产生不同的情绪，这是由于初评价不同：公园里的熊被评价为安全的，而森林里的熊却被评价为危险的。同是在森林里遇见一只熊，如果手持枪支，或者力大艺高，所产生的恐惧就小，如果赤手空拳，身体孱弱，所产生的恐惧就大，这是由于次评价不同。所谓"艺高人胆大"，就是这个道理。在战争中，开始时的轻敌会产生骄傲和大意，随着战斗进行，吃亏了，就要认真对待了，这是再评价对初评价和次评价的调整。

因此，他的情绪学说被称为"认知评价理论（cognitive appraisal theory）"。这个理论强调如果面对应激事件，人的最初反应是对应激事件进行评价，评价应激的威胁和危害程度，之后还会对自己所拥有的应对资源进行评价，即自己能够应对还是可以寻求他人的帮助得到解决（这个过程会让个体产生控制感），然后才会采取具体的策略。Lazarus 等研究发现，当个体所面临的情况被评价为是可以由自己的行为控制的，以问题为中心的应对策略（problem focused）将占主导；而当个体认为自己无法改变局势时，情绪为中心的应对（emotional focused）将占主导。也就是说，应对有这么两类，一类是解决问题，我怎么样把这个问题给它解决了，重点放在解决问题上，而另一类是怎么样调整我自己的情绪。

目前应对以及运动员应对研究的兴起，与重视 Lazarus 认知评价理论有很大关系。需要指出的是，从情绪三因素理论到认知评价理论，从认知观念、行为调整到应对策略，说明了什么？随着对人类情绪的进一步认识，情绪模型的逐步完善，我们在情绪管理上会找到更多的有效办法，特别是在运动员情绪控制上会有更大的作为。这就是研究运动员应对的现实意义之所在，也让我们看到了更好地帮助运动员进行情绪自我管理的希望。

3 从 "Clarke 现象" 到 "Choking 现象"：关注优秀运动员重大比赛关键时刻失常问题

3.1 熟悉的 "Clarke 现象" 与陌生的 "Choking 现象"

Ron Clarke（1937-2015），澳大利亚人，20 世纪 60 年代世界著名中长跑运动员。Clarke 很早就显示出其长跑天才。19 岁时，在第 16 届墨尔本奥运会上就被选为开幕式圣火点燃者。Clarke 在 1963 年至 1968 年的 6 年中，先后 18 次打破和创造 3000 米到 20000 米的各项世界纪录，尤其是在 1965 年他创造了 27 分 39 秒 4 的 10000 米世界纪录，成为世界上破万米 28 分大关的第一人。1966 年，他创造了 13 分 16 秒 6 的 5000 米世界纪录，并保持了 6 年之久。由于 Clarke 在长跑项目中的卓越表现，美国的《田径新闻》和英国的《田径周刊》等著名体育刊物一致评选他为 1965 年 "世界最佳田径运动员"。

虽然 Clarke 是世界上公认的 "创纪录之王"（长跑），但他在整个运动生涯中，却从未在重大国际比赛中夺得过金牌，而仅在 1964 年东京奥运会上获得过 10000 米铜牌，这也是他在重大国际比赛中发挥最好的一次。后来人们借用他的名字，把本来实力很强、赛前夺标呼声很高的优秀运动员在正式的重大比赛中不能发挥正常水平而屡屡失利的现象，称为 "Clarke 现象"。

谈到 "Clarke 现象" 的命名，还有一段鲜为人知的小故事。在一次运动训练学课上，北京体育大学田麦久教授讲到了发生在 "Clarke" 身上的故事，当时他的一位研究生李益群听到后，受此启发进行了专题研究，并将这种情况正式命名为 "Clarke 现象"。从李益群最初的命名到后来这个术语出现在官方的报告（见袁伟民：中国奥运健儿扬威亚特兰大）中，表明大家对这种现象命名的认可。

《心理学报》2003 年第 2 期《为什么到手的金牌会 "飞走"：竞赛中

"Choking 现象"》一文提及竞赛中"Choking 现象"。[①] 什么是"Choking 现象"？心理学家观察发现，许多运动员，尤其是优秀运动员，在竞赛的关键时刻或最后时刻，且运动成绩与冠军有缘时，常常犯一些简单的错误。由于最后这一出人意料的失误导致快到手的金牌就这样"飞走"了。这种在比赛关键时刻或重大赛事中出现的"比赛失常"被认为是"Choking 现象"。

"Choking"一词来源于医学英文名词，描述生理上突然窒息现象。心理学引用"Choking"一词描述成绩下降或操作反常的现象。1981 年，国外一位运动心理学家开始用"Choking"来描述"比赛失常"现象，并将"Choking"定义为"运动员在比赛中不能表现出原有的运动水平"。后来，研究发现："Choking"不等于"比赛失常"，并不是所有的成绩下降都包括在"Choking"定义中。《为什么到手的金牌会'飞走'：竞赛中'Choking'现象》一文的作者王进（2003）认为："Choking"是在压力条件下，一种习惯的运动执行过程中发生衰变的现象。

3.2 "Choking 现象"研究结果的启示

目前，解释"Choking"现象主要有两种理论：一是"干扰理论"，即竞赛中认知比赛的重要性引起无关运动的信息不断打扰运动员，使其不能把注意力集中到比赛上，当要求做出反应时，由于没有足够的信息做出应答，最后导致操作失败；二是"自动执行理论"，即当运动员意识到比赛重要性时，便试图付出更大的努力来确保运动执行过程的正确性，然而，这种有意识地控制运动过程却引起了技能自动化执行受阻，使整个运动过程被破坏。

王进（2003）提出用"综合理论"来解释体育竞赛中的"Choking"现象，即要考虑运动的特征和技能的水平，对于开放性技能，适用于"干扰理论"来解释，而运动倾向于闭锁性技能，则适用于"自动执行理论"。另外，对于初、中级运动员，运动过程常常要求把注意力集中在运动技能的执行过程中，

---

① 王进. 为什么到手的金牌会"飞走"：竞赛中"Choking"现象 [J]. 心理学报，2003，35（2）：274–281.

如果不能集中注意力，则不能成功执行运动操作；对于高级运动员，当认识到比赛的重要性（如夺取冠军）时，其注意力通常被转向运动执行过程，以此来确认执行过程的正确性，然而高级运动员的技能执行已形成高度的自动化，如果有意识地控制运动过程，习惯的技能自动化过程则可能会被有意识的控制所破坏。也就是说，适用于"干扰理论"解释初、中级运动员的动作操作失败，而高级运动员比赛的失常则适用于"自动执行理论"。

以往一些运动心理学家建议，为了避免"Choking"现象，运动员应把注意力集中在任务的执行过程中，这样可以避免无关任务信息的干扰。然而，根据"自动执行理论"，这样的建议可能会增加"Choking"的机会，因为鼓励运动员注意任务执行过程，会引起有意识地控制技能自动化过程，从而破坏运动技能的自动化执行。"综合理论"则可以为运动实践中预防"Choking"提供可行性指导。依据这一理论，心理学家或教练员应建议初、中级运动员调整比赛中的情绪，减少紧张和焦虑，这样通常会有利于初、中级运动员避免干扰，集中注意，而对于高级运动员，强调一个适当的注意则显得更为重要。特别强调的是，"综合理论"意味着运动心理学家和教练员应该重新考虑传统的心理训练，如传统的理论使教练员相信，运动员在比赛中应把注意力放在任务的执行上，比赛中教练员通常要求运动员做一些有关运动过程的表象训练，但是实际上，这可能会增加高级运动员"Choking"的机会。

3.3　关注重大比赛中优秀选手关键时刻失常问题

我国一些优秀运动员（特别是射击和射箭选手）在以往参加重大比赛时，"Clarke 现象"或"Choking"现象屡有出现。由于一些优秀运动员在重大比赛（如奥运会等）的关键时刻出现失常，使得我国有些项目，如射击项目将即将到手的金牌拱手送给对手，射箭项目在冲击金牌过程中发生谁也想不到的意外事件，最后功亏一篑。曹景伟等（1997）研究发现，运动员竞技能力在重大比赛中临场表现的一般规律是，有 27.5% 选手超水平发挥，35% 选手正常发挥，另有 37.5% 选手发挥失常，出现所谓的 "Clarke 现象"。[①]

目前大家经常将在重大比赛中世界纪录保持者或世界冠军失手、老将落马的情况称为 "Clarke 现象"。运动训练学者把优秀运动员比赛失常现象命名为 "Clarke 现象"，并初步探讨了其成因。由于成因复杂和不清楚，因此在减少或消除 "Clarke 现象" 的过程中，"摸着石头过河" 的做法较为常见。过去由于对这种现象认识不足，也没有找到解决这种问题的有效办法，只是希望通过关键球练习或决赛练习等手段和措施来避免这种现象的发生，因此到现在效果也不明显。

由于我国一些优势项目在以往重大比赛中取得了很多优异成绩，也就是说有一些优秀运动员没有出现 "Clarke 现象" 或 "Choking" 现象，因此，少数运动员出现 "Clarke 现象" 或 "Choking" 现象也就没有引起应有的重视，在这个时候很容易出现所谓 "成功的经验被滥用或扩大化的问题"，忽略了个体差异，将某一个或几个项目运动员成功的经验上升到全体，使个体经验被简单地升华为科学理论，这样势必影响我们今后的训练和比赛。从这个意义上，"Choking" 现象的研究为解决优秀运动员重大比赛关键时刻发挥失常问题提供了一种思路，我们应该反思一下过去的做法。

与 "Clarke 现象" 或 "Choking" 现象相反的是，运动员在比赛中的最佳竞技状态，也就是我们经常讲的 "流畅状态"。实际上，流畅状态是可遇而不可求的，当你意识到它的存在，也就意味它的结束和消失；当你在比赛中刻意去寻找它时，它已经离你远去。每一个优秀运动员在他们的运动生涯中都会出现多次这种流畅状态，每一次都会给他们带来很好的成绩，但是如果他们在重大比赛中自我意识过强，这种流畅状态就不复存在，那样他们的比赛结果就会让大家失望。从这个意义上讲，教练员（而不是心理学家）如何采取综合的措施来帮助这些优秀运动员在重大比赛中进入这种流畅状态就显得非常重要。如果能从 "有意栽花，花不开；无心插柳，柳成荫" 这句话中感

---

① 曹景伟，曹莉. 奥运会项目总体发展态势和运动员竞技能力发挥率的探讨 [J]. 中国体育科技，1997，33（Z2）：2-6.

悟到什么，教练员和运动员可能就知道该怎么做了。

现在最大的难题就是，如何才能知道这些优秀运动员在比赛过程中是否进入流畅状态以及程度？可以肯定的是，目前现有的技术手段还无法做到这一点。在这种情况下，提醒一下，别忘了使用"不可忽视的宝藏——教练员经验"。

4　运动竞赛中"黑马现象"与"黑马心理"

4.1　直面"黑马现象"

在运动竞赛中，"黑马现象"屡见不鲜。比较典型的是，2000 年悉尼奥运会上射击选手蔡亚林、羽毛球选手吉新鹏等人的意外夺冠。这些赛前并不被看好的选手在大赛中出色的表现，创造了一个又一个的神话，给大家带来不断的惊喜。相反，一些赛前被大家共同看好、夺标呼声很高的"金牌选手"却纷纷败下阵来，让人们为之惋惜。这后一种情况还有一个只有中国人知道的名字"Clarke 现象"或外国人知道的名字"Choking 现象"。在每一届奥运会或任何一次世界比赛上屡屡出现"黑马现象"，在给观众带来惊喜的同时，参赛的一些知名选手却品尝到失败的苦涩，感受到了"烦恼、失望、沮丧、痛苦"。比赛期间的爆炸性新闻，大多是这类没有想到的事件，特别是"黑马"的出现。有人形容他们是"搅局者"，本来应该是这样的格局和成绩排序，但是实际比赛却是另外一种情况。有的人还为此愤愤不平，好像是老天的不公平。

实际上，这就是运动竞赛，这就是运动竞赛的魅力。运动竞赛的魅力之一就在于它的不确定性、随机性、偶然性。如果比赛结果事先就已经确定下来了，那么也就没有人观看比赛了。如果根据以往运动员比赛成绩就能左右比赛结果的话，运动竞赛就简单了，而实际情况恰恰相反。由于影响运动员比赛成绩的因素众多，使得比赛结果的变数加大，这也是为什么比赛预测和比赛实际结果容易出现比较大的差距的主要原因。也正由于此，才能吸引更多运动员参加到比赛中来争夺比赛的最终优胜。"黑马现象"让那些具有一定竞技实力的选手看到了夺取金牌的希望，也让那些冠军们感受到来自其他选手的强有力冲击，也使得运动竞赛悬念不断，激烈精彩。

4.2 解析"黑马"本色与"黑马"道路

什么是运动竞赛中的"黑马现象"？通常是指那些名不见经传的选手在比赛中脱颖而出、一举夺冠的情况。所谓名不见经传的选手是指那些具有较强的实力但是未在大赛中取得过优异成绩的运动员，具体到当今世界大赛，主要是指在此之前从未取得过世界冠军、世界比赛前三名或前八名等成绩的选手。由于世界比赛上的成绩一般，未受教练员、领导的高度重视，特别是媒体、公众的过多关注和过高期望，因而这些选手在没有人看好的情况下，带着冲劲去拼，少受外界和比赛结果的干扰，在世界大赛上能超水平发挥，并最终出人意料地夺取冠军或金牌。

长期以来，人们习惯在大赛前预测比赛结果，特别是金牌的归属，基本的思维是根据运动员以往取得的比赛成绩来判断金牌可能的得主。在这种情况下，那些以往取得过奥运会等世界大赛冠军的选手统统地被列入夺冠的"热门名单"，近期表现好或状态佳的则是"大热门"。于是乎，媒体开足马力进行宣传，将人们的目光集中到这样的选手身上。在热闹的宣传报道鼓动中，被预先设定为拿金牌的这些选手就开始坐不住、吃不下饭、睡不着觉了，而这些反常的举动只有身边的人和自己知道，外人是不了解的。一个好好的选手，被人们的金牌预测搞乱了阵脚，不知道怎样比赛了，"比赛一开始我就'木'，直到快结束时才找到感觉"，以这样的状态参加比赛能取得好成绩吗？从这个角度讲，大赛前风头强劲和呼声很高的选手或运动队比赛中"马失前蹄"痛失金牌也就好理解了。我们无法阻止人们的赛前金牌或成绩预测，但是我们能够采取措施不受他们的影响。这也就是我们经常所说的"我们无法改造环境，但是我们可以顺应环境"。

与此相反，其他的选手必然被冷落了。当然不排除在这些运动员当中有自己很在乎自己的个案，自己给自己施加巨大压力，导致比赛发挥不好。对于多数选手而言，能够安静地准备比赛，并在比赛中较少受外界不必要的干扰影响，从而正常地发挥自己的水平。在这个过程当中，个别运动员的"超常发挥"使得他们能力压群芳、独占鳌头，一举夺得冠军。对这种运动员，人们通常称"黑马"（dark horse）。

"黑马"的背景和身世是大家比较关注的话题。有人认为，"黑马"在这方面比较简单，甚至可以不闻不问。这种观点值得商榷。不是所有的选手都能成为"黑马"，成为"黑马"也是有条件的。比如就我国参加的奥运会比赛项目而言，"黑马"都出现在哪些运动项目上？很少出现在我国的落后项目上，当然，如果出现的话，人们还会说："这匹黑马要多黑有多黑。"通常比较容易出现在我国一些优势项目中暂时落后的小项（如男子步枪等）上以及潜优势项目中发展迅猛的小项（如跆拳道等）中，也就是说这些项目也是具有很强的竞争实力的，只是与其同项目的其他优势小项相比，拿冠军的次数和影响力不足罢了。

这里就引出这样的一个话题，对于我国那些欲冲击奥运会金牌的几个潜优势项目和个别落后项目，要圆奥运会金牌梦，必定要扮演"黑马"角色和走"黑马"道路，那么应具备什么样的条件呢？听到和看到最多的是，本来与世界先进水平有不小的差距，但也想冲击金牌，这种类型叫"想象型"；比较常见的是，已经与世界先进水平基本接近，并在有的时候偶有超越的运动项目，因此提出冲击奥运会金牌，实现奥运会金牌零的突破，这种类型叫作"希望型"；还有一种就是，已经在世界大赛上取得了几次冠军等一些好成绩，但是在奥运会上还没有大的作为，这种情况叫"可实现型"。

实际上，走"黑马"道路是一个过程，要分几个阶段。在国际大赛中成为"黑马"不仅需要世界水平的实力，也需要有很好的参赛能力，二者缺一不可。在某种程度上讲，培养运动员参赛能力要比提高选手竞技实力还要困难。现在大家都能认同"黑马"选手的出现得益于心理上的优势，但是较强的其他竞技能力也是必不可少的。在当前的大赛上，只有具备了很强的综合竞技能力，才可能成为"黑马"。平时训练成绩差或表现一般，却指望着在大赛中"放卫星"成为"黑马",这是一种不切实际的幻想。

4.3 关注"黑马心理"

现在,在审视"黑马现象"的时候,自觉不自觉地想到了"黑马心理"这个词,那么在大赛中成为"黑马"的心理是什么?是不是最佳竞技心理状态呢?思前想后,夺取冠军或实现优胜,不是最佳竞技心理状态还会是什么?而形成最佳竞技心理状态又与赛前心理准备有密切关系。我们花很长时间探讨如何进行赛前心理准备,并提出了很多理论与操作模式,但是到现在也不敢说就弄清楚和明白了。现在如果我们研究"黑马心理",揭开"黑马心理"形成与作用的神秘面纱,那么就会知道如何去进行运动员赛前心理准备以及赛中的心理状态调控,就可能减少运动员因这样或那样的"心理问题"导致的比赛失利。可以说,"黑马心理"就是我们孜孜以求的运动员比赛的最佳心理。就"黑马现象"而言,其"黑马心理"可能是最有研究价值的问题。因此,应该关注其形成特点及规律,并从中发现可供其他选手比赛应用的心理方法。

5 中国特色心理调节法的开发与实践

5.1 备战重大比赛是保持低调还是"唱高调"?

5.1.1 感受"唱高调"

过去在运动队下队服务时,参加过一些向上级领导汇报训练情况的会议,听到的都是形势一片大好的内容,很少有人能客观地分析训练与比赛中存在的问题;即使有,也不是主要的,大多是待遇和条件等方面问题;在谈到比赛目标时,毫无例外的是保证拿金牌,并且还不是一块,好像拿金牌这种事没什么难的;这样就把比赛的不确定性问题变成了确定性事件,把本来把握不大的事情人为地先变为"事实"。这好像是一种大家习惯了的做法，实际上这是在"唱高调"。如果大家会上唱完了高调，会后能保持低调也好，不会误事。可怕的是，在会后继续"唱高调"，而且还渗透到平时的训练中，直至最后影响到运动员的比赛发挥，并出现不该出现的所谓"高调出征，低调收场"的现象。

当然，这样做的目的是为了得到领导们的重视，争取到更多的训练经费。事实上，这种权宜之计可以解决一时之需，但是从今后长远的发展角度来讲，还得靠成绩来说话、办事，而要取得好成绩，这种"唱高调"的做法是行不通的。

5.1.2　保持低调与出成绩

何谓"低调"？通常是这样理解的："低调就是要有扎实工作的心态和作风，要把可能遇到的问题考虑得多一些，把困难估计充分一些，把转圈余地留得大一些。"按照这样的说法，可以发现，我们从事的许多工作，都需要低调。它是一种方式、作风，也是一种心态。有人也把它叫作"哀兵意识"。

回顾我国运动员参加奥运会的历史，可以发现有很多运动员深受"唱高调"其害，把本该到手的金牌拱手让给对手。这样不仅对国家和人民是一种损失，自己个人的发展也受到巨大打击。尽管这样"唱高调"当时并没有意识到或是不自觉的行为，但教训是极其深刻的。

在"唱高调"过程中，新闻媒体确实起到了推波助澜的作用。因此，人们在赛后指责媒体这种做法是不懂运动训练规律，是在帮倒忙，但这恰恰是在为自己寻找客观理由，是在推卸比赛失利的责任。如果不接受记者采访，如果在接受采访时出言谨慎，如果能保持低调的话，这些记者们决不会随便抬高运动员，吊起众人的胃口，让其承受巨大的心理压力，最后导致发挥失常。在这方面出现问题，责任在运动队和运动员自己，是管理不严的问题，是有关人员讲了不该讲的话。别因此害怕媒体，反感与憎恶媒体，这不是它们的错，要学会用好媒体来帮助我们出成绩。这真是"成亦媒体，败亦媒体"。

　　竞技运动是一种经常受到公众关注的社会活动，运动员由于优异的成绩可以一举成为"明星人物"，而在渲染和吹捧中，一个人或一个集体很容易迷失方向，找不到自我。这种状态对于运动员的参赛来讲则是致命的。有一些体育明星经常在"找不到北"的情况下，莫名其妙地输掉比赛。也许就是由于这种大赛失利的巨大打击，使他或他们清醒了，冷静了，从"天上或不上不下"重新回到"地面"来，拥有平常心，干起了平常事，领悟了"低调"做人做事的人生真谛。可以说能否从失败中觉悟出这个道理是运动员成熟的重要标志。

　　运动员出现这种起伏、波动是可以理解的，因为他们不成熟、不懂事。如果教练员出现这类问题就不好解释了，也不能让人理解。作为多年从事训练工作的"老手"，教练员经验丰富，知道如何帮助运动员去取得比赛胜利。经常听到人们对我国一些优势项目教练员"高高在上"的议论，这里面含有一定的嫉妒成分，也反映出在成绩面前保持"低调"的不容易。作为优势项目的教练员可能感觉不到自己的变化，但是别人则有很强烈的感受。因为你的一言一行都透射出心态上的巨大变化。的确，成绩在带给一些人荣誉、地位、金钱和自信的同时，也会让他们变得"骄傲、自满、霸道"，使人失去理智，变得非理性，感情用事，最可怕的就是完全失去正常的心态。进一步讲，这也就是为什么我国一些优势或潜优势项目大起大伏的根本原因，这些项目水平下滑不是由于创新不够、不重视后备力量等原因所致。

　　成绩是一把"双刃剑"，可以让我们暂时地"欢笑"，也会让我们永久地"伤心"。如何应对和利用它是我们大家面对的一个人生和事业的难题。

　　汉城奥运会失利以后，我国竞技体育决策层意识到问题出在我们对重大比赛的认识不清，盲目乐观，对比赛可能出现的问题估计不足，过高地估计我们的实力，通过媒体传递金牌指标信息误导了国人，使老百姓的期望值过高等方面，并且给后面的工作造成了很大的被动。从汉城奥运会后，中国竞技体育在备战重大比赛上一改过去"唱高调"的务虚做法，开始实施"低调"的务实策略，并在 1992 年以及后来的奥运会和亚运会等重大比赛上取得了令国人满意的成绩。

我们应该清楚，实力不是"唱高调"的本钱，唱高调的代价是巨大的。我国其他一些优势项目在参加重大比赛过程中没有因自身强大的实力而得意忘形，始终能够保持低调。现在来看，尽管项目上存在着很大的差异，但是在这一点上大家却是相同的。在高调与低调之间，中国射击选择了低调，并坚信低调比高调好。

5.2 运动心理调节方法

5.2.1 呼吸调节法

呼吸调节法要是用好了，还是有些短时效应的，因为在人所有的生理活动、内脏活动中，只有呼吸是能被人所控制的。可以让它慢一点，可以快一点，甚至可以暂时不呼吸。在比赛当中通过一些人为的呼吸调整，可以使人调整一些情绪上的变化，可以有一些作用。

在情绪紧张的时候，我们可以做一些深呼吸、放慢呼吸频率来消除或者减弱这种情绪紧张，达到镇静安神的效果。呼吸调节的方法是可以用的，而且很简单，也可以和日常活动结合起来。这种方法还是积极倡导的。

5.2.2 活动调节法

活动调节法传统的定义是通过转换运动员的注意力和减少不必要的外界信息的干扰来调节运动员的紧张情绪。这是一个最基本的表述。在教科书中，通常提到，当运动员比较紧张的时候，可以通过做赛前准备活动，做一些强度小、幅度大、速度慢的动作练习，通过一些外在的行为练习来调整运动员的身体和心理上的变化。这是传统意义上的活动调节法。

后来把这种传统的活动调节法进行了演绎，就是比赛期间吃东西。[①] 在1992年全国射箭锦标赛中山西女队就用这种方法，效果很好。韩国射箭运动员也在使用这种方法，他们在比赛期间吃干鱼片、瓜子，还有松子等。嘴里含一些东西也是常见的，像口香糖、火柴棍等。这是大家经常可以看到的。

---

① 石岩. 射击射箭运动新理念 [M]. 北京：人民体育出版社，2005.

关于吃东西，它不光是一种"活动嘴"的方法，实际上也是在转移运动员的注意力，让他找点事干。那么，吃什么？一般很少吃瓜子，因为吃瓜子太快，而吃松子比较费劲，这样运动员就很少想比赛。比赛过程中不是为了吃这些东西，主要是为了调节，把时间消耗掉，达到一种心理调节的目的，转移一下运动员注意力。有的运动员喝牛奶，这可能会对运动员的状态有一些消极的影响。喝水也最好不要大口大口地喝，喝水都是一小口，半天抿一口，半天再抿一口，都是一种"活动嘴"的办法。

人有的时候，在比赛这种高应激情境下，不能闲着，一闲着就没事找事，一闲着就胡思乱想。与其这样，还不如给他找点事做。让他吃点东西，嘴里嚼点儿东西，或是嗑点儿什么东西，嗑上半天，哪怕嗑个松子，一分钟把它嗑出来，那也就达到目的了，但吃什么有讲究。要明白为什么吃东西，吃什么这个问题就需要很好地去考虑。

总之，比赛期间别让运动员闲着，找点事干。让运动员听音乐，这是"活动耳朵"的方法；看书看报，是"活动眼睛"的办法；手也不让他闲着，手里边拿着东西，拿笔、吉祥物、弹壳、毛巾、帽子、水瓶等，反正不让运动员闲着，总得给他找点事干。这些都是活动调节的办法。原理就在那儿放着，围绕这个原理可以找很多事儿让运动员去做。还有的运动员喜欢在纸上用笔乱涂、画画或者折纸等。韩国运动员很喜欢做一些折纸游戏。还有人折火柴棍，如日本的一位著名棋手，比赛的时候拿着很多火柴来，一根根折，这也是在找事干。

运动队在参赛时，如果能自己做饭是最理想的，特别是到国外比赛，有时可以自己做点饭，这样可以打发时间，还可以做点比较可口的、自己爱吃的饭菜。有时不一定完全去餐厅去吃，去餐厅吃饭会空出大量的时间，使得运动员有富余时间去胡思乱想。当然可以利用这个时间去休息，可是比赛期间能休息吗？哪个人能休息好啊？你要叫他找点事干，把这个时间打发掉，可能是一种比较好的办法。过去韩国射箭运动员就是这样做的。2004年雅典奥运会比赛时，中国女排，还有一些其他队伍，也都是带上电饭锅，到那边适当地做点饭，特别是晚上或者来点儿加餐。这样做不是为了吃饭，而是通过这个活动来做一些比赛期间的调节，让运动员把那些余暇的时间都打发掉。

围棋国手，特别是那些高手，人手都有一把扇子，这个扇子好像是身份地位的象征。实际上，使用扇子是一种"活动手"的办法。像马晓春，他的扇子都不打开，但手里要拿着；聂卫平，叼一根烟的同时手里还拿着扇子；常昊，和他老师一样，手里也有把扇子……这是很有趣的一个现象。在比赛前或比赛间歇，拿把扇子扇一扇，或者手里有把扇子拿着，这是很有中国特色的"扇子方法"。扇子上通常有一些话，如"流水不争先""和谐""天道""无心""清逸""超越自我""自然流"等，也是围棋文化中的一种，是围棋选手在比赛中采取的一种调节方式。

在一次全国围棋赛场中有14把扇子，马晓春、常昊、聂卫平、周鹤洋、曹大元、俞斌等各带一把扇子，成为赛场的一道风景。这都是高水平的专业选手。业余选手很少有人敢拿扇子的，只有上海选手刘钧敢拿，因为他是世界业余围棋赛的冠军。就是高手们几乎人手一把扇子，但普通选手就不太注意这个问题，也许觉得还不到那个时候。高手为什么拿把扇子？实际上他们也觉得很紧张。在比赛中那些看似静的项目，实际上压力是非常大的。只要一动起来就会好一些，一动起来就可以缓解一些压力，而静下来是比较可怕的。在那么静的情况下，人的心理压力可能会达到最大值。

总之，比赛期间不能让运动员闲着。扇子是身边的东西，不会引起人们特别的注意，很多人认为这个很正常，不要有意识地弄一个东西。天气热，拿把扇子扇扇，凉快一下，顺理成章。其他季节也可以拿，谁也不会说你的，那是个人的行为。

5.2.3　肌肉放松调节法

这种方法主要是做一些生理放松，包括赛前的按摩放松等。

5.2.4　自我暗示法

自我暗示，大家也很熟悉。在认知训练中，有一些座右铭很好，有一些格言、名人警句也非常精辟。在网上有很多非常漂亮的名人名言和警句，选择一下就可以为运动员提供这方面的指导。每个运动员都应该有自己的座右铭，都应该有一些很好的格言和一些要学习的东西。这里面渗透着很多哲理，实际上是一种很好的认知训练。

5.2.5　言语宣泄法

2000 年悉尼奥运会上中国选手喊出"打死他们"这样一个口号，媒体对此大肆渲染，认为就是要"打死他们"，然后也有人对此提出质疑。有时人在比赛的强大压力刺激下，需要一种宣泄，在语言方面，有骂人或说脏话的倾向或行为。

第八章 运动员参赛压力应对

1 引言

运动员作为特殊的从业群体，具有训练周期长、投入大、易受伤、误学习、难成名等特征。无论在赛场内还是赛场外，他们除了经历生活中各种压力之外，还要面对参赛带来的重大压力。参赛心理压力主要是指在运动竞赛情况中，运动员受到威胁性竞争目标的刺激而产生的一系列主观体验。[①]

竞技运动的瞬时性和不可预测性使其始终与压力相伴。David Hemery（1968）在墨西哥奥运会400米栏比赛前的感受中描述到：站在起跑器后，我连咽一口唾沫都非常困难，我从未感受过如此可怕的压力；Jack Nicklaus（1964）在论及高尔夫击球入洞时说：沿着光滑的平面把一枚1.68英寸的小球滚进一个直径为4.5英寸的洞内并不需要太多的技巧，但重大的冠军赛中要完成这个任务时，百分之九十的回合中手都会发颤。

倒U形理论指出中等的唤醒水平更有利于竞技水平的发挥，良性兴奋能提升运动员的积极性，促使运动员达到最佳的竞技状态，过低的唤醒水平则会导致习惯形成率低，过高的唤醒水平则会使人体过度消耗潜在的能量储备，使调节功能发生紊乱，给生理、认知、情绪情感、行为等方面带来消极

---

① 孙国晓，张力为．竞赛压力、注意控制与运动表现关系的理论演进 [J]．心理科学进展，2021，29（6）：1122–1130．

影响。①②

　　压力下有些运动员与冠军多次失之交臂。美国射击运动员 Matthew Emmons 曾创 50 米运动步枪三种姿势少年世界纪录，在 2001 年世界杯曾一人包揽男子步枪 3 个项目的金牌，随后在 2002 年世锦赛上获得卧射冠军，但仍躲不过雅典、北京和伦敦三度失利的奥运"魔咒"。Matthew Emmons 在三次可以轻松制胜的关键时刻错失金牌。张力为（2008）认为"太想成功形成的过度紧张，导致了 Matthew Emmons 的技术变形。运动员在长时间精神高度紧张的情况下，中枢神经的工作就会受到干扰，势必会影响运动员的体能，体能的下降会影响运动员的比赛成绩"，而有些运动员可以在压力之下化危机为转机。第九届全运会羽毛球男子双打决赛中，张尉和王伟在与对手进行到第三盘决赛时，一路领先，只差 3 分便拿下比赛，突然，张尉在一次回击中，球拍弦忽然断了两根，这意味着下一次击出的球将无法控制，压力之下的他与同伴战术配合，分散对手注意力的同时抓起备用球拍投入比赛，顺利拿下了这 1 分，并最终获得冠军。

　　赛场上的压力也是运动员参赛的一部分，最理想的情况是运动员无论有无压力都能发挥稳定的竞技水平。为了使运动员有效地应对压力，本章从理论与实践两个方面对压力应对展开论述，理论部分旨在明晰压力源、压力、认知评价、应对的定义与关联；实践部分旨在梳理优秀运动员压力应对的方式，为教练员与运动员提供压力应对训练的实践指导，促使运动员在压力的状态下依旧能够处于最佳的竞技状态。

---

① 李清清，朱晓燕，刘霎蓉．运动员压力对心理疲劳的影响：自动思维与感知社会支持的链式中介作用 [J]. 福建体育科技，2021，40（4）：25-29.

② 邵斌，吴南菲．大赛前高水平运动员心理压力的成因研究 [J]. 上海体育学院学报，2003，27（3）：49-53.

2　运动员参赛压力应对的理论基础

心理学研究不仅揭示压力对人的生活、学习和工作的影响，而且就压力、压力源、和应对方式及其影响因素的解释提出了许多理论，主要有美国心理学家 Walter Bradford Cannon（1929）提出的战斗或逃跑理论（Fight-or-flight response），发现机体经一系列的神经和腺体反应将被引发应激，使躯体做好防御、挣扎或者逃跑的准备[①]；加拿大生理学家 Hans Selye（1936）提出压力加工三阶段理论，将此过程称为一般适应综合征（general adaptation syndrome，GAS），又称为全身适应综合征。GAS 可分为警觉期（alarm stage）、抵抗期（resistance stage）、衰竭期（exhaustion stage）三个时期[②]；美国心理学家 Richard S. Lazarus（1966）在前人基础上提出情绪认知评价理论，并强调了评价在应对中的重要作用[③]，突破了特质论的局限，这一过程论的提出对以往的应对特质观是一个有意义的补充和完善。

Richard S. Lazarus（1984）整合行为医学、情绪、压力管理、治疗以及生命发展等诸多方面的内容，融合了二十多年的研究进展提出认知交互作用的压力模型（图 8-1）。该模型成为指导临床工作者、社会工作者，以及心理学、医学、社会学、人类学等相关领域研究压力应对的理论基础。[④]

---

① CANNON W B. The way of an investigator: a scientist's experiences in medical research[M]. W.W. Norton, 1945.

② SELYE H.Stress and the General Adaptation Syndrome[J]. British Medical Journal, 1950, 1(4667): 1383-1392.

③ LAZARUS R, FOLKMAN S. Psychological stress and the coping process[J]. Science, 1966, 156.

④ FOLKMAN S. Stress, appraisal, and coping[J]. Springer New York, 1984.

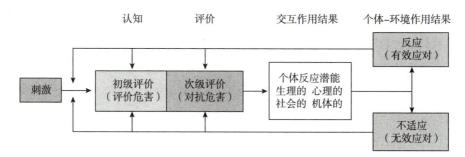

图 8-1　认知交互作用的压力模型（Richard S. Lazarus，1984）

　　压力是以认知评价为核心的个体与环境的交互作用的过程，也就是说压力是一个人的评价过程的结果。压力与适应过程（图 8-2）由压力源、对压力源的认知评价、应对和压力反应四个基本环节构成，其适应过程为：压力源作用于个体后，能否产生压力，会经过认知评价，即评价此压力源是有益的、无关的、还是有压力的，当评估为有压力的（伤害、威胁、挑战），便会根据认知评价的结果进行具体的应对（解决问题、缓解情绪），最后产生应对的结果（生活观念、适应能力、身心健康）。

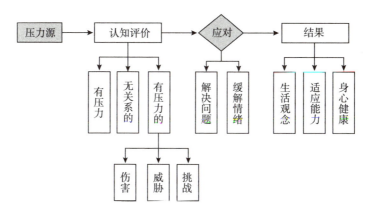

图 8-2　压力与适应过程（Richard S. Lazarus，1970）

　　认知交互作用的核心为压力的产生取决于两次评价，在第一次评价中，个体考察所面临的情景事件对自己的重要性，在第二次评价中，个体考察的是自己所具有的压力应对资源。在认知交互作用的压力模型下，对外界刺激的认知评价是非常重要的。遇到问题时：如果我们的评价是不可战胜、不可改变，我们就会本能地选择逃避；如果我们对问题的评价是可以改变的，那么我们就会想尽办法去改变刺激物，按照我们自己的想法让环境发生改变。

值得注意的是，Richard S. Lazarus（1986）指出应对也是一个变化的过程，它随着情景的改变而变化，也随着时间的改变而变化，不是如传统研究者所认为的：应对是一种个性特征或一种固定模式。[①]

2.1　压力源

压力源（Stressor）是指引起压力反应的各种事件或环境，也就是说对个体有威胁的事件或环境。Braunstein, J.J 将压力源分为四类（表 8-1）。

表 8-1　压力源的分类

分类	主要内容
生理压力源（physiological stressor）	直接作用于躯体而产生压力反应的刺激物，如物理、化学、生物刺激等。
心理压力源（mental stressor）	来自人们头脑中的紧张性信息，如心理冲突、挫折等。
社会压力源（social stressor）	个人性压力源，如生活事件、生活琐事、灾难性事件、自然灾害、战争、恐怖事件、空气和噪声污染等。
文化压力源（cultural stressor）	主要源于社会文化环境的改变，如语言、风俗、信仰、社会价值观念的变化等。

聚焦于运动员这一群体，其生理压力源、心理压力源、社会压力源、文化压力源四方面的压力源[②]，分别来源于不同的方面（表 8-2）。

表 8-2　运动员压力源的分类

分类	主要内容
生理压力源（physiological stressor）	训练强度大、集训期困扰、运动损伤、体重问题

---

① LAZARUS R S. Emotion and Adaptation[M]. Basic Books, 1991.

② 冯家榆 (Chia-Yu Feng). 优秀运动员压力来源之质性研究 [J]. Nephron Clinical Practice, 2007(1): 13–21.

续表

分类	主要内容
心理压力源（mental stressor）	以往失败经历、比赛处境困扰、缺乏自信心、缺乏自控力
社会压力源（social stressor）	学业工作担忧、人际交往困扰、表现被批评、冠军头衔
文化压力源（cultural stressor）	公众不认同、组织不健全、就业歧视、职业偏见

2.2 压力

压力（stress）或译应激、紧张，既不是环境刺激，也不是个人的性格，更不仅仅是一种反映，而是在需求与不以疯狂或死亡为代价的处理需求的能力之间的关系，包含三个重点：（1）压力是一种交流状态（transaction）是个人与环境之间的关系；（2）交流的重点是评估个人的心理情境；（3）该情境必须为构成威胁的、挑战的或有害的。

Richard S. Lazarus（1984）认为是主观压力而不是客观压力产生问题的，也就是说，事件是否会产生压力就看人们如何诠释它，只有人们感觉到他们无法应对环境的要求时才会产生压力。

压力是一种人和环境的特殊关系，该环境被个体认为是某种负担，或被评价为超越了他（她）能力并危害着他或她的健康。他强调在相同强度的压力源作用之下压力反应的可塑性和个体差异性，引入了"认知—评价—关系"的中介机制①，并特别强调研究压力的情绪反应，这将比过去对压力反应的弹性或伸缩性的压力–张力物理性质的胡克定律更易理解，更加符合人性与心理学规律。

压力是个体与环境相互作用的产物。如果内外环境刺激超过自身的应对能力及应对资源时，就会产生压力。压力只有在环境需求超过了个人处理需求的能力时才存在。这种关系在个体耗尽其资源或者威胁到其利益时出现。如果某人应对能力很强，压力便不会产生，即使是旁人可能把这种需求看成

---

① FOLKMAN S. Stress, appraisal, and coping[J]. Springer New York, 1984.

了应对的极限。如果某人应对能力很弱，压力就会产生，即使在旁人看来这种需求会轻易解决。

综上所述，可以使运动员产生压力的并不是各种压力源，运动员心理压力的产生，主要取决于运动员对压力的认知评价和应对。

2.3 认知评价

认知评价（Cognitive appraisal）是指个体觉察到情境对自身是否有影响的认知过程，包括对压力源的确定、思考和期待，以及对自身应对能力的评价，主要的心理活动包括感知、思考、推理及决策等，它包含初评价（Primary appraisal）、次评价（Secondary appraisal）及再评价（Re-appraisal）三个阶段（图8-3）。

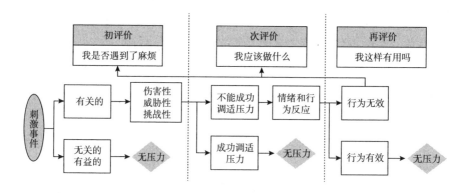

图8-3 认知评价过程图（Richard S. Lazarus，1970）

2.3.1 初评价

初评价初步判断事情的性质与自己是无关的、有关的还是有益的，主要评估压力来源的严重性。这不是最必要的，但是在次序上是最先要做的。人会在潜意识中思考"发生了什么事？""这件事对我而言是严重的、好的、坏的还是无关紧要的？"。此时的评估结果如果是"重要的"，并非"无关紧要的"，人就会继续展开第二阶段的评估。例如，人们在公园里和森林里看见熊时会产生不同的情绪，这是由于初评价不同。公园里的熊被评价为安全的，而森林里的熊却被评价为危险的。

初评价有三种结果：（1）无关的，刺激事件被评价为与个人的利害无关，这一评价过程立即结束；（2）有益的，情境被解释为对个人有保护的价值，这类评价表征为愉快、舒畅、兴奋、安宁等情绪；（3）有压力的，情境被解释为会使人受伤害，产生失落、威胁或挑战的感觉。严重的紧张性评价表征为压力。它们可以是实际上的，包含着直接行动，如回避或攻击行为；也可以是观念上的。人为了改变与环境之间的关系，用这样的方法去接近或延续现存的良好条件，或去减少或排除存在的威胁。

影响初评价的因素主要有三个：一是个体的情绪性，认为情绪与认知过程存在着相互作用；二是情境的不确定性，有研究表明，当个体无法预测事件的发展进程时，则会经历慢性唤醒，带来压力反应；三是情境的意义评价，即个人建构和图式的差异影响着个体对潜在应激源的认知评价。

2.3.2　次评价

当我们处于危险之中，无论是威胁还是挑战，必须采取措施来控制局面。在这种情况下，进一步的评级形式变得突出，即评价什么是可以并且能够做的，我们称之为次级评价。

次评价不仅仅是一种智力活动，它可以发现所有能够做的事情，是一种控制判断，包括评估一种特定的应对选择是否会达到预期的效果，是否能有效地应用某一特定策略或一组策略，即初级评估之后，对自己控制状况或处理伤害、威胁、挑战的能力形成了自我的印象。此时会思考三个问题："什么样的选择最可行？""我可以用哪些策略来减轻压力？""有效吗？"例如，同是在森林里遇见一只熊，如果手持枪支或力大艺高，所产生的恐惧就小，如果赤手空拳或身体孱弱，所产生的恐惧就大，这是由于次评价不同。

2.3.3　再评价

再评价是指个体由于从环境中获取了可以减少或增加个体压力的新信息，或者从个体自身反应中获取了信息而导致原有的评价发生了改变，是基于环境或人的新信息而变化了的评价，它是在先前的基础上做出的评价。例如，猎人在森林里遇到熊，开始时轻敌会产生骄傲和大意，随后交手吃亏了，就要认真对待了。这是再评价对初评价和次评价的调整。如果再评价结果表明行为无效或不适宜，人们就会调整自己对刺激事件的次评价甚至初评价，并相应地调整自己的情绪和行为反应。再评价不一定每次都会减轻压力，有时也会加重压力。

认知评价强调如果面对应激事件，人的最初反应是对应激事件进行评价，之后还会对自己所拥有的应对资源进行评价，即自己能够应对还是可以寻求他人的帮助得到解决，然后才会采用具体的应对。[①]

2.4   压力应对

应对（Coping）是应用行为或认知的方法努力处理环境与人内部之间的需求，解决二者之间的冲突，主要有解决问题或缓解情绪两种功能。

2.4.1   应对的分类与方法

根据应对的功能可将应对分为以下两类：一类是以问题为中心的应对（problem focused coping），即我怎样把这个问题给解决了；一类是以情绪为中心的应对（emotional focused coping），即怎样调整我自己的情绪。[②]应对取决于是否能够做些什么来改变处境的评价，如果评价为可以做一些事，以问题为中心的应对就会处于主要地位，即当个体所面临的情况被评价为是可以由自己的行为控制的，以问题为中心的应对将占主导。如果评价是什么都不能做，以情绪为中心的应对就会处于主要地位，即当个体认为自己无法改变局势时，以情绪为中心的应对将占主导。

（1）以问题为中心的应对是通过改变个体行为或改变环境条件来对抗压力源

当经过一定的努力可以找到解决问题的方案时，建议采用以问题为中心的应对。例如，在竞技比赛中，球拍突然断裂，面对比赛的持续进行，和击

---

① LAZARUS R S , LAZARUS BN. Passion and Reason: Making Sense of Our Emotions[M]. Oxfordshire: Oxford University Press, 1994.

② FOLKMAN S. Stress, appraisal, and coping[J]. Springer New York, 1984.

球后方向的不确定，是选择放弃还是备用球拍的补救（可控），即以问题为中心的应对。

以问题为中心的努力往往指向定义问题，产生替代性的解决方案，根据成本和收益来权衡替代方案，在其中做出选择，并采取行动。它在一定程度上取决于所处理问题的类型，因此，适应于各种情境的以问题为中心的应对的数量比较有限。

以问题为中心的应对方法主要有：①事先应对：获得信息，建立一种行动规划，想象预演或实际角色扮演，自我调整；②寻求社会支持：给予信息及指导，给予关怀、影响和教育，提供鼓励与保证。

（2）以情绪为中心的应对是降低烦恼并维持一个适当的内部状态以便较好地处理各种信息的方法

即使努力也不一定能解决问题或者很难在短时间内解决，需要采取以情绪为中心的应对。例如，运动员在一场比赛前，因对赛场上自身水平发挥的担忧而产生紧张的情绪，此时只能调节情绪缓解紧张，因为事情尚未发生，即以情绪为中心的应对。

以情绪为中心的应对主要由大部分旨在减少情绪痛苦的认知过程（来源于防御过程，几乎作用于每种类型的压力性事件中）和少部分增加情绪痛苦的认知过程（有些人感觉更好之前需要感觉更糟，他们会不断进行自责或其他形式的自我惩罚，以便让自己行动起来，就像运动员在比赛中要"振作精神"一样）所组成。

以情绪为中心的应对方法有：①防御机制：自觉或不自觉地逃避烦恼，减轻内心不安；②重新评价情境或认知性再评价：集中思考积极方面分散对消极面的注意，增加对威胁情境的控制能力；③降低或减轻压力：镇静剂的应用，体力锻炼，深度松弛。

综上所述，尽管两种方式被认为是完全不同的，但在大多数压力性情景中，个体可能同时使用两种应对方式，其具体的应对方式可通过测量得出。

2.4.2 应对测量

应对测量主要有心理生理测量、行为测量、自陈报告测量三种测量方法。

心理生理测量：一些研究者常运用脉搏、血压、呼吸频率、肾上腺素、肌电、皮肤肌电等心理生理指标来进行应对测量。该测量方法的优点是进行生理心理指标测量，不涉及语言表达，几乎所有的心理生理指标都可与行为表现一起同步进行，适用广泛。缺点是指标变化反映了被试者应对行为的发生及强度，但无法区分是问题应对还是情绪应对。例如，心率上升可能标志着情绪指向应对的出现，也可能是问题指向应对。

行为测量：运动员在采取具体的应对措施时，通过教练员或者熟悉的同伴的直观判断，来确定具体采用了何种应对方式。此测量不需要既定的程序并且测量直观但前提是施测者与被试之间有一定了解。缺点是必须同时考虑行为依赖于情境和一个简单行为在应对上具有不确定性，因而把行为作为应对测量的指标仍是一种假设。例如，尽管看到一名篮球运动员在比赛中勇敢地逼抢封堵，并将对方队员撞倒在地，但无法确定他是一种正常的动作行为还是一种具有报复攻击性的应对行为。

自陈报告测量：前两种测量尚不成熟，并且对施测者和被试的要求较高。因此，目前更多的是采用自陈报告测量。国际上使用较为广泛的是 Folkman 和 Lazarus（1988）编制的应对量表（the Ways of Coping Questionnaire，简称 WOCQ）。[①] WOCQ 由八个维度 67 条关于思维和行为的陈述组成，测查在一个特定的压力情境下个体是否会使用某些思维和行为以及会使用到什么程度。WOCQ 把应对分为八个维度：面对（confrontive）、远离（distancing）、自我控制（self controlling）、寻求支持（seeking social support）、接受责任（accepting responsbility）、逃避（escape-avoidance）、有计划解决（planful problem solving）以及积极回应（positive reappraisal）。这八个维度应对又可分为两大类：以问题为中心的应对和以情绪为中心的应对，前者指直接解决事件或改变情境的应对活动，后者指解决自身情绪反应的应对活动。Folkman 和 Lazarus 是从情境特异性来看待应对方式的，在他们看来，个体面对应激事件时的应对，和情境紧密联系在一起。

---

① LAZARUS R S. Coping with aging: Individuality as a key to understanding[M]. 1998.

随着测试项目与测试人员的变化，为增强量表的适用性与测量结果的准确性与有效性，我国的学者对此量表进行了汉化，并在此基础上以我国优秀运动员为核心，展开研究，修订并编制了本土化的应对量表。一致性系数较高的量表主要有《运动员 COPE 量表》[①]《中国运动员应对量表》[②] 等。

仅通过应对量表 WOCQ 的测量往往会忽视人格特质对运动员应对方式的影响。运动员压力应对方式也会受到人格特质的影响，如心理韧性强的运动员在应对压力时倾向于使用以问题为中心的应对方式[③]；外向性、情绪稳定性和开放性程度高的运动员倾向于以问题为中心的应对方式；外向性、尽责性、开放性和宜人性程度高的运动员倾向于以情绪为中心的应对方式[④]。对此，需要结合人格特质的量表（NEO-FFI、NEO PI-R 等）多方面地对运动员应对方式进行更加准确的测量。

3　运动员参赛压力应对的实践指导

胡志等（2011）对 168 名专业运动员比赛应对方式获取途径进行调查。结果表明：运动员比赛应对方式获取途径主要源自 7 个方面（运动员以往的比赛经验、他人的做法、教练员指导、运动员习惯化动作、个性使然、自我学习总结、心理技能训练）[⑤]。其中，最具影响力的是运动员以往的比赛经验、

---

① 谭先明，樊西宁 . COPE 量表对运动员的测试与评价 [J]. 广州体育学院学报，2001，21(2)：52–56.

② 钟伯光，姒刚彦，李庆珠，刘皓 . "中国运动员应激应对量表"的编制及检验 [J]. 中国运动医学杂志，2004，23(4)：356–362.

③ NICHOLLS A R, POLMAN R C J, Levy A R, et al. Mental toughness, optimism, pessimism, and coping among athletes[J]. Personality and individual differences, 2008, 44(5): 1182–1192.

④ ALLEN M S, Greenlees I, Jones M. An investigation of the five–factor model of personality and coping behaviour in sport[J]. Journal of Sports Sciences, 2011, 29(8): 841–850.

⑤ 胡志，黎晓勇 . 我国篮球运动员比赛应对方式特点的初步研究 [J]. 中国体育科技，2007，43(2)：98–100 ＋ 105.

他人的做法和教练员的指导。

3.1 优秀运动员参赛压力应对

根据田麦久[①]提出的项群理论分别展开进行表述。

3.1.1 体能主导类力量性

女子举重奥运会冠军陈艳青（2012）通过回顾自己运动成长的历程，以翻阅个人日记的形式来搜集在个人成长与发展过程中的压力事件，反省自己所遭遇的压力以及针对各种压力所采取的应对。[②]研究结果表明：在陈艳青运动生涯中，主要有生理压力（持续努力、社会支持、自我激励、积极思维）、生活压力（持续努力、解决问题、自我激励、情感支持）、训练压力（持续努力、认知重构、自我激励、自我暗示）、比赛压力（社会支持、认知重构、忽视压力、情绪放松）四个方面的压力，在其每一方面压力的应对中都采用了问题和情绪两种应对方式。运动员针对不同的压力源所采取的应对也有所不同，间接得出适应所有压力源的特定应对几乎是不存在的，因此运动员或许可以通过储存大量的应对，来应对多元化的压力源。

3.1.2 体能主导类速度性

侯广安（2017）通过对短道速滑运动员压力应对方式的现状进行研究，其在设计中将短道速滑运动员分成普通组与优秀组两组。[③]通过对结果的比较发现，优秀组的短道速滑运动员相对于普通组的短道速滑运动员使用情绪应对的方式比率更大一些，这与其他项目表现出明显的差异。

3.1.3 体能主导类耐力性

女子帆板奥运会冠军殷剑（2008）对 11 名国家帆船队队员（运动年限

---

① 田麦久 . 项群训练理论的创立与发展 1983–2013[M]. 北京：北京体育大学出版社，2013：265.

② 陈艳青 . 女子举重运动员应对压力的自我叙事研究 [D]. 苏州：苏州大学，2012.

③ 侯广安 . 短道速滑运动员赛前焦虑、压力应对和心理控制与运动成绩的关系研究 [D]. 吉林：吉林大学，2017.

超过十年以上，并且运动成绩都保持在全国前三的水平）进行访谈，了解中国帆船选手压力来源的同时分析其压力应对。研究结果表明：帆船运动员一般会根据个人的独特方式进行应对，其面对压力时的应对策略及使用频率是社会支持 72.73%、思想控制 90.91%、赛前心理准备 54.55% 和集中注意力 90.91%。[①] 可见，运动员除运用到两种应对方式之外，不同的运动员在应对上存在着明显的个体差异，间接表明优秀运动员的应对方式并不是千篇一律的。

3.1.4 技能主导类表现难美性

Gould（1993）访谈了 17 名当时的或以前的花样滑冰全国冠军，旨在识别和描述他们所运用的应对策略，并指出应用这些应对与压力源之间的关系。[②] 研究结果表明：运动员既运用到以问题为中心的应对（problem-focused coping）也用到了以情绪为中心的应对（emotion-focused coping），其中包含多种应对。其具体的应对为以问题为中心的应对（社会支持、提前修正、时间管理、苦练巧练）和以情绪为中心的应对（理性思维、聚焦积极思维、赛前心理准备、忽视压力）。这些应对与压力源有很大的关系，压力源不同，所运用的应对也不同，如同一把钥匙打开一把锁。赛前更倾向于以情绪为中心的应对（比赛期望、发挥水平、运动员相互间、与对手的比较）；赛中更倾向于以问题为中心的应对（暂时的落后、发挥失常、赛场突发事件）。

3.1.5 技能主导类表现准确性

谭先明（1999）为探究我国射箭运动员压力下的应对策略，采用了心理量表对 39 名射箭运动员进行研究。研究结果表明：运动员的专业水平不同所使用的压力应对策略也有所不同，专业水平高的运动员多采用以问题为中心的应对方式；男女运动员应对方式也有所不同，男性比女性更易使用以问题

---

① 殷剑. 帆板运动员竞赛压力来源与应对策略的质性研究 [D]. 成都：成都体育学院，2012.

② GOULD D, FINCH L M, JACKSON S A.Coping strategies used by national champion figure skaters[J] Research quarterly for exercise and sport, 1993, 64(4): 453-68.

为中心的应对方式；运动员的个性特征与应对方式的相关性比较明显。[①]

3.1.6　技能主导类同场对抗性

李静（2008）采用半结构访谈法对我国职业足球运动员的压力与应对策略进行了探究。[②] 研究结果表明：针对所面临的压力，运动员所采用的具体应对方式为以情绪为中心的应对（积极准备、宣泄）与以问题为中心的应对（寻求社会支持与忍受）。

3.1.7　技能主导类隔网对抗性

女子乒乓球奥运会冠军陈静（2007）对我国 10 名国家队顶尖乒乓球选手进行深度访谈，以此来探究集训期间优秀乒乓球运动员压力应对策略。[③] 研究结果表明：乒乓球选手运用到了以情绪为中心的应对（社会支持）和以问题为中心的应对（思想控制、赛前心理准备、专注于当下），但更加倾向于以情绪为中心的应对方式，无论国外还是国内的运动员赛前准备都更倾向于以情绪为中心的应对。综上，优秀运动员在赛前准备期间更倾向使用以情绪为中心的应对，这与 Gould 的研究结果高度一致。

3.1.8　技能主导类格斗对抗性

Gould（1993）对 20 名美国奥林匹克摔跤运动员进行访谈，询问他们在奥运会中如何应对逆境中未预见的事件。[④] 研究结果表明：运动员除运用到问题和情绪两种应对方式外，摔跤运动员的成绩越好他们运用应对的自动化程度就越高，并且通过练习可以获得此项技能。一位成功的奥运会摔跤运动员说："我一直坚持练习的一件事就是绝不让任何事情干扰我在某个锦标赛中

① 谭先明，王英，蔡建兵. 残疾人射箭运动员心理健康与心理应激、个性特征、应对方式的研究 [J]. 首都体育学院学报，2013，25（1）：81–83+89.

② 李静，刘贺，苏煜. 我国职业足球运动员的压力来源与应对策略研究 [J]. 浙江体育科学，2008，30（6）：128–131.

③ 陈静，温红博. 优秀乒乓球运动员压力来源与应对的质性研究 [J]. 广东技术师范学院学报，2007，26（7）：49–55.

④ GOULD D, EKLUND R C, JACKSON S A. Coping strategies used by U.S. Olympic wrestlers[J]. Research quarterly for exercise and sport, 1993, 64(1): 83–93.

希望达到的目标。所以当有些事似乎会对我产生干扰时，我就会采取所练习使用的应对，它能自动产生使我排除一切干扰，全神贯注于比赛"。

3.1.9　技能主导类轮转攻防对抗性

陈志函（2019）对六位 2014 仁川亚运棒球代表队的投手进行访谈，探究其在面临压力的情况下如何进行压力应对。[①]研究结果得出：棒球运动员的压力主要表现在赛前与赛中阶段，赛前的压力来源有赛事规模大小、对手的优异实力与地主优势、自我期许过高、观众的影响、代表国家荣誉、社会及球迷的期待等；比赛中的压力来源有自我状况不理想、对手的良好表现、媒体的关注、球数落后等。针对不同的压力运动员分别采用了以问题为中心的应对（目标设定，成功旧经验的复制与转化等策略）与以情绪为中心的应对（积极的自我对话、呼吸的调整、意象的模拟等），具体特征为赛前多使用以情绪为中心的应对，赛中多使用以问题为中心的应对，与其他项目研究得出结果相一致。

综上所述，国内外优秀运动员进行压力应对时，呈现出四个特点：（1）优秀运动员进行压力应对时他们都运用到了以问题为中心和以情绪为中心两种应对方式；（2）针对项目、压力源、性别、性格的不同，优秀运动员个体间的应对呈现出一定的差异；（3）在准备阶段，更多采用以情绪为中心的应对；在比赛阶段，更多采用以问题为中心的应对；（4）运动员的应对技能可以通过长时间训练达到自动化程度。

3.2　运动员参赛压力应对的训练及教练员指导

3.2.1　运动员压力应对的训练

运动员应对方式的获得除了学习优秀运动员的应对之外，自身的应对经验也是十分重要的，因此在压力应对训练时，自身需要注意：

---

① 陈志函（Chih-Han Chen），汤登凯（Den-Kai Tang），杨鸿文（Hung-Wen Yang），等 . 2014 仁川亚运投手压力管理策略之质性研究 [J]. 休闲运动健康评论，2019，8（1）：1-18.

（1）运动员要根据压力的特殊来源选择应对。如果运动员对压力的来源束手无策，那么以情绪为中心的应对或许最适宜（如通过集中注意力或放松技术来控制压力）；如果运动员具有改变或影响压力的潜力（如通过学会确立任务的优先权来降低对时间的关注并更好地管理时间），那么以问题为中心的应对或许是最适宜的方法。

（2）运动员要找出适合自己并能成功应对压力的方法。可以通过小组讨论（如怎样处理不辜负他人的期望这种想法带来的压力；从事体操和花样滑冰之类的运动员怎样处理由于必须保持较轻的体重和特定的身体形象而带来的压力）。在这些讨论中，运动员们相互道出他们所关心问题和可能有效的应对，他们就可以相互学到许多东西。然而，必须指出的是，当参加讨论的运动员们相互间不存在直接竞争时，这种方法才最有效，如即将退役的运动员与少年运动员进行交流。

（3）运动员要注重问题和情绪应对的同时发展。早在 1964 年东京奥运会男子 10000 米比赛中，Ron Clark 是最有希望获胜的选手，然而，夺冠的竟是美国印第安人 Billy Mills，这是自 1980 年以来第一位获得长跑冠军的美国人。虽然 Billy Mills 获得冠军本身令人吃惊，但是他同时使用问题和情绪应对的心理技能让整个事件更加引人注目，特别在当时运动心理学还没有像如今这样广为人知的情况下。竞技体育中，如果较大情绪波动没有得到很好的应对，将会产生蝴蝶效应，阻碍赛场上具体问题的应对，致使行为失常，不能够认同比赛过程中使用的自动化适应行为或防御机制，最终影响比赛成绩。对此，运动员需要同时发展问题和情绪关注应对。[①]

3.2.2　运动员参赛压力应对的教练员指导

训练中，与运动员相处时间最长的就是教练员，教练员的训练方式潜移默化地影响着运动员，因此教练员在训练时需要考虑：

（1）教练员需要增进运动员的应对意识。设想在赛前、赛中可能发生的

---

① 哈代，琼斯，古尔德 . 运动心理准备的理论与实践 [M]. 宋湘勤，殷恒婵，马强，译 . 北京：北京体育大学出版社，2011.

意外事件（交通、知觉到裁判的误判、赛场气氛、观众行为等），探讨出适宜的能有效对付潜在压力源的应对，做到未雨绸缪。①

（2）教练员需要为运动员设计个性化的压力应对。指导运动员学习优秀运动员的应对，但是必须通过运动员亲自尝试使用这些应对并修订、改善赋予对应自身的个性，使其更适合所指导的运动员。NBA 历史上首位带领七支不同的球队杀入季后赛的 Larry Brown 教练，他曾接手了一支队伍，这支队伍中的很多人在前一年的 NCAA 决赛中被打败而受挫。在 Larry Brown 接手的第一年就带领这支队伍打进决赛并获得了 NCAA 的冠军。究其原因是他在需要的时候督促队员，并不是每个队员都同样对待，而是对队员们采用有针对性、个性化的辅导方法，用对每个队员最合适的应对和数量来使队员成绩达到他们的最高水平。

（3）教练员需要加强运动员压力应对技能的训练，使其达到自动化程度。压力应对技能是可以通过长期训练而习得的，也像运动技能形成一样，需要经过"泛化—分化—自动化"或"认知—联结—自动化"的过程。在体育竞赛中，应对行为必须在很短的时间内完成，所以将应对技能提高到自动化程度才可能达到预期的应对效果。

所有心理技能训练成功的例证无不包含教练员的主动参与和运动员的自觉配合，离开了这一前提，无论多么好的方法也只能是短期效应。因此，要足以影响运动员应对能力发生持久性变化，教练员必须担当起应对技能训练的任务，并把它从始至终贯穿到运动训练中。

3.3　运动员参赛压力应对训练的方法

许多优秀运动员在赛后总结成败时，常用"一念之差""太冲动""不够冷静"等字眼。运动员在比赛中不可避免地会遇到各种压力源的挑战，在对威胁程度进行评价后，为消除或减轻来自威胁或伤害的压力，运动员将做出

---

① 石岩. 我国优势项目高水平运动员参赛风险的识别、评估与应对 [J]. 体育科学, 2004, 24（8）: 6.

不同的情境性应对，在这一过程中，运动员的应对方法很大程度上决定着比赛的成败。正如 Matthew Emmons 射击前能够合理地调整自己的情绪，保持冷静，且能够想起已经自动化的技术动作；张尉如果不是选择备用球拍的补救，而是直接击球。那么，比赛很可能就是另一种结果。

关于参赛压力应对训练的方法有很多，最重要的是根据具体的竞赛场景选择自身最适合的方法。①

这里主要介绍以问题为中心的应对训练方法（创造性的问题解决、认知重构、行为矫正等）和以情绪为中心的应对训练方法（放松训练、超觉冥想、自我暗示等）以供运动员压力应对使用。

3.3.1　以问题为中心的应对：创造性的问题解决

创造性可能是个人在抵抗压力中最有价值的应对技能之一。正如对于每一个问题都有许多解决方法。一些方法可能比另一些更加可行，但是很少有过只有一个解决问题的方法。创造性的问题解决（Creative problem solbing）是使用创造性的能力来描述一个问题，产生想法并且评价其有效性，是一种可获得应对技能。

其步骤为描述问题（在成功的处理一个问题前，必须了解它，客观的阐述问题）、产生想法（提出的想法越多，有效解决问题的机会越大）、想法的选择（不是所有的想法都是好的或有用的，选择当下最合适的）、想法实施（实施需要勇气和信念）、评价和分析行动计划（分析问题是否能够解决，解决的程度如何）。前文中羽毛球双打的案例所描述的具体问题是羽毛球双打比赛中球拍弦突然断裂，之后便会产生继续击球还是选用备用球拍的想法，因为继续击球，球的方向不能够把控，所以选择备用球拍的补救，随之便与同伴进行配合抓起备用球拍，也就是想法的实施，最后评价和分析行动计划，在与同伴的配合中，可以分散对方注意力，并且击球的方向可以把控，获胜的概率相对较大一些。

---

① 布鲁纳. 多变世界中的压力应对 [M]. 石林，译. 北京：高等教育出版社，2008.

3.3.2　以问题为中心的应对：认知重构

认知重构（Cognitive restructuring）是通过改变人的认知、思想和意象活动，达到对不合理行为的矫正。

其步骤为觉察（识别具体的压力源并且评价此压力源关联的情绪）、对情境的再评价（对相关因素的新集结或重组，选择中立或者积极的立场，来更好应对具体的问题）、采纳及替代（用积极态度代替消极的态度）、评价（检验新的冒险和尝试的效果）。例如，在羽毛球双打比赛中，觉察到羽毛球拍弦突然断裂，但是在此紧急的情况下，虽然可以选择备用球拍的补救，但也很容易因为压力的影响进而选择直接击球，通过对情境的再评价直接击球会无法把控击球的方向，但是选择备用球拍可以把控击球方向，更加理性采纳选用备用球拍的补救，虽然需要与同伴进行配合，但是这样可以更好地把控击球的方向。用一个较为合理的决定代替了不明智的选择。

3.3.3　以问题为中心的应对：行为矫正

行为矫正（Behavior modification）是指通过行为分析，针对性开展和实施某些程序，把一个消极行为转化为积极行为，运动员用其改变错误动作。

改变行为有许多方法，所有方法都有一个共同的模式称为行为矫正模型，主要有觉察（意识到错误动作或情绪）、渴望改变（强烈改变错误动作的愿望）、认知重构（有努力改变的意识和新的更适宜的想法）、行为的替代（用正确动作替代错误动作）、评估 5 个步骤。如矫正 Matthew Emmons 射击前忘记瞄准的动作，需要首先觉察到射击前没有进行瞄准动作，这是关键，如果没有错误动作的意识后面的步骤将无法进行。并且要十分渴望改变此错误动作，与此同时要认知到其后果，射击准确性无法把控，或许还可能错失金牌，于是用正确的动作替代错误的动作，做出射击前的瞄准动作。最后，评估瞄准动作能够有效保证此次射击的成绩，更加坚定地实施此行为的矫正。

如果是持续时间较长的行为习惯，那么这种改变经常是不容易的，行为学家认为，只有在愿望足够强烈时改变才发生。记住，不要立刻改变所有的目标行为，努力每次调整一个行为[①]。

3.3.4   以情绪为中心的应对：放松训练

运动员通常会采用各种各样的方法去处理压力的情境，但最实用的还是放松训练，大多数的运动员在比赛中都会体会到或多或少的压力，重要的是运动员是否有能力把压力控制在一个适宜的范围，同时能够让压力为比赛服务。并且，放松训练不仅是让运动员在赛前使用这种方法，而且在赛中也能使用这种方法。Ost 的实用放松过程在这方面是非常有用的[②]。

应用放松训练（Relaxation training）目标是运动员能够在 20~30s 内得到放松。训练的第一阶段每天进行 15min 渐进性放松，先使肌肉群紧张起来，然后进行放松；接着被试者进入单纯的放松阶段，大致 5~7min 完成；使用自我指示语这段时间能够缩减 2~3min；再次压缩，直到整个过程需要几秒，在特定情景中便可利用。

3.3.5   以情绪为中心的应对：超觉冥想

放松不仅需要身体上的放松也需要心理的放松。心理放松的一个方法是超觉冥想。这个训练方法在使用过程中通常伴随：耗氧量的降低，呼吸的减慢，心率的降低，血压的降低，交感神经系统反应的降低等生理反应。这个方法能否对运动员有所帮助取决于运动员在真正的竞赛场景中使用它的能力。

超觉冥想（Transcendental meditation）的基本步骤是：个体采用一个舒服的姿势，闭上眼睛，放松肌肉，注意力集中于呼吸，心里重复默念一个暗示语或一个关键词。这是对 Ost 的实用放松的一种修订性应用，目标是要能够在 20 分钟的练习后获得一种深度放松状态。一旦掌握了这种方法，运动员就应该每周练习 1~2 次以便强化基本技能，但这种方法并不在比赛时使用。后来这项技能被修订为一个只有 5 分钟的版本，但这时侧重的是镇静，而不是深度放松。这个版本能够在比赛期间使用，只要是在比赛开始约一个小时

---

① 西沃德.压力管理策略 [M].许燕，译.北京：中国轻工业出版社，2008.

② 哈代，琼斯，古尔德.运动心理准备的理论与实践 [M].宋湘勤，殷恒婵，马强，译.北京：北京体育大学出版社，2011.

之前，任何时间都可以。最后这个版本被修订为一个只需要几秒钟的技能，只要呼吸 3–4 次，并重复一个词，如"放松"，能够使运动员在比赛即将开始前或赛中很快地恢复镇静状态与注意力的控制。

3.3.6　以情绪为中心的应对：自我暗示

积极的自我暗示（Auto suggestion）是运用自我陈述提供自我奖赏，来提高努力程度、改变情绪、集中注意力以及辅助运动员损伤时恢复。重点在于训练运动员个体意识到消极思维发生时能够采取有效的积极思维来取代。例如，在比赛中，将"你真糟糕！"的消极思维转变为"放松点，每个人都会犯错误。忘掉它，关注于接下来要去做的事"的积极思维；将"裁判不公平我们不会赢的"的消极思维转变为"我们没办法左右裁判，我们能做的就是集中注意力于我们接下来要去做的事"等。

在许多情况下，以情绪为中心的应对方式也很奏效，让自己冷静下来，使激动的情绪得以缓解。

众所周知，有些压力会持续不断，情绪应对可以使情况略有好转，但是，大多数情况下，这并不能消除压力来源。在这种情况下，通过放松、冥想或者自我暗示的方式找到压力释放的途径可以积极有效地令自己冷静下来，但是过度依赖这种应对方式的人可能会觉得他们很难集中注意力去解决更加实际的难题。甚至，过度依赖这种应对方式的人时常会给自己带来更大的麻烦。全神贯注于你的想法和感受有时会适得其反，因为当你这么做时，你会发现很难停止思绪，导致不去思考自己的难题。最糟糕的是，这种担心或冥思苦想很容易非但没有使人们的情绪有所好转，反而让人感觉更差。

可见，问题和情绪应对各有利弊，不能够仅仅使用单一类型的应对，应根据不同的压力选择不同类型的应对，如有些压力需要解决问题，采取行动，有些压力则需要你控制自己的情绪，而多数压力在不同的时机则需要用到这两种应对方式。总之，情绪关注应对方式使人们达到那个关键点，从而能够采用以问题为中心的应对方式。

3.3.7　认知重构与自我暗示结合的训练—以篮球罚球场景为例

训练主要有四个阶段，前两个阶段是理论内容，后两个阶段是实践指导。

（1）概念理解——第一阶段

明确为什么要进行这样的训练，其结果对往后竞技比赛中技术水平发挥有何重要影响？使运动员从一般意义上的心理训练转变到意识水平。其次，让运动员了解他们目前许多竞赛行为习惯在力争佳绩的奋斗中是无效的，出于对成功的渴望以及自我价值实现的需求，他们必须建立新的行为方式。最后还要明白，这是一种控制的学习过程而不是心理治疗，如同其他运动技能一样通过学习和训练而形成。其训练效果取决于运动员对这种知识和技能所付出的努力程度。

（2）技能掌握——第二阶段

发展运动员认知重构和积极的自我暗示。认知重构是帮助运动员正确区分、合理评价并逐步改变有害的和不合理的想法。运动员消极思维最通常的来源是害怕失败和被他人埋怨和指责。对于多数运动员来讲，运动成绩是他们认知与自我评价的主要依据。认知重构的目的就是在于把运动员的自我价值从成绩结果中分离出来而放在自我努力上。主要内容为鉴别与控制不合理的想法或行为；经常同训练指导者进行讨论与交流，完成专门设计的情境性作业。

自我暗示是在全面接受认知重构训练基础上帮助运动员发展和运用与具体任务有关的自我心理指导，它特别有助于运动员对当前任务的完成。主要内容是指导运动员选择一套适宜于自己在不同应激情境中进行自我要求的语言，并使其程序化。

（3）练习实践——第三阶段

在接近于比赛的情境下，人为设置外部刺激（变化比赛条件、故意判罚、批评指责等）和内部刺激（消极思维）进行练习。由于诱发不同情绪反应的内部刺激可能是完全相同的，而诱发不同情绪反应的外部刺激可能是多种多样的，因此，在训练中内部刺激的控制练习所占比例要大一些。这样，即使外部的压力情境千变万化，运动员都能够通过控制对内部刺激的反应来应对这些压力情境。促使运动员使用新掌握的应对方式在实践中的运用，并记录下运动员行为活动，以便后续教练指导。

（4）效果检查——第四阶段

在训练开始前、结束时和结束后 4 个月，对其自信心、意志品质和处理难题能力进行综合性测验，进行系统评价，以便后续有针对性地修改训练内容。自信心在成功的运动参与中非常重要，具有较高自信心的个体较少地感受到来自内外部压力源的威胁，并且确信自己有能力应对各种危机。因此，对运动员自信心的评估，可以从一个侧面揭示应对能力是否得到提高；意志不仅调节外部动作，还可以调节人的心理状态。当人在排除外界干扰，把注意力集中到当前活动中时，就存在意志对注意、思维等认知活动的调节。当人在危机、险恶的情境下，克服内心的恐惧和慌乱，强使自己保持镇定时就表现出意志对情绪状态的调节。对运动员意志品质的测评，能够反映其自我控制和调节能力是否得到增强；处理难题能力测验是配合训练所掌握的技能在实践中运用程度的检验，它可以较好地反映出运动员在处理困难问题或情境时的态度和行为方式。

4　结语

压力与应对在心理学、生理学、社会学等学科中都是一个备受关注的研究内容。国内外对压力与应对展开一系列相关的探索，但 Lazarus 提出的情绪认知评价理论影响尤为深远，20 世纪 80 年代后相关研究都以压力与适应过程为主线，建立在他所提出的认知交互作用的压力模型基础之上。

体育领域也不例外，在压力模型的指导下，竞技运动员在夺冠之路上需学会必要的压力应对技能，并且根据具体情境选择适宜的应对，这不仅依赖于教练良好的压力应对指导，更需要自身正确的压力应对训练。

应对具有可教性，在运动队中开展应对技能训练，对提高运动员应对能力有很大的作用空间，运动员压力应对技能获得需要很长的时间，要有针对性地为运动员开发适合的应对，识别并杜绝适应不良的应对，并加强有效应对技能的训练，使运动员在参赛时不受或少受压力影响。压力应对训练方法是多样的，方法本身并无好坏之分，最重要的是根据不同比赛场景进行有效的应对。

第九章　过度训练与心理耗竭

近些年，竞技体育的热潮不断高涨，在训练及比赛过程中，对运动员和教练员的心理能力提出了更高的要求。于是，运动员必须长期参加大运动量、大强度的高负荷训练，从而获得高水平的竞技表现和取得优异的成绩，然而运动员获得的成就越大，所面临的压力也就越大。过度训练症状的不断出现，导致运动员心理上也有所变化，出现耗竭倾向。

研究表明，高水平的运动员大多能够很好地控制自己的心理状态，并调整到最高水平，但是，很多时候运动员会出现一种不良的反应——应激，当这种不良反应持续发展，过度训练和心理耗竭问题也就随之而来了。这些问题的产生主要是由于运动员在训练之后缺乏足够的恢复，使得身心疲惫，同时运动过程中出现的自信心下降、动机减退、焦躁不安等反应，也因难以置信的训练压力和要求更加凸显出来，导致运动员表现失常，动作技能自动丧失，动作稳定性不够，甚至出现失误。

可见，过度训练和心理耗竭问题已成为体育界亟待解决的问题，应该受到运动员、教练员和学者们的重视。

1　运动员心理耗竭的定义、成因与干预

1.1　心理耗竭概述

心理耗竭最早是由 Bradley(1969)[①] 提出的，随后 Freudenberger(1974)[②] 通过研究服务行业人员极度的心理压力，对这一概念进行了进一步的阐述。随之心理学、社会学、组织行为学等学科中出现了大量针对心理耗竭问题的研究。

Maslach（1996）认为心理耗竭是"一个重要的社会和个人问题"，并且在随后的研究中把心理耗竭的概念扩大化，加入了情感枯竭等概念。[③]

研究发现，过度压力和心理耗竭会导致某些健康问题，特别是心血管问题和冠心病、药物滥用、酗酒以及事故发生（Hobfoll & Shirom，1993）。[④] 同时，心理耗竭的个体不仅自身行为表现会发生变化，而且也会给其他人如家庭成员、同事以及相关的成员带来很大的负面影响。在这个过程中，个体会体验到许多生理和心理问题，感受到孤独，以及出现各种人际问题（Kahill，1988）。[⑤]

心理耗竭给个体和运动团体带来严重的社会、心理和身体的影响，已成为学术界和媒体关注的热点。因此，应该对这一问题进行深入的研究。

---

① BRADLEY H. Community-based treatment for young adult offenders[J]. Crime and Delinquency, 1969,(15): 359-370.

② FREUDENBERGER H. Staff burnout[J]. Journal of Social Issues, 1974, (30):159-164.

③ MASLACH C, JACKSON S, LEITER M. Maslach Burnout Inventory Manual[M]. Palo Alto, CA: Consulting Psychologists Press, 1996.

④ HOBFOLL S, SHIROM A. Stress and burnout in the workplace[M].// Handbook of organizational behavior. New York Marcel Dekker, 1993, 41-60.

⑤ KAHILL S. Symptoms of professional burnout: A review of the empirical evidence[J]. Canadian Psychology, 1988, (29): 284-297.

1.1.1 心理耗竭的界定

对于心理耗竭概念的理解，运动心理学界还未达成一致。就"burnout"的翻译来说，现在已经有多种说法，如心身耗竭、心理枯竭、心理衰竭、倦怠等。每一种说法的视角虽不同，但实际的内容却具有一致性、相似性。

Freudenberger 等（1980）认为心理耗竭是慢性疲乏、抑郁和挫折感，他们将心理耗竭和其他概念等同起来，特别是与抑郁和慢性疲乏相联系。事实上，二者之间有本质差别：抑郁或慢性疲乏只是心理耗竭的一种可能表现形式，而不是耗竭症状本身。

Cherniss（1980）将心理耗竭描述为工作的任务要求和个体可利用的资源之间的不平衡导致个体产生情绪反应——焦虑、紧张、疲惫和过度疲劳，这些反应进而改变个体的态度和行为，包括防御性应对（对自我需求的满足过于关注）和去人性化（对待他的顾客和他们的问题冷漠、不关心）。[①]

Maslach 等（1981）给心理耗竭界定了三个核心成分：情绪枯竭（emotional exhaustion）、去人性化（depersonalization）和自我成就感丧失（reduced personal accomplishment）。情绪枯竭指情绪资源的损耗以及个体认为他所具备的情绪资源不足以应对所处环境时的心理感受，是一种过度的付出感以及情绪资源的耗竭感，被认为是最具有代表性的指标；去人性化表现为对他人消极、冷漠、过分隔离及愤世嫉俗的态度和情绪。自我成就感丧失指自我能力感降低，倾向于对自己作出消极评价，由此个体感到自己无法胜任工作，没有能力实现目标。[②]

在运动心理学领域，Smith（1986）针对运动竞赛领域中不同寻常的发生情景和独特的环境，基于压力观点提出，心理耗竭是一种由于过度压力和长期不满足而从一项先前好玩的活动中退缩的现象，这种退缩包括心理、情绪，有时是实际行动的退缩。[③]

---

① CHERNISS C. Professional burnout in human service organizations[M]. New York:Praeger, 1980.

② MASLACH C. Burnout: The cost of caring[M]. Englewood Cliffs, NJ: Prentice Hall, 1982.

③ MASLACH C, JACKSON S. MBI: Maslach Burnout Inventory[M]. Palo Alto, CA : Consulting Psychologists Press, 1981.

Pines 等（1988）认为心理耗竭是由于个体长期卷入对其有情感需求的情境而使其处于生理、情绪和心理衰竭的状态，但他们没有对"厌倦"和"心理耗竭"加以区别。①

在运动领域，心理耗竭是一种运动应激症状，运动者在运动中因长期无法应付的运动应激而产生的一种耗竭性心理生理反应，与运动者的认知因素直接相关。

Raedeke（1997）定义体育运动中的心理耗竭是一种综合征，是体力和情绪被耗尽、运动被贬值和运动成绩下降的综合表现。它注重身体和精神上的耗尽、运动员对体育运动的兴趣减少以及欠佳的场上表现。②

在我国，任未多（1989）最早开始有关心理衰竭的研究并认为，长期处于应激状态下的运动员承受着巨大的心理压力，这种压力一旦超出运动员的心理承受能力，就可能引起心理衰退，最终导致其理想、目标、动机和热情的丧失，形成心理衰竭。③ 其后，刘方琳、张力为（2004）在研究运动员心理疲劳的基础上，进行了心理耗竭问题的分析。④

可见，心理耗竭是一种精疲力竭的心理反应，是由于经常性地有时甚至极端地为应付过度训练和比赛要求而付出努力，但又没有收到效果所引起的。它是一个很强的或者是一种很持久的高压力状态，给运动员带来一种无法应付外界的超负荷感觉体验，然后产生的一种生理的、情绪的和行为的耗竭状态。

针对运动心理学界心理耗竭的不同定义，Dale 等（1990）进行了小结⑤。他们认为，这些定义之间有一些共同点。

① SMITH R E. Toward a Cognitive-affective Model of Athletic Burnout[J].Journal of Sport Psychology,1986, (8): 36-50.
② PINES A, ARONSON E. Career burnout: Cases and cures[M]. New York: Free Press, 1988.
③ 任未多.运动员心理衰竭的特点与成因 [C]. 全国体育运动心理学学术论文报告会会论文汇编, 1989.
④ 刘方琳，张力为.运动员心理疲劳的定性探索 [J]. 体育科学，2004, 24(11): 37-44.
⑤ DALE J, WEINBERG R. Burnout in sport: A Review of the Literature[J]. Journal of Applied Sport Psychology, 1990, (2): 67-83.

第一，心理耗竭中包含一种耗竭感，包括身体的、心理的以及情绪的。

第二，这种耗竭感会导致个体对他人反应的负性变化，如愤世嫉俗的态度（cynicism）、去人性化、缺乏精力和同情心等。

第三，心理耗竭具有成就感丧失的特点，这会导致与运动成绩下降之间的恶性循环并使自尊降低，进而产生退出所从事运动项目的念头。

第四，心理耗竭是对一直持续存在的压力的慢性反应，这是与剧烈压力下的偶然应激状态相区别的。

总之，心理耗竭是指由于长期暴露于应激环境，个体无法对其有效应付，从而出现的过度心理疲劳和自身资源损耗的状态。大多数研究（Evans & Fischer，1993；Koeske，1993；Lee & Ashforth，1996）认为，心理耗竭的主要症状是情绪耗竭、去人性化和自我成就感丧失。

1.1.2　产生心理耗竭的原因

心理耗竭的特点是生理的耗损、慢性疲劳、无助感、没落感、消极的自我概念以及对人生、社会的冷漠态度。这种极度的身心衰竭通常是长时间积累、缓慢演变的结果。

在心理耗竭问题如此严重的现代社会中，人们出现心理耗竭问题的比率不断增长，任未多（1989）和 Singleton（2005）经过研究，分析了产生心理耗竭的重要影响因素。

（1）社会和人际关系因素

在社会环境中，人际关系，消极的父母影响，训练过程中团队的文化、竞赛、个人问题都可能使运动员出现心理耗竭。社会环境通过社会文化形态和价值取向影响运动员的成就动机与积极性。在一个运动队中，由于队员间的技术水平参差不齐，处在两个极端位置的运动员都可能出现心理衰退，水平较低的运动员会因为认为投入更多的时间与精力是徒劳无益的而放弃努力，技术水平高的运动员也会由于自身的地位造成动机减弱。

（2）心理因素

在运动员训练和比赛中，如果运动兴趣缺乏，期望不能得到满足，会出现焦虑、紧张状态，当这种心理状态持续一段时间以后，就会使运动员出现心理耗竭现象。国外研究者认为：具有敏感特质和性格外向的人容易产生心理衰退。他们提醒人们注意：可能取得高成就的运动员同时也是较易出现心理耗竭的运动员。

（3）身体因素

早期专项化和多年的系统训练是现代培养高水平运动员所遵循的一般途径。然而，过度训练却给运动员带来许多问题，如受伤、长期持续的疲劳等，因为使运动员有机体机能发生生物学改变的高强度、大运动量训练增加了引起过度疲劳的可能性，而过度疲劳有时就是导致运动员心理耗竭的潜在因素之一。

1.2　过度训练与情绪紊乱

对于运动员来说，过度训练不仅降低运动员和活动参与者的机能状态，而且损害他们参与活动的情绪与动机，严重的过度训练还将导致他们退出所从事的运动。

1.2.1　过度训练

在研究初期，人们认为过度训练（overtraining）是运动员在短时期（通常从几天到几周）的循环训练中，处于几乎接近或等于其个人最大负荷下的超负荷训练量。[①] 在此情况下，教练员和运动员不知不觉地负荷量过大，而没有得到足够的调整或休息，出现疲劳现象。

最初，过度训练的目的是尽可能提高运动能力。为了达到这一目的，在训练过程中运动负荷是逐渐递增的，即后一阶段训练负荷超过前一阶段的负荷，这就是超负荷原则（overload principle）。然而，当这种过度负荷过大，超过机体适应能力，训练后又得不到充分恢复时，机体不能适应，就会发生过度训练。

---

① UUSITALO A L T. Overtraining: making a difficult diagnosis and implementing targeted treatment[J]. The Physician and Sports medicine, 2001, 29(5): 35–50.

在近些年的研究中，学术界对过度训练又提出了新的解释，认为过度训练有消极和积极之分[①]，有研究者视之为刺激、反应的过程（Hanin，2000）。其中较流行的定义为，过度训练是训练过程不正常地增加了负荷量，最后导致疲倦（Morgan，O'Connor & Pate，1987；Morgan，1987）。

过度训练是运动员的训练程度超过了最佳限度，它与生理学上的超负荷训练是有区别的。过度训练是一种错误的调整行为，它可能导致疲倦和心理耗竭。过度训练有很多表述，曾被表述为超负荷训练（overload training）、训练过量（overreaching）和过度训练综合征（overtraining syndrome）。

1.2.2　过度训练的伴随症状

过度训练常表现的症状是多种多样并逐渐发展的，早期主要表现为一些主观感觉等方面的心理症状，症状进一步发展，会出现客观指标的明显变化（表9-1）。由于运动项目或训练内容的不同，表现症状也不同，存在着个体差异。

表 9-1　过度训练的症状

心理方面	运动与身体方面	机能方面
1. 兴奋性增加 2. 集中能力下降 (1)对批评非常敏感 (2)使自己远离教练员和队友，缺乏主动性 (3)情绪低落 (4)缺乏信心 3. 意志力 (1)缺乏战斗力 (2)惧怕比赛 (3)易放弃战略计划，失去竞争愿望	1. 协调性 (1)肌肉紧张度增加 (2)已经克服的错误重新出现 (3)完成有节奏的动作不连贯 (4)辨别能力与改正技术错误的能力下降 2. 身体准备 (1)容易出现皮肤及组织感染 (2)速度、力量与耐力水平下降 (3)恢复速度降低 (4)反应时变长 3. 容易出现事故和创伤	失眠 食欲不佳 消化紊乱 极易出汗 肺活量降低 心率恢复时间增长 容易出现皮肤及组织感染

（引自：Cox, R. Sport Psychology Concept and Applications，2002）

[①] ROBERT S WEINBERG, DANIEL GOULD. Foundations of sport and exercise psychology [M]. Champaign, IL: Human Kinetics. 1999.

（1）疲劳和过度疲劳

1982年，国际生物化学年会上将疲劳（fatigue）定义为：机体生理过程不能在一定水平上持续其机能或不能维持特定的运动强度。美国医学会（The American Medical Association，1966）将其定义为一种由于过度训练引起的生理状态，特征为运动能力降低。

根据疲劳发生的部位，可将疲劳分为三类：

①中枢疲劳。在疲劳的发展过程中，中枢神经系统起着主导作用。疲劳的产生是中枢神经的一种保护性抑制，以防止机体发生过度的机能衰竭。

②神经—肌肉接点疲劳。也叫运动中枢疲劳，运动中枢是神经和肌肉之间连接并传递神经冲动引起肌肉收缩的关键部位，也是引起疲劳的重要部位。

③外周疲劳。外周疲劳包括除神经系统之外各器官在疲劳时的变化。肌肉是主要的运动器官，因此，运动时肌肉的能源物质代谢和调节、肌肉的温度、局部肌肉血液等变化就成为外周疲劳的表现形式。在剧烈运动时，由于氧供应不足，造成乳酸大量堆积，继而引起呼吸循环系统活动失调（如呼吸太快、心跳过急、血压升高等）。

这些机能的失调若不及时调整，将会导致疲劳积累，引起过度疲劳，对运动成绩将会造成最为直接的影响，因此在运动疲劳出现时应予以重视，尽快设法使其尽早恢复，避免过度疲劳的产生。

（2）心理疲劳

心理疲劳（staleness）是过度训练（心理、生理应激）的反应，是一种运动员难以保持正常训练和成绩的状态，并表现出某种回避应激的倾向。[①]

心理疲劳的运动员在过度训练中或过度训练后的一段时间内成绩显著下降（5%或更多），而且无法通过短期内减少训练量加以改善。此外，心理疲劳还伴有困倦（drowsiness）、淡漠（apathy）、烦躁（irritability）、焦虑（anxiety）、困惑（confusion）、睡眠障碍（disturbances in sleep）、疲劳（fatigue）

---

① SILVA J. An analysis of the training stress syndrome in competitive athletics[J]. Journal of Applied Sport Psychology,1990, 2(1): 5–20.

以及抑郁（depression）等症状。

心理疲劳与疲劳的区别在于前者更多地包含了动机、个性、情绪以及社会心理因素，而后者是训练应激的结果，仅指中枢神经系统和运动系统的机能下降，是产生超量恢复的必要条件，但是长时间疲劳的积累，会导致过度疲劳。

1.2.3 过度训练与心理耗竭的关系

过度训练是指对训练压力的一种不适应的反应，是人体运动到一定时候，运动能力及身体功能出现暂时下降的现象。经常处于高压力状态下进行体育活动，最终会导致心理疲劳现象的出现，人们称这种状态为过度训练综合征，它伴随有各种心理、生理迹象和症状。

疲劳是过度训练的一种消极结果，而耗竭是用来描述从事服务领域里工作的人由于情绪和精神压力而出现烦恼的心理现象。它和过度训练的症状很相似。

有人认为耗竭是长期过度训练的结果，而有人认为二者作用等同，相互影响。实际上，过度训练重视的是训练的负荷和症状，而耗竭的提出是在认知行为发展的时代，所以它更重视的是运动员对耗竭的认知。

过度训练与疲劳的关系见图9-1[①]，过度训练是刺激，疲劳是反应（Morgan et al，1987）。

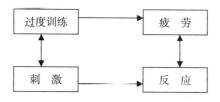

图9-1 过度训练与疲倦的关系

① WEINBERG R S, GOULD, D. Foundations of Sport and Exercise Psychology[M]. New York: Human Kinetics, 1996.

过度训练、疲劳和心理耗竭三者之间既有联系，又有区别。

过度训练是针对训练过程和手段而言；疲劳常由过度训练导致，主要表现为生理上的不适应，使运动员不能依照标准处方训练，而且也不能保持以前的成绩。

心理耗竭则是更为复杂的现象，它具有多层次的含义，影响因素众多，除了训练造成的身心负担之外，还有压力、运动投入、过早加入竞技运动、外在期望、运动员人格等，都可能导致心理耗竭的发生，进而影响运动员的生理、心理状态的变化，最终可能导致他们从压力环境中退出。

在针对疲劳进行的调查研究中，心理耗竭比过度训练和疲劳更受人重视（Dale et al，1990；Gould，Tuffey et al，1996；Vealey et al，1992）。

1.2.4　过度训练与情绪

自20世纪20年代以来，心理变化一直被认为是过度训练导致运动员成绩下降的最主要原因。在大强度训练期间，甚至在训练后几天，通常会出现正性情绪的下降和负性情绪的增加，其中最敏感的指标是自我主观疲劳程度。

也有研究证实，过度训练可能影响运动员运动竞技表现和心理健康，尤其在情绪上表现更为明显。为了说明这一点，Morgan等（1987）就过度训练和心情状态的关系进行了一系列的研究，经过对10年间所得资料和结论的分析后指出，当训练刺激增加，心情困扰也随之增加。[①] 训练负荷越重则心情困扰越大。这些心情困扰包括沮丧、愤怒、疲劳等情绪体验，并出现紊乱现象，活力下降。反之，训练负荷减轻，则情绪改善（Raglin，Eksten & Garl，1995；Raglin，Stager，Koceja & Harms，1996）。

1.3　心理耗竭的理论解释

对心理耗竭最好的理解源于对不同心理耗竭模式的调查。心理耗竭具有多层次含义，它的起因众多，这些原因是通过不同模式展现出来的。

---

① MORGAN W. Reduction of state anxiety following acute physical activity[M]. Washingtong. DC: Hemisphere, 1987.

1.3.1　体育运动中心理耗竭的压力模式

这一模式认为压力导致心理耗竭，包括 Silva（1990）的"负面—训练压力模式"和 Smith（1986）的"认知—情感压力模式"[①]。两者都强调心理耗竭是对压力产生的消极反应，但前者注重运动员对身体训练的反应，而后者认为运动员的人格和动机对压力过程中 4 个阶段（情境压力、认知评估、生理反应、行为反应）的影响与对心理耗竭过程中的特殊环境因素的影响是相似的。心理耗竭主要表现在生理、心理和行为三方面。

实际上，已有不少研究证实，许多与压力模型有关的因素（如压力评估、特征焦虑、角色冲突、社会支持等）确实可以成为心理耗竭产生的预测因子（Capel，1987；Kelly，1994；Vealey，1992）。

也有许多研究者开始强调，心理耗竭不应仅仅只是对慢性压力的简单反应，为了对心理耗竭有更加深刻、全面的了解，必须从不同角度进行考虑（Coakley，1992；Raedeke，1997）。毕竟每个人都在承受压力，但是并非所有承受压力的人都会心理耗竭。

（1）Silva 的训练压力模式

Silva 的训练压力模式认为，身体训练让运动员感到身体与心理上的压力，但它有正面和负面的效应。运动员如果积极地适应训练压力，将会出现正面效应；如果消极地适应训练压力，过度地训练，就会出现负面效应（图 9-2）。[②]

泄气状态、过度训练和心理耗竭三者的混合状态就是 Silva 提出的训练压力综合征。只有合理的休息和相应的干预措施才能缓解训练压力，否则运动员就会离开体育赛场。

[①]　MURPHY S M. Sport psychology interventions [M]. Champaign, IL: Human Kinetics, 1995.

[②]　SILVA J. An analysis of the training stress syndrome in competitive athletics[J]. Journal of Applied Sport Psychology, 1990, 2(1): 5–20.

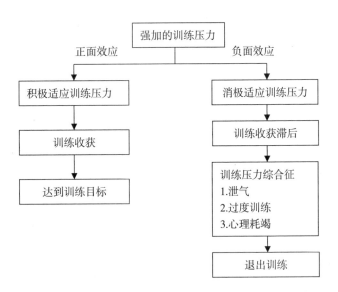

图 9-2   消极和积极适应训练压力

（2）Smith 的认知—情感模式

Smith 把心理耗竭过程分为 4 个阶段（图 9-3）[1]，其中，运动员的人格和动机水平与 4 个阶段的压力和心理耗竭问题相互影响、相互作用。

在模式的第一阶段，运动员要满足各种情境需求，如大负荷的身体训练、赢得比赛，然而当情境要求大于运动员所能应付的范围时，就会出现压力，进而导致耗竭。

在第二阶段，进行认知评估。大部分运动员会作出负性评估，认为训练任务过重，不能控制自己的生活，普遍感到绝望。

在第三阶段，由认知产生的各种不利因素又导致运动员身心反应出现焦虑、紧张、抑郁、失眠、疲乏及易于患病等症状。

在第四阶段，运动员出现行为不妥、比赛表现令人失望、处理不好人际关系或干脆退出运动赛场等各种反应。

可见，心理耗竭是长期压力导致的结果，具体表现为运动员在心理、情

---

① SMITH R E. Toward a cognitive-affective model of athletic burnout[J]. Journal of Sport and Exercise Psychology, 1986, 8(1): 36-50.

绪和身体上不愿再从事自己先前从事和喜爱的运动。

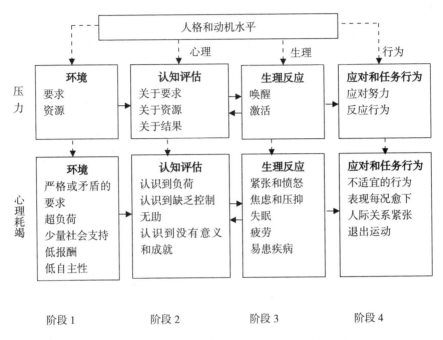

图 9-3 Smith 关于压力与心理耗竭的认知—情感模式

1.3.2 心理耗竭的投入模式

关于体育运动的心理耗竭投入模式有很多说法（Raedeke, 1997; Raedeke et al, 2000; Schmidt & Stein, 1991），简单地说，这种模式可被看作是体育运动参与过程中的支出与所得的不平衡（Van Yperen, 1997）。

具体而言，心理耗竭的投入模式可被概念化为运动员对体育运动参与过程中的 5 种决定承诺因素的一种反应。这 5 种决定承诺因素包括奖励、代价、满意、投入和其他选择。运动员对这 5 个决定承诺因素的看法将影响其关于参与运动的看法——是乐趣还是引诱。如果参与运动会带来乐趣，与所承诺的报酬、代价等一致，运动员将热情参与；如果参与运动后发现承诺是一种约束，运动员迟早会心理耗竭并且退出比赛，这就是投入模式。

如图 9-4 所示，投入模式中决定运动员参与运动的，个体参与体育运动的差异取决于其中的每一个因素，这个模式的名称源于投入决定因素。

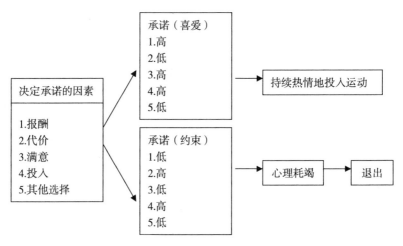

图 9-4 体育运动中心理耗竭的投入模式

（引自：Cox, R. Sport Psychology Concept and Applications，2002）

（1）由于喜欢而参与运动

承诺的决定因素可以清晰地显示为什么有些运动员喜欢运动，那是因为参与运动的回报高而其付出却相对低。无论什么原因，运动员发现相对于参与运动付出的精力和时间，参与运动的体验还是非常值得的。这些运动员从幼年到青年时代就一直参加体育运动，他们将其生命中重要的一部分投入到体育运动中，高投入得到高回报。除此之外，参加运动也给他们带来满足感。运动员把精力主要投入到体育运动中，因此没有时间培养其他兴趣爱好和从事其他事业，但是，这不应该被看作是消极的，因为这是他们自己做出的选择（自我决策）。

（2）由于承诺而参与运动

比较这个模式中的乐趣与约束，我们发现这二者在回报、付出和满意感方面截然相反，但在投入和选择方面却相差无几。而正是这种相似性解释了为什么在回报率和满意感如此不同的情况下，运动员仍然继续参加体育运动。尽管在这种状况下训练的运动员没有感受到体育带来的乐趣，在他们眼里，训练枯燥无味，竞赛乏味无意义，运动和比赛是一种劳役和苦工，但是，他们仍然坚持下来。第一个原因是他们的投入巨大，然而其选择余地却很小，他们必须坚持下来。多年来他们为此投入了几乎全部的精力和时间，要放弃它不是一件轻而易举的事。也正是因为这个原因，这个模式被叫作投入模式。第二个原因是他们除了体育运动外，几乎别无选择。多年来他们全身心地投入体育运动，几乎没有时间和精力培养其他兴趣，因此很难发展体育运动以外的事业。

这种由于约束而参与体育运动的不健康状态不可能长久持续，因为运动员已开始感到心理耗竭。如果运动员不能妥善处理心理耗竭及其症状，他们会不顾一切地离开体育赛场。随着时间的流逝，他们会逐渐培养起其他的兴趣爱好，减少对体育运动的投入，从而使自己留有后路地离开体育赛场。

1.3.3　心理耗竭的授权模式

Coakley（1992）提出心理耗竭的授权模式，认为体育运动中的心理耗竭是由于社会控制和社会限制结构引起的社会问题。他没有否认年轻运动员生活中存在的压力，但是认为那种压力只是心理耗竭的症状而不是根本原因。心理耗竭是一种以社会关系为基础的社会现象。年轻运动员通过这种关系认识到参加体育运动已成为他们个人发展的死胡同，他们再也不可能有意义地控制自己生活中的重要部分，他们因此而变得无所适从。[①]

他认为，高度竞技性运动不允许年轻人发展正常的自我认同，他们没有足够的时间与他们非竞技运动的同伴相处。因此，年轻运动员对自己的认同几乎完全专注于运动中的成功，而当他们受伤或无法成功时，随之而来的压力会导致他们心理耗竭。

以往的心理耗竭的压力模式太关注个体，而忽略了心理耗竭有可能是由体育运动的社会组织所引起的。在该模式中，当运动员感受心理耗竭时，治疗的方法通常是教会他一些处理技巧，通过暗示，理解心理耗竭的问题出现在运动员身上而不是体育运动的社会机构中。体育比赛产生的心理耗竭可以通过重组与体育相关的社会机构而得到消除。

---

① COAKLEY J. Burnout among adolescent athletes: A personal failure or social problem[J]. Sociology of Sport Journal, 1992, 9(3): 271–285.

　　参加高水平比赛的年轻运动员通常从年幼起就参加体育运动，并被期待一直比赛到成人阶段。在这一阶段中，他们严格受控于社会组织机构，没有机会发展除体育以外的其他能力。然而，年轻人渴望有一种变换的身份并且希望能主宰自己的生活，正是这一点使年轻运动员离开体育赛场。这是一种痛苦的体验，具有与心理耗竭相关的压力之类的症状。从某种意义上说，这种离开赛场的决心"赋予"运动员"力量"，解放自己。

　　总之，Coakley 认为，心理耗竭现象在体育运动中出现与下列两种条件有关：

　　（1）当体育运动过于限制运动员发展自己喜欢的其他兴趣时，他们就有可能离开赛场，解放自己。

　　（2）当体育社会机构运作让运动员认为他不能主宰自己的命运时，运动员就想离开体育赛场。

　　Coakley 的授权模式如图 9-5 所示。渴望可替换的兴趣和追求个人控制是年轻运动员的正当需求，一旦体育运动经历限制了运动员对这些需求的认识，他们就会出现心理耗竭现象。

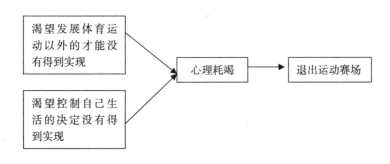

图 9-5　体育运动中心理耗竭和退出的激活模式

（引自：Cox, R. Sport Psychology Concept and Applications，2002）

　　Coakley 同时还认识到，并不是每一个运动员都会感到心理耗竭。他认为，有些运动员比其他运动员较少感到疲惫，一般有以下几个原因：

　　第一种原因是运动员生活中接触到其他职业的机会很少，他们不可能想象其他比体育运动更诱人的职业了。

第二种原因是运动员由于参加体育比赛而获得了许多其他人无法得到的机会。

第三种原因是取得成功的运动员受到很高的奖励，因而也受到各方面的严格控制，他们并没有意识到其他人的选择。

这一模型又称为"单一认同发展与外在控制模式"。这一模式是在通过对高水平的青少年运动员进行非正式访谈的基础上建立起来的。这些被访者都由于心理耗竭问题而从运动场上退下来。此模型本质上更强调社会因素的影响，认为心理耗竭是一个由社会控制和社会限制结构引起的社会问题，失去认同感和控制感是导致青少年运动员心理耗竭的重要原因。

1.3.4 心理耗竭的动态阶段模型

Golembiewski 等在 Maslach 的三维模型基础上提出了心理耗竭的阶段模型。有所不同的是，他们认为 Maslach 理论中的第二个成分——去人性化不是心理耗竭的构成之一，而是心理耗竭的第一阶段。

他们把心理耗竭分为三个阶段：

第一阶段，去人性化，表现为个体在完成工作的过程中，由于工作压力过大，要求太多，自身无法承受就会出现与其他人的疏远。这种行为和道德之间的冲突，给个体带来的影响是十分显著的，使得在工作中的自我成就感受到了损害。

第二阶段，自我成就感丧失。随着去人性化趋势持续增加，成就感不断减损，再加上个体的应对能力无法应对这些压力，最终导致个体情绪出现枯竭。

第三阶段，情绪枯竭。情绪枯竭是这一模式的核心成分。

这一模型认为，心理耗竭的三个维度并不是完全分开、互不相连的，它们之间以一种渐进的方式相互作用使心理耗竭的程度不断加深。例如，在心理耗竭刚开始产生的较低阶段，可能有去人性化的感受，如果去人性化的感受长期持续可导致自我成就感的降低，而情绪枯竭作为心理耗竭的最高阶段会在前两个阶段不断提高中产生出来。这一模型的一个重要特点在于，将心理耗竭视为一个动态的、持续发展的过程而非静态的、二分的现象。

这一模式共有八个阶段，见表9-2。

表 9-2　Golembiewski 的动态阶段模型

阶段	去人性化	自我成就感（减少）	情绪枯竭
I	低	低	低
II	高	低	低
III	低	高	低
IV	高	高	低
V	低	低	高
VI	高	低	高
VII	低	高	高
VIII	高	高	高

（引自：Golembiewski R T, Munzenrider R, Carter D. Phases of progressive burnout and their work site covariants: critical issues in OD research and praxis. The Journal of Applied Behavioral Science, 1983, 19(4): 461–481.）

我们可以在表9-2上标注某个人心理耗竭三个维度的程度，也可以看出个体处在心理耗竭的第几个阶段。阶段 II 中去人性化出现，而自我成就感有所降低。阶段 IV 时去人性化和自我成就感都有所提高。情绪枯竭直到阶段 V 才开始出现，并在后面的阶段中都持续表现。可见，心理耗竭过程与情绪枯竭的发展有着十分重要的关系。

同时，Golembiewski 认为，尽管这八个阶段是不断发展的，但个体并不需要经历所有的阶段，可以跳过发展过程中的某一个或几个阶段。

1.4　心理耗竭的症状及其干预

1.4.1　心理耗竭的症状

心理耗竭是指运动员或锻炼者在运动中，由于经常不能、基本不能或者完全不能有效适应训练或比赛应激的要求而产生的一种耗竭性的心理生理反应（Silva，1990；Smith，1986）。它不仅损害心理健康，而且直接导致运动员退出训练（Cox，1998；毛志雄，翟群，2000）。其主要表现为：失去活动的欲望、缺乏同情心、失眠、躯体和心理上的精疲力竭、自尊心下降、头痛、心境变化、药物滥用、价值观和信念的变化、孤立感、焦虑（Hackney，Perlman，& Nowacki，1990）。

具体来说，心理耗竭的症状主要包括生理和心理两个方面。Smith（1986）认为，心理耗竭在心理和行为上表现为以下三个方面的特征[①]：

（1）身体和情绪上的精疲力竭。表现为凡事漠不关心、不参与活动、对活动没有兴趣、不信任别人。

（2）人格解体（depersonalization）。运动员变得没有人性（being impersonal）、没有感情（unfeeling），对他人产生消极反应。

（3）成就感和自尊心降低，失败感和抑郁感升高。这种现象可从低功效或工作表现不好中表现出来。

总体而言，就是出现情绪枯竭（emotional exhaustion）、对其他人的消极反应（negative responses to others）和低自尊（low self-esteem）等现象。运动员一旦体验到心理耗竭，那么退缩（withdrawal）基本上是不可避免的（Cox，1998；Weinberg & Gould，1999）。

表 9-3 心理耗竭的症状和影响因素

情境需求	情境认知评量	生理/心理反应	行为反应	人格和动机因素
高度冲突和要求	知觉过度负荷	降低动机	身体上的退缩	高特质焦虑
缺乏控制、无权利、依赖别人	缺乏有意义的成就	疲劳	情绪上的退缩	低自尊和胜任能力知觉
自己和他人的高期望	缺乏意义和对活动的贬值	降低专心	心理的退缩	竞争取向：害怕失败
低社会支持	缺乏乐趣	体重增加或减低	表现下降	害怕不佳评价

[①] SMITH R E. Toward a Cognitive-affective Model of Athletic Burnout[J]. Journal of Sport Psychology, 1986, 8(1): 36–50.

情境需求	情境认知评量	生理／心理反应	行为反应	人格和动机因素
过度的时间要求	长期压力	易生病或受伤	在比赛中放弃或未尽全力	单一自我概念
社会关系太少	习得性无助	情绪不稳定和没耐心	僵硬，不适当行为	高度讨好他人需求
父母涉入；不一致回馈，负面回馈	降低生活满意	睡眠不足	人际困难	低果断性
教练涉入；不一致回馈，负面回馈	认同危机	愤怒、易怒	学校成绩表现差	自我吹毛求疵
受伤	窒息感，陷入困境感	肌肉疼痛		完美主义
训练负荷：反复、量大、太多比赛		无聊		低知觉控制、高挫折

（引自：Weinberg,R.S.&Gould,D. Foundations of Sport and Exercise Psychology，1996.）

　　研究人员已经识别和研究了运动中出现的生理和心理的耗竭症状（表9-3），运动员会体验到运动带来的不舒适，他们失去胃口和性欲，易患感冒和呼吸道感染，体重减轻，睡眠减少，动辄发怒或常感到压抑，感到心理耗竭，备受失去自尊之苦，消极对待人际关系等。然而，患有心理耗竭的运动员虽然有很多共同点，但单个运动员的症状还是不同的（Gould，Tuffey，Udry & Loehr，1997）。

1.4.2　心理耗竭的应对策略

（1）Fender 的干预措施

　　Fender（1989）提出通过三个步骤的干预措施来解决运动员的心理耗竭状态[①]：

　　第一步是自我意识。运动员必须首先认识到自己处于疲惫状态，并告诉自己的父母、教练或运动心理医生。

---

① 　FENDER L.Athlete burnout: Potential for research and intervention strategies[J]. The Sport
　　Psychologist,1989, (3): 63-71.

第二步是暂时停止当前训练。如果心理耗竭症状发现得早，休息几天就足够了。如果心理耗竭状态发展到运动员要退出训练时，运动员应该完全休息和放松。

第三步是采用放松策略。放松有助于改变压力和心理耗竭产生的不良反应。

（2）Weinberg等的干预措施

Weinberg等（1999）认为应通过学习制定计划或策略来帮助运动员预防和处理心理耗竭问题。[①]

①设定比赛和练习的短期目标。设定具有诱因性质的短期目标让运动员完成，不但可以反馈给运动员，让他们知道正确的方法，而且可以提高长期动机，进而增加自我概念。

②沟通。对运动员的感觉进行有建设性的分析，并且鼓励他们与别人沟通，把他们在训练或比赛中遇到的挫折、焦虑和失望的感情表达出来，向同伴、家人或朋友寻求社会支持，即使出现了心理耗竭现象，也不要认为很严重。

③放松休息。当训练或比赛的压力很大时，可以从工作压力中解脱出来，适当的休息，减少训练量和强度，对心理耗竭的产生可以起到预防的作用。

④学习自我调整技巧。学习一些心理技巧如放松、意象、目标设置和自我谈话等，可以消除导致心理耗竭的压力。

⑤保持正面看法。对于在比赛或训练中，教练、裁判或同伴给予的评价，新闻媒体报道的相关内容，应正确对待，不要因为评价不好而情绪低落。应当保持正面看法，就是自己努力控制情绪，而不是沉闷于无法掌握的批评。

⑥处理赛后情绪。一方面，比赛虽然停止了，但比赛中引起的紧张心理感觉并没有结束。紧张情绪总是在赛后争执、打架、痛饮狂欢和其他破坏性的行为中强化和爆发出来。另一方面，运动员在比赛失败或表现不好后变得

---

① WEINBGER R, GOULD D. Foundations of sport and exercise psychology[M]. New York: Human Kinetics, 1999.

沮丧、意气消沉和退缩。

⑦保持良好体能状况。身体和心理是一种相互作用的关系，长期压力会反映在身体上，因此，当压力过大时，要注意锻炼身体以帮助自己调整合理的心理状态。

（3）Murphy 的干预措施

在 Murphy（1995）《运动心理干预》（*Sport Psychology Interventions*）一书中，对心理耗竭的干预问题也有详细的叙述[①]。他认为，消除心理耗竭的手段和措施是否合理会直接影响竞技体育成绩的高低。运动心理学家在对运动员的过度训练和耗竭问题进行干预之前，必须先考虑自身角色和价值问题，因为如果不清楚这些问题可能在干预过程中引起价值冲突，最终导致干预无法进行。其主要方法是：

①进行过度训练诊断，了解运动员过度训练的生理和心理症状，出现过度训练问题的运动负荷有多大。

②通过运动员自己与教练的报告日记，对自己的状况进行调整。

③通过教育使运动员心理得到恢复。

④增进运动员与教练的交流。

总之，心理耗竭的干预手段丰富、多样，日益发展。无论是教练员还是运动员都应及时地发现问题，解决问题，在出现训练压力的初期，就采取有效的措施对其进行干预，避免运动员这种消极压力发展至心理耗竭阶段，导致运动员退出体育赛场。

2 运动员心理耗竭的测量

现代竞技体育种类繁多，复杂多变，对运动员和教练员的要求非常高。因此，在训练比赛过程中，运动员经常会处于一种紧张状态中，在运动水平

---

① MURPHY S. Sport psychology interventions[M]. New York: Human Kinetics, 1995.

不断提高的同时，承受着巨大的压力，导致心理能量的大量消耗。随着心理耗竭问题发生率的不断提高，心理耗竭的严重性和损害程度成为研究的重点，于是，心理耗竭的测量成为人们关注的焦点。

早期的研究主要针对心理耗竭量表的使用范围进行研究，到了 20 世纪 70 年代末，研究的重点转移到如何对心理耗竭进行有效测量，即自陈式问卷的编制和使用。2001 年，美国心理学会（APA）年会第 14 分会——工业和组织心理学分会（SIOP）的讨论议题之一就是心理耗竭的评估问题（Models of Job Burnout: Evaluation and Future Directions，Chaired by Esther Greenglass and Michael Leiter）。

经过几十年的发展，现今在心理耗竭测量研究领域中运用最为广泛的量表包括 Maslach 的心理耗竭量表（Maslach Burnout Inventory，MBI）（Maslach & Jackson，1981，1986；Maslach，Jackson & Leiter，1996）、Pines 的心理耗竭指标（Burnout Index，BI）（Pines，Aronson & Kafry，1981）以及 Pines 和 Aronson 的心理耗竭量表（Burnout Measure）（Pines，Aronson，1988）。另外，还有一些学者针对自己的研究方向制定的专用量表或问卷，以适应研究的需要，运动心理学领域也不例外。

2.1　Maslach 心理耗竭量表（MBI）

2.1.1　量表的内容

Maslach 等（1996）的心理耗竭量表（MBI）[①]，最初是用来测试服务业从业人员的心理耗竭状况，是自陈量表，包含 3 个分量表 22 个项目：情绪枯竭（9 个项目）、去人性化（5 个项目）和自我成就感降低（8 个项目）。每题都评定两次，代表频率和强度两个向度的得分。后来为了扩大适用范围，该量表在 1996 年进行了修订。

Iwanicki 等（1981）将此量表修订为教师使用量表，结果发现其所测量

---

① MALSLACH C, JACKSON S, LEITER M. Maslach Burnout Inventory Manual[M]. Palo Alto, CA: Consulting Psychologists Press, 1996.

的基本概念和原量表一样,这表示此量表也适用于教师。同时发现教师在心理耗竭量表的频率和强度的相关程度很高,因此他们仅从教师感受心理耗竭的强度层面加以探讨。

2.1.2　计分方法

量表采用 Likert 七点计分方法,要求填写者在每个项目上对问题出现的频率(从"从不"到"每天")和强度(从"很轻"到"非常严重")都要进行报告。每题得分的总和,即是本量表的总分,总分越高者,表示其知觉到的心理耗竭的程度越低。一些学者对心理耗竭的"频率"和"强度"分别研究,发现这种划分能够较准确描述心理耗竭的状况,但更多的研究只证实对心理耗竭进行频度上的划分具有意义,而在强度上的区别并不大(Brookings, Bolton, Brown & McEvoy, 1985; O'Driscoll & Schubert, 1988),因此,1996年的修订版去除了 MBI 的"强度"维度。

2.1.3　量表

Maslach 心理耗竭量表

以下是与工作感觉有关的 22 个项目的陈述。请仔细阅读每个项目,确定你在工作中是否有过这种感觉。如果你从来没有过这种感觉,请在下面的空白处写上"0"。如果你有这种感觉,依据出现的频率,在"0—6"中选择一个数字。

频率	0	1	2	3	4	5	6
	从不	极少 一年几次 或更少	偶尔 一月一次 或更少	经常 一月几次	频繁 一周一次	非常频繁 一周几次	每天 每天几次 或更少

频率	
1	我对自己的训练工作感到情绪枯竭
2	工作结束后我感到精力被耗尽
3	早上起床我感觉疲惫但又不得不面对新一天的工作
4	我能充分理解学生或运动员的感觉
5	我感觉学生或运动员没有人情味
6	每天和人们一起工作我感到紧张
7	我能有效地处理学生或运动员的问题
8	训练中我感到心理耗竭
9	我觉得通过训练我可以对其他人的生活有积极的影响
10	自从我做这份工作以来，我变得没有同情心了
11	工作对我的情绪影响使我产生焦虑
12	我感到精力充沛
13	训练中我感到沮丧
14	我感觉训练中我的工作太难了
15	我从来不关心学生或运动员发生什么事
16	和人们一起工作给我压力很大
17	我很容易为学生或运动员营造放松的气氛
18	与学生或运动员一起工作我感到高兴
19	我已经完成了工作中值得做的事情
20	我感觉我已经到了尽头
21	训练中我能冷静地处理我遇到的情绪问题
22	我感觉学生或运动员为某些问题指责我

2.2　心理耗竭指标

Pines 等（1981）编制了心理耗竭指标，其中包括 21 个项目，用以测量心理耗竭的程度。该量表使用频度计分，从"从不"到"总是"共分为 7 个等级，量表得出的心理耗竭总分为 21 个项目的平均分。这些项目主要关注认知和情绪，比如"感觉没有价值""抑郁""拒绝"。他们认为，心理耗竭和厌倦具有独立结构，只是厌倦的适用面更广，在很广泛的情境下存在，心理耗竭更多是由于个体要求过多造成的（Burke & Richarson，1993）。与 MBI 不同，心理耗竭指标适用范围更广，既可测量服务行业，也适用于其他行业。

心理耗竭指标侧重于生理、心理能量和情绪方面的衰退和枯竭。它只有一个维度，结构缺乏验证性因素分析的证明。

2.3　Pines 心理耗竭量表

2.3.1　量表的内容

心理耗竭量表（Burnout Measure，BM）是由 Pines 和 Aronson（1988）编制的[①]，是继 Maslach 心理耗竭量表（MBI）之后应用最为广泛的量表。由于 MBI 主要测量服务类职业中的心理耗竭（Westman & Eden，1997），所以在测量服务性行业以外的心理耗竭时，Pines 和 Aronson 的心理耗竭量表要好一些。Pines 和 Aronson 的心理耗竭量表要求被测量者回答自己在生活中所感受到的，与压力有关的 21 个事件发生的频度，然后以发生频度相对应的等级来评定身体和情绪状态。此量表主要测量耗竭感，这种感觉被认为是心理耗竭的最主要的一个方面。

2.3.2　计分方法

该量表采用 Likert 七点计分方法，要求测量者对每个问题出现的频率，从"从来没有"到"总是有"进行报告。每题得分的总和，即是本量表的总分，总分越高者，表示其心理耗竭的程度越高。

2.3.3　量表

Pines 和 Aronson 心理耗竭量表

说明：对于每个项目的评分采用 Likert7 点量表，1 表示从来没有，2 表示难得会有，3 表示很少有，4 表示有时有，5 表示常常有，6 表示一直有，7 表示总是有。R 类项目反向计分。

（1）我觉得疲倦	（12）我感到没有价值
（2）我感觉抑郁	（13）我觉得厌倦
（3）我觉得很开心（R）	（14）我觉得不安
（4）我觉得全身筋疲力尽	（15）我感觉大失所望
（5）我觉得情绪很差，脑袋昏昏沉沉	（16）我感觉很虚弱，很容易生病
（6）我觉得很快乐（R）	（17）我感觉没有希望
（7）我觉得就要崩溃了	（18）我感觉不被接受
（8）我觉得再也受不了了	（19）我感觉很乐观（R）
（9）我觉得不开心	（20）我感觉充满活力（R）
（10）我感觉很没劲	（21）我感觉焦虑
（11）我感觉陷入困境	

---

① PINES A, ARONSON E. Career burnout: Cases and cures[M]. New York: Free Press, 1988.

2.3.4　运动员耗竭问卷

（1）问卷的来源

问卷来自 Raedeke 和 Smith（2001）的运动员耗竭问卷（athlete burnout questionnaire），主要针对运动员心理耗竭的程度进行测试，进而了解运动员出现心理耗竭症状的频率和强度。[①] 此量表包括 15 个项目。

（2）计分方法

量表是五点计分方法，要求填写者在每个项目上对问题出现的强度（从"几乎没有"到"几乎总是"）进行报告。每题得分的总和，即是本量表的总分，总分越高者，表示其心理耗竭的程度越高。

（3）问卷内容

运动员心理耗竭问卷

请仔细地阅读以下的问题，发现自己在近期的运动参与过程中是否有这种感觉。其中近期的运动参与包括你在这个赛季中所有的训练。然后按照以下的陈述决定你出现这些感觉的频率是多少，选择数字 1—5，1 表示"我从来没有过这种感觉"，5 表示"我几乎所有时候都有这种感觉"。回答无所谓对与错，请诚实回答每一道题。

频率	几乎没有	很少	有时	经常	几乎总是
1 我在运动中完成许多值得做的事情	1	2	3	4	5
2 训练之后感觉很疲倦，没有力气再做其他的事情	1	2	3	4	5
3 与做其他事情相比，我在运动中更加努力	1	2	3	4	5
4 运动参与过程中，我感到过度疲劳	1	2	3	4	5
5 运动中我不能完成更多的事情	1	2	3	4	5
6 我从不关心我以前的运动成绩	1	2	3	4	5

[①] RAEDEKE T D. Is athlete burnout more than just stress? A sport commitment perspective[J]. Journal of Sport & Exercise Psychology, 1997, 19(4): 396–417.

续表

频率	几乎没有	很少	有时	经常	几乎总是
7 我不能把我的能力全部投入到运动中	1	2	3	4	5
8 运动中我感到彻底地失败	1	2	3	4	5
9 我不像以前那么喜欢运动了	1	2	3	4	5
10 我感觉身体已经筋疲力尽了	1	2	3	4	5
11 我感觉不像以前那么关心运动成功了	1	2	3	4	5
12 由于运动我身体和心理都感到枯竭	1	2	3	4	5
13 好像无论我做什么，我都不能完成我本应该做的事情	1	2	3	4	5
14 运动中我感到成功	1	2	3	4	5
15 对运动我有消极的情绪	1	2	3	4	5

3 运动员心理耗竭的研究案例

3.1 案例1：教练员的行为和耗竭对运动员满意度和耗竭的影响①

3.1.1 研究背景

耗竭作为运动中长期人际压力的一种积累，存在三方面的影响：情绪枯竭、去个性化和自我成就感丧失。在运动员和教练员中都存在这样的问题。

在实施训练的过程中，教练员行为对运动员和教练员心理耗竭问题的出现有一定的影响。教练员不仅向运动员传授技术，还肩负着思想教育的任务，因此，作为一名教练员，应注重规范个人行为，提高自己的道德修养。

教练员行为发生的过程可归纳为反应性与自发性两类。反应性行为指教练员对训练、比赛现实环境的客观反应，自发性行为是教练员在训练比赛前后主观能动力的行为表现。不同类型的教练员表现的各种行为对运动员的影

---

① ALTAHAYNEH Z, KENT A. The effects of coaches' behaviors and burnout on the satisfaction and burnout of athletes[J]. Zootaxa, 2003, 63(1795): 67–68.

响有正负两方面，与运动员的满意度和耗竭问题有一定的关系。

该研究就是美国的一位学者从教练员行为的角度，分析教练员行为对运动员心理耗竭问题的影响（Altahayneh，2003）。

3.1.2　研究方法

（1）研究架构

该研究利用定量分析法和观察法，分析领导关系、满意度和耗竭问题。通过调查问卷收集数据。

（2）调查对象

选择八所高校的教练和运动员作为调查对象。在 55 名教练中，其中有 42 名教练自愿参加实验，包括男性和女性，问卷回收率的 76.3%。教练中男性占到 88.1%，女性只占 11.9%。教练的年龄在 26~50 岁之间，平均年龄是 36.38 岁（SD=6.35），执教的年限平均为 8.39 年（SD=4.82）。

（3）工具

运动领导量表（Leadership Scale for Sports，LSS）（Chelladurai & Saleh，1980），包括领导行为的 40 个项目，每一个项目以 5 分计分，从 1（从不）到 5（总是）。量表测量五个维度，包括训练和指导（13 项）、民主行为（9 项）、自主行为（5 项）、社会支持（8 项）和积极反馈（5 项）。

运动员心理耗竭问卷（Athlete Burnout Queationnaire，ABQ）（Raedeke & Smith，2001）是 15 个项目的多维度量表，测量影响运动员心理耗竭的三个因素——情绪枯竭、去个性化和自我成就感丧失。每一个因素有 5 个项目，每个项目以 5 分计分，从 1（几乎从不）到 5（几乎总是）。

运动员满意度问卷（Athlete Satisfaction Queationnaire，ASQ）（Ricmcr & Chelladurai，1998）包括 56 个项目，每个项目以 7 分计分，从 1（从不满意）到 7（非常满意）。

Maslach 心理耗竭量表（Maslach Burnout Inventory–educators sursey）（Maslach et al.，1996）。

统计问卷（Demographic Questionnaire）。

3.1.3　研究结果

（1）教练的心理耗竭水平对领导行为包括训练和指导行为、民主行为、社会支持行为和积极反馈有消极影响，但是对自发行为有积极影响。

（2）运动员的满意度对教练的行为，包括训练指导行为、民主行为、社会支持行为和积极反馈有积极影响，对自发行为有消极影响。

当教练表现出较多的支持和关怀等行为时，常常可提高运动员对其"个人成绩"的满意度；当教练表现出对运动员较多的关爱和积极反馈等行为时，往往可提高运动员对"团体成绩"的满意度；当教练采用较多的关心运动员生活、建立良好团队气氛和协调运动员之间关系等行为时，常常会导致运动员对"教练领导行为"的满意度。

（3）教练员行为和运动员的心理耗竭都是可以估算的。

（4）运动员的满意度对耗竭水平有消极的影响。

3.1.4　分析与讨论

（1）教练员的领导行为与耗竭问题之间有重要的关系。

（2）教练员心理耗竭表现出最明显的特征就是自我成就感丧失，这之后才会出现情绪耗竭现象。

（3）可观察到教练员行为与运动员的满意度之间有密切相关。

（4）在教练员的领导行为中，训练和指导行为是最能反映运动员满意度的指标，除此之外还有民主行为、社会支持行为、自发行为和积极反馈。

（5）可观察教练行为与运动员的耗竭之间有密切相关。

（6）在教练员的领导行为中，训练指导行为和自发行为是反映运动员耗竭的主要指标。

（7）运动员的满意度和耗竭之间有消极的关系。

3.1.5　点评

该研究从教练行为的角度，分析了导致运动员出现心理耗竭问题的原因，给出了教练员行为与运动员满意度和耗竭状况的关系，为今后运动员心理耗竭问题的解决提供了理论依据。但是，该研究还存在一些问题。在今后的研究中，除了做定量分析以外，还应该做定性分析，应该对教练员、运动员和团队领导进行访谈，深入地了解心理耗竭的症状。应该研究一些退休的教练员，每个教练员所处的历史时期不同，领导行为与心理耗竭的关系可能会不同。

3.2 案例2：优秀业余橄榄球选手的动机与耗竭 [①]

3.2.1 研究背景

橄榄球运动作为一种高冲撞性的运动，不但对身体关节伤害甚大，对脑部功能也有严重影响。因此，橄榄球运动伤害问题，一直是体育界与医学界关注的话题。

越来越多橄榄球运动员伤害事故的发生，使得运动员在训练、比赛过程中，缺乏自我认同与他人的肯定，渐渐封闭自己，承受着巨大的运动压力，最终导致心理耗竭现象的不断出现，该研究试图从动机理论的角度来探讨耗竭问题。

心理学家将动机定义为能够给予行为能量，并引导行为方向的因素，一个动机强的人，精神旺盛，效率高昂；反之，动机低落的人，精神散漫，效率不高。动机是人类生存成长的潜在力量，是由多种不同的需求所组成的，个体的需求是来自外在的刺激力量，称为外在动机，因为个体内在的需求产生的动机称为内在动机。

Deci（1971）指出，内在动机是个体在没有报偿或限制下自愿去从事行为，使自己获得满足与快乐，内在动机又受到"自我决定的察觉"与"对自己能力的觉察"两个过程的影响。自我决定理论（self-determination theory）是指能按照自己的选择且在愉悦的心情下从事活动的个体会以自我决定的态度控制自己的行为，反之，由于内外在压力而参与不同活动的个体会以非自我决定的方式控制自己的行为。

① CRESSWELL S, EKLUND R.Motivation and Burnout in Professional Rugby Players[J]. Research Quarterly for Exercise & Sport, 2005, 76(3): 370–376.

研究已经证实，自我决定理论可以对运动员的不幸福感和耗竭问题进行解释。在运动员的动机与耗竭程度之间有一定的联系和潜在的因果关系（Cresswell & Eklund，2005）。

3.2.2 研究方法

通过运动员耗竭问卷和运动动机量表对 392 名优秀的业余男性橄榄球选手进行测试，收集数据。利用结构化方程模型（structural equation modeling theory）建立一个测量模型和三个概念结构模型。一个概念模型说明自我决定动机的变化和耗竭的关系，其他概念模型说明调查表中三个动机变量（内在动机、外在动机、缺乏动机）与耗竭的关系。

3.2.3 研究结果

（1）在模型中发现，自我决定动机与耗竭之间有密切的关系。

（2）控制外在动机对耗竭没有积极的或比较重要的影响。

（3）自我决定动机（内在动机）对耗竭有一定的影响。

3.2.4 分析与讨论

（1）自我决定理论对耗竭问题的解释有一定潜在的价值。

（2）应该有更进一步的研究来分析耗竭与动机之间的关系，包括二者间的同时性、方向性和相互影响。

3.2.5 点评

该研究在方法上通过模型建构来寻求各个变量之间的关系，起到直观、明晰的作用。同时，对心理耗竭问题，从个体自身行为上进行研究，把运动动机与耗竭水平联系起来考虑，有创新之处。

第十章　运动员心理健康与心理干预

1　精英运动员心理健康

1.1　引言

精英运动员（elite athletes）是指能够在职业水平、奥林匹克水平或大学水平上竞技的运动员[①]，也可以称为高水平运动员或优秀运动员。作为一个特殊群体，精英运动员长期生活在高度紧张的竞赛压力环境中，他们除了要进行超负荷的枯燥训练，还要承受极高的伤病风险、职业生涯的不确定性、公众和媒体的监督以及舆论的压力，甚至还肩负着整个国家和民族的期望。这些因素无疑大大增加了他们精神心理疾病的易感性。

心理健康是精英运动员的核心要素之一，也是他们在整个运动生涯前后生活中的一种重要资源。[②]然而，近年来国内外关于精英运动员遭遇心理健康问题的报道却屡见不鲜（表10-1）。精英运动员的心理问题如果得不到及时而有效的解决，很容易发展成具有临床症状的精神心理疾病，对自身、家庭、社会乃至国家都可能产生严重的不良影响。尤其是精英运动员会受到公

---

①　REARDON C L, HAINLINE B, ARON C M, et al.Mental health in elite athletes:International Olympic Committee consensus statement[J]. British journal of sports medicine,2019, 53(11): 667–699.

②　HENRIKSEN K, SCHINKE R, MOESCH K, et al. Consensus statement on improving the mental health of high performance athletes[J]. International journal of sport and exercise psychology, 2019, 18(5): 1–8.

众和媒体的高度关注，其社会影响力往往是巨大的。2009 年，德国男子足球队门将 Enke 因抑郁症卧轨自杀后的一段时间内，铁路自杀行为增加了一倍以上 [1]。

表 10-1　部分遭遇心理健康问题的知名精英运动员

运动员	运动项目	心理健康问题	症状自述
Michael Phelps	游泳	抑郁症	"坦白说，抑郁症是一件难以启齿的事，特别是讨论自杀这种可怕的事情。对我来说，把自己关在房间里三四天，持续有轻生的念头，这是我这辈子最可怕的经历。"
Kevin Love	篮球	焦虑症 抑郁症	"这是真的，就跟手骨折、脚踝扭伤一样真实。自从那天起，我对自己心理健康的全部想法几乎都在改变。在过去的 29 年，我一直认为心理健康问题是别人的事。"
Robert Enke	足球	抑郁症	"无论是事业还是家庭，我已经历了很多。我不知道，我的生活在被谁操控，我只知道，我终究无力改变。"
叶诗文	游泳	中度抑郁 失眠	"一开始心理医生给我做了一份测试，结果居然是中度抑郁。" "我是属于那种自己会给自己很多压力的人，所以，心理负担重的时候，整夜整夜地失眠。" [2]
高高	体操	抑郁症	"我想自杀，或者杀人。"

（资料来源：腾讯网、新浪网、搜狐网、《南方人物周刊》）

作为一个亟待解决的社会问题，精英运动员心理健康问题已经引起了国际社会的广泛关注。仅在 2017—2019 年，国际运动心理学会（ISSP）、欧洲运动心理学会（FEPSAC）和国际奥委会（IOC）就先后发表声明，呼吁运动

---

[1] LADWIG K, KUNRATH S, LUKASCHEK K, et al. The railway suicide death of a famous German football player: impact on the subsequent frequency of railway suicide acts in Germany[J]. Journal of affective disorders, 2012, 136(1–2): 194–198.

[2] 田宇. 叶诗文自曝曾患中度抑郁，求助专家学习自我调节 [EB/OL]. (2007–10–20)[2020–5–11]. http://sports.sohu.com/20151020/n423727043.shtml.

领域的相关人员关注精英运动员心理健康问题[1][2][3]。在国内，有代表在第十三届全国人大二次会议上提出了"关于加强高水平运动员心理健康体系建设的建议"，也引起了国家体育总局的高度关注。总体而言，国内在对精英运动员心理健康问题的重视程度方面与国外差距明显，主要表现为领域内相关研究及实践的缺乏。

目前，国内外精英运动员心理健康问题的相关研究主要集中在心理健康问题的表现形式与流行性[4][5]、影响因素[6][7]以及应对策略[8][9]三个方面。基于已有研究提炼出三个问题进行审视，以期进一步丰富和深化对精英运动员心理健康问题复杂性的认识和思考，并为未来研究提供参照。在实践层面，文中所提问题的解决有助于较大程度地促进精英运动员心理健康体系的建立和完善。

① REARDON C L, HAINLINE B, et al.Mental health in elite athletes:International Olympic Committee consensus statement[J]. British journal of sports medicine, 2019, 53(11): 667–699.

② MOESCH K, KENTTA G, KLEINERT J, et al.FEPSAC position statement:mental health disorders in elite athletes and models of service provision[J]. Psychology of sport and exercise, 2018, 38: 61–71.

③ SCHINKE R J, STAMBULOVA N B, et al. International society of sport psychology position stand: athletes' mental health, performance,and development[J]. International journal of sport and exercise psychology,2017,16(6): 622–639.

④ FOSKETT R L, LONGSTAFF F.The mental health of elite athletes in the United Kingdom[J]. Journal of Science and Medicine in Sport, 2018, 21(8): 765–770.

⑤ GULLIVER A, GRIFFITHS K M, MACKINNON A, et al. The mental health of Australian elite athletes[J]. Journal of science and medicine in sport, 2015, 18(3): 255–261.

⑥ JOWETT S, ADIE J W, BARTHOLOMEW K J, et al.Motivational processes in the coach–athlete relationship: a multi–cultural self–determination approach[J]. Psychology of sport and exercise, 2017, 32: 143–152.

⑦ TIMPKA T, JANSON S, JACOBSSON J, et al.Lifetime sexual and physical abuse among elite athletic athletes: a cross–sectional study of prevalence and correlates with athletics injury[J]. British journal of sports medicine, 2014, 48(7): 661–667.

⑧ REARDON C L, FACTOR R M.Sport psychiatry: a systematic review of diagnosis and medical treatment of mental illness in athletes[J]. Sports medicine, 2010, 40(11): 961–980.

⑨ 王海景.竞技运动中降低运动员焦虑的表象认知—行为干预的运用 [J]. 首都体育学院学报，2007，19(1)：97–99.

1.2　精英运动员心理健康的界定

1.2.1　心理健康的相关定义

世界卫生组织（WHO）将精神／心理健康（Mental Health, MH）定义为"一种健康的状态，在这种状态中，每个人能够认识到自己的潜力，能够应付正常的生活压力，能够有成效地从事工作，并能够对其社区作出贡献"[①]。与健康心理相对应，精神／心理健康障碍（Mental Health Disorder, MHD）通常被定义为会引起临床上显著痛苦或损害的疾病，且要符合一定的诊断标准[②]，如美国精神病学会（APA）发布的《精神障碍诊断与统计手册（第 5 版）》（*Diagnostic and Statistical Manual of Mental Disorders*–5, DSM-5）[③] 和世界卫生组织发布的《国际疾病分类（第 11 版）》（*International Classification of Diseases*–11, ICD-11）[④]。精神／心理健康障碍有众多表现形式，它们通常是异常的思想、感知、情绪、行为和与他人关系的结合。然而，与精神／心理健康障碍相比，精神／心理健康症状（Mental Health Symptom）则更为常见，它们可能是明显的，但并不出现在符合特定诊断标准的模式中，也不一定会对个体造成明显的痛苦或功能损害。有研究者在比较了三种权威的精神／心理障碍的诊断标准后指出，精神／心理健康障碍的本质是多维的，且现有研究对其本质的理解仍然不够深入，因此，他们建议不要对临床和亚临床心理障碍进行简单的区分，而应该将精神／心理健康看作一个由疾病到健康状态的

---

①　World Health Organization:《Mental health: A state of well-being》,(2009-10-3)[2020-5-11]. http://www.who.int/features/factfiles/mental_health/zh.

②　REARDON C L, HAINLINE B, ARON C M, et al.Mental health in elite athletes: International Olympic Committee consensus statement[J]. British journal of sports medicine, 2019, 53(11): 667–699.

③　AMERICAN PSYCHIATRIC ASSOCIATION. Diagnostic and statistical manual of mental disorders (DSM–5)[M]. Washington, DC: American Psychiatric Publishing, 2013.

④　World Health Organization. International Classification of Diseases for mortality and morbidity statistics [EB/OL]. http://icd.who.int.

连续体。[①]

　　心理健康并不仅仅意味着没有心理障碍或疾病，还包括了胜任、自我实现等更高层次需求的满足和一种更有活力的生活状态。同样，未患有可诊断的心理障碍也并不意味着心理健康，许多心理问题往往是以一种无"疾病"但有"症状"的形式表现出来的。它们不足以严重到可被诊断，但却真实地对个体生活产生着不良影响，需要引起重视。

1.2.2　精英运动员心理健康的独特性

　　目前许多研究都在关注精英运动员心理健康问题的表现形式和流行性，但研究结果却不一致。这在一定程度上反映出研究者们对精英运动员心理健康的定义和理解可能不尽相同，还可能影响到对后续心理健康问题的诊断。精英运动员心理健康的很多相关研究名为关注心理健康，实则聚焦于其出现的可诊断的心理障碍或症状，这种现象在世界各国都很普遍。[②③]但 Henriksen 等指出，认为运动员没有临床显著的心理障碍就是心理健康的这种想法显然过于简单；看待精英运动员心理健康问题时，不应将他们和普通人一样的经历病态化，而需要较好地区分临床性心理障碍（根据公认标准诊断的）、亚临床心理不健康（没有严重到满足诊断标准）、普通人的情况（作为完整人生经历的一部分所遭遇的周期性的逆境以及不愉快想法和情绪）和运动员的独特情况（在从事体育运动过程中体验到的周期性的不愉快想法和情绪，如表现焦虑）。[④]Roberts 等也指出，运动领域相关从业者应当更加重视运动员出现的

---

① CLARK L A, CUTHBERT B, et al.Three approaches to understanding and classifying mental disorder:ICD-11, DSM-5, and the National Institute of Mental Health's Research Domain Criteria (RDoC)[J]. Psychological science in the public interest, 2017, 18(2): 72-145.

② GULLIVER A, GRIFFITHS K M, MACKINNON A, et al.The mental health of Australian elite athletes[J]. Journal of science and medicine in sport, 2015, 18(3): 255-261.

③ 吕吉勇，李海霞.我国优秀单板滑雪 U 型场地技巧运动员心理健康状况的调查研究 [J]. 哈尔滨体育学院学报，2017, 38(2)：25-29.

④ HENRIKSEN K, SCHINKE R, MOESCH K, et al. Consensus statement on improving the mental health of high performance athletes[J]. International journal of sport and exercise psychology, 2019: 1-8.

未达到心理障碍诊断标准的亚临床症状，并及时实施早期干预[①]。可见，由于无法准确把握精英运动员心理健康的内涵而进行的不恰当的诊断不仅容易给运动员贴上"病态"的标签，还容易让相关人员忽视那些未达到诊断标准却真实影响到精英运动员生活的隐性问题，以及影响他们获得更优秀表现和更高幸福感的发展性问题。

　　值得注意的是，精英运动员作为一个特殊群体，其所处环境必然也是独特的，而心理健康又与环境密切相关。心理健康是"个体内部协调与外部适应相统一的良好状态"[②]，要定义精英运动员的心理健康，就必须考虑他们所处的独特环境。例如，在运动领域，有研究发现完美主义与精英运动员的竞赛焦虑、抑郁、社交恐惧等心理问题有着密切联系[③]。然而，作为一个多维概念，完美主义也并不总会造成负面影响。尤其是在运动情境中，精英运动员需要通过优异表现夺取冠军，这必然要求他们秉持"没有最好，只有更好"的完美主义信念。可见，完美主义在一定程度上与精英运动员的职业要求是相适应的。张秀阁等发现，完美主义可能是情境性和领域性的，且在运动领域十分普遍。[④] 还有研究指出，完美主义是一种普遍存在于奥运冠军身上的人格特质。[⑤] 这就提示我们，在定义精英运动员的完美主义时，一定要考虑到他们本身所处的特殊情境，灵活划分积极适应的完美主义与消极病态的完美主义之间的界限，避免将正常的适应性行为病态化。此外，精英运动员心

①　ROBERTS C, FAULL A L, TOD D.Blurred lines: performance enhancement,common mental disorders and referral in the U.K. athletic population[J]. Frontiers in psychology, 2016, 7(1067): 1–13.

②　刘艳 . 关于"心理健康"的概念辨析 [J]. 教育研究与实验, 1996, 14（3）: 46–48.

③　JENSEN S N, IVARSSON A, FALLBY J, et al.Depression in Danish and Swedish elite football players and its relation to perfectionism and anxiety[J]. Psychology of sport and exercise, 2018, 36: 147–155.

④　张秀阁，王进选 . 完美主义人格是一般性的还是领域性的 [J]. 中国临床心理学杂志, 2018, 25（3）: 538–545.

⑤　GOULD D, DIEFFENBACH K,MOFFETT A. Psychological characteristics and their development in Olympic Champions[J].Journal of applied sport psychology, 2010, 14(3): 172–204.

理健康问题的独特性还表现在这些问题可能更具隐蔽性。

1.3 精英运动员心理健康的影响因素

精英运动员所处的环境是极其特殊的，它可能会滋养或损害运动员的心理健康。[①] 本文主要关注影响精英运动员心理健康的一些特殊情境因素，并对这些因素在运动员心理健康方面所起的作用进行分类探讨。

1.3.1 风险因素

（1）过度训练

有研究指出，过度训练本身就包含了一系列不良的心理症状，包括认知、情绪和行为层面的变化，如记忆力下降、焦虑、抑郁、入睡困难、食欲下降等。[②]Schwenk 则认为，过度训练在生理、免疫、内分泌和代谢方面的变化与重度抑郁症高度相似，唯一区别在于角色功能障碍的本质不同。[③] 此外，过度训练与疲劳的关系也十分密切，如心理耗竭、过度训练综合征、慢性疲劳综合征等概念虽然性质不同，但它们在内涵上都与运动心理疲劳相关，不利于运动员心理健康，且常被混用。[④] 值得注意的是，虽然过度训练对精英运动员心理健康可能产生的抑制效应基本已成共识，但相关研究多以综述为主，实证研究相对较少。

（2）运动损伤

早在 20 世纪 90 年代，Leddy 等就发现，与未受过伤的运动员相比，受过伤的大学生精英运动员会表现出显著更高水平的抑郁、焦虑以及更低水平

① HENRIKSEN K, SCHINKE R, MOESCH K, et al.Consensus statement on improving the mental health of high performance athletes[J]. International journal of sport and exercise psychology,2019, 18(5): 1–8.

② MATOS N F, WINSLEY R J, WILLIAMS C A. Prevalence of nonfunctional overreaching/ overtraining in young English athletes[J]. Medicine and science in sports and exercise, 2011, 43(7): 1287–1294.

③ SCHWENK T L. The stigmatisation and denial of mental illness in athletes[J]. British journal of sports medicine, 2000, 34(1): 4–5.

④ 林岭，张力为 . 运动性心理疲劳问题的研究现状 [J]. 心理科学进展，2007，15(3)：524–531.

的自尊，而且即使在受伤两个月之后，这种情况依然存在。^① 近期，一项对澳大利亚 224 名国家级精英运动员的调查也得出了类似结论。^② 除了大规模调查，我国游泳名将叶诗文在 2015 年喀山游泳世锦赛后接受专访时也透露，脚踝中的碎骨让她遭受了职业生涯当中的最大挫折，虽然手术帮她解决了伤病问题，但中度抑郁的情绪问题则需要心理专家的帮助。^③Ivarsson 等通过元分析指出，心理干预可能会通过改变大脑功能和减少神经活动从而减少运动员受伤害的可能性。^④

可见，运动损伤与精英运动员的心理健康是相互作用的，这说明运动损伤的早期预防及损伤发生后的心理干预对维持他们心理健康水平具有重要意义。遗憾的是，我国虽然也有不少精英运动员运动损伤的相关研究，但研究主要集中在损伤的流行病学调查、原因分析及预防策略方面^{⑤⑥}；运动损伤与心理健康的相关研究虽然在近年来引起了一定的关注^⑦，但研究数量与质量仍有待提升，未来研究还需对这些方面给予足够重视。

（3）退役

精英运动员退役是一个特别困难的转型，它可能引发先前存在的、以前

---

① LEDDY M H, Lambert M J, Ogles B M.Psychological consequences of athletic injury among high-level competitors[J]. Reserch quarterly for exercise and sport, 1994, 65(4): 347–354.

② GULLIVER A, GRIFFITHS K M, MACKINNON A, et al.The mental health of Australian elite athletes[J]. Journal of science and medicine in sport, 2015, 18(3): 255–261.

③ 田宇 . 叶诗文自曝曾患中度抑郁，求助专家学习自我调节 [EB/OL]. （2007–10–20）[2020–5–11].http://sports.sohu.com/20151020/n423727043.shtml.

④ IVARRSSON A, JOHNSON U,et al.Psychosocial factors and sport injuries: meta–analyses for prediction and prevention[J].Sports medicine, 2017, 47(2):353–365.

⑤ 周龙峰，等 . 我国优秀击剑运动员身体运动功能与伤病发生概率研究 [J]. 首都体育学院学报，2016，28（4）：344–347.

⑥ 唐金树，等 . 奥运水上项目优秀运动员伤病的流行病学调查 [J]. 中国骨与关节杂志，2015，4（12）：973–977.

⑦ 刘睿 . 心理护理干预对运动造成膝关节损伤患者负性情绪的效果评价 [J]. 首都食品与医药，2019，25（11）：113.

未被发现或承认的生活挑战和问题，从而加剧这一过程[①]。目前已有一些研究表明，退役可能是精英运动员遭遇心理健康问题的高风险因子，退役运动员患骨质疏松、焦虑、抑郁等身心疾病的概率更高。[②]四届 NBA 全明星、四届联盟最佳防守球员奖得主，美国著名篮球运动员 Wallace 也曾在接受美国媒体采访时直言自己在退役后和抑郁症斗争了很长一段时间，他说："当你退役了之后，情况就完全不同了，你会感觉你被抛弃了。没有人再会去关心你，你以往会接到的那些电话，就都没有了。这种情况下，你会感到心情低落，但是更可怕的是，你不会像打球时一样，有下一个比赛日的机会来让自己振作起来，所以你就会一直一直地低落下去。"[③]Beable 等还发现，仅仅是考虑退役都可能提升精英运动员罹患心理健康问题的风险。[④]然而，退役可能产生的负面影响并不是绝对的，其中还有许多保护性调节因素（如运动员的应对策略）正在引起研究者们的高度关注。[⑤]

（4）其他因素

除了上述几种主要因素，还有一些特定的情境因素也可能对精英运动员心理健康产生不良影响。非意外暴力（non-accidental violence）是由联合国（UN）和国际奥委会（IOC）用以描述运动员在基于歧视的文化背景下由于真实的或感知到的权力差异的滥用所遭受的伤害，包括心理、身体、性虐待

[①] HENRIKSEN K, SCHINKE R, MOESCH K, et al. Consensus statement on improving the mental health of high performance athletes[J]. International journal of sport and exercise psychology, 2019, 18(5): 1-8.

[②] MACKINNON A L, JACKSON K, KUZNIK K, et al.Increased risk of musculoskeletal disorders and mental health problems in retired professional jockeys: a cross-sectional study[J].International journal of sports medicine, 2019.

[③] 腾讯体育.大本自曝退役后曾患抑郁症：感觉自己被抛弃了 [EB/OL].(2018-10-15)[2020-5-11].https://sports.qq.com/a/20181015/007047.htm.

[④] BEABLE S, FULCHER M, HAMILTON B, et al. Sharp—sports mental health awareness research project: prevalence and risk factors of depressive symptoms and life stress in elite athletes[J]. British journal of sports medicine,2017, 51(4): 293.

[⑤] RICE S M,PUECELL R, DE SILVA S, et al.The mental health of elite athletes: a narrative systematic review[J]. Sports medicine, 2016, 46(9): 1333-1353.

和忽视。[①]2016 年，国际奥委会专门发表共识声明，对体育领域存在的非意外暴力问题进行了系统综述，指出所有年龄和类型的运动员都容易受到这些问题的影响，但精英、残疾人、儿童和同性恋／双性恋／变性运动员的风险最高。[②] 遭遇非意外暴力会给精英运动员身心健康带来长期且极具破坏性的影响，包括出现低自尊、焦虑、抑郁、欺骗、辍学、饮食障碍、物质滥用、自残甚至自杀等问题。[③④] 由于非意外暴力在体育领域中的普遍性和对运动员造成的严重后果，这一问题已经引起了国际体育界的广泛重视，但在国内却鲜有探讨。

此外，文化环境也会对精英运动员心理健康产生影响。Schinke 等对 23 名加拿大原住民精英运动员进行了半结构访谈，发现他们在搬迁到不熟悉的主流文化社区后会遇到种种困难，包括孤独感、习俗差异方面的应对困难以及文化刻板印象，而这些都很容易在来自边缘文化的运动员中形成一种孤立感。[⑤]

精英运动员心理健康的风险因素与独特的训练情境密切相关，与训练相关的时间和事件都可能作为压力源对精英运动员心理健康产生不良影响。然而，现有相关研究大多采用横断设计，这很可能导致研究者无法更好地把握

---

① REARDON C L, HAINLINE B, ARON C M, et al.Mental health in elite athletes: International Olympic Committee consensus statement[J]. British journal of sports medicine, 2019, 53(11): 667–699.

② MOUNTJOY M, BRACKENRIDGE C, et al.International Olympic Committee consensus statement: harassment and abuse (non–accidental violence) in sport[J]. British journal of sports medicine, 2016, 50(17): 1019–1029.

③ TIMPKA T, JANSON S, JACOBSSON J, et al. Lifetime sexual and physical abuse among elite athletic athletes:a cross–sectional study of prevalence and correlates with athletics injury[J].British journal of sports medicine, 2014, 48(7): 661–667.

④ LINDQVIS B A, ROSEN T, FAHLKE C, et al.Somatic effects of AAS abuse:a 30–years follow–up study of male former power sports athletes[J]. Journal of science and medicine in sport, 2017, 20(9): 814–818.

⑤ SCHINKE R J, MICHEL G, GAUTHIER A P, et al.The adaptation to the mainstream in elite sport: a Canadian aboriginal perspective[J]. The sport psychologist, 2006, 20(4): 435–448.

精英运动员心理健康问题的全貌。

1.3.2　保护因素

（1）社会支持

良好的社会支持是精英运动员心理健康最重要的保护性因素之一。首先，社会支持可以直接提升与精英运动员心理健康相关的指标（如自主动机和幸福感等），缓冲应激源对心理健康的负面影响（如预防网络成瘾等）。[1][2]Sheridan 等在一项系统综述中指出，青少年精英运动员普遍认为教练是最重要的支持力量，而且教练、家长和同伴积极有效的社会支持能够促进运动员运动表现和积极的心理感受，但运动员感知到较少和不合理的支持则会增加他们提早退役的倾向。[3]美国篮球运动员 Wallace 在接受采访时也提及自己在与抑郁症抗争的过程中，来自挚友、家人尤其是他的几位教练的支持带给他很多帮助。[4]

其次，社会支持还可以对精英运动员心理健康及其相关表现产生间接的促进作用。Jeon 等通过对韩国高中和大学的精英运动员的问卷调查发现，社会支持可以通过提升自我同情从而提升他们的主观幸福感。[5]一项对精英技能竞赛选手的研究也表明，领悟社会支持在他们的心理疲劳与流畅状态之间

① HAERENS L, VANSTEENKISTE M, et al. Different combinations of perceived autonomy support and control: identifying the most optimal motivating style[J].Physical education and sport pedagogy, 2018, 23(1): 16–36.

② 曹立智，迟立忠．群体凝聚力对运动员网络成瘾的影响：社会支持的中介作用 [J]. 中国临床心理学杂志，2016，23(2)：302–306.

③ SHERIDAN D, COFFEE P, LAVALLRR D. A systematic review of social support in youth sport[J]. International review of sport and exercise psychology, 2013, 7(1): 198–228.

④ 腾讯体育．大本自曝退役后曾患抑郁症：感觉自己被抛弃了 [EB/OL].（2018–10–15）[2020–5–11]. https://sports.qq.com/a/20181015/007047.htm.

⑤ JEON H, LEE K, KWON S. Investigation of the structural relationships between social support, self–compassion, and subjective well–being in Korean elite student athletes[J]. Psychological reports, 2016, 119(1):39–54.

起调节作用。[①]

可见，社会支持是精英运动员心理健康重要的保护性因子，而其中教练支持尤为重要，但如果无法合理采用社会支持，很可能会起到相反的效果。

（2）良好的人际关系

精英运动员与教练高质量的关系对于维持自己心理健康具有重要意义。Jowett 等跨文化研究发现，感知到与教练员高质量关系的精英运动员会体验到高度的心理需要满足，引起自我决定的动机和更高的幸福感。[②]Gomes 等就教练执教理念、实践与执教有效性的标准对不同领域的 10 名精英教练进行了访谈，结果发现，绝大多数教练都认为与运动员建立一种基于个人尊重的人际关系对运动员个人和团队的发展与成功具有重要作用。[③] 除了与教练的关系外，与队友的关系质量也是影响精英运动员人际关系满意感的重要因素。[④]Burns 等强调，精英运动员取得持续成功的关键在于通过良好的人际关系来缓解压力，这种人际关系的特点包括能让他们感到放松，开怀大笑，愿意聊天，并给予他们一定的时间从激烈竞争的压力中脱离出来休息一下；这种关系可以源于朋友，队友，或按摩师、理疗师、教练等专家。[⑤] 此外，家长及

① 路瑾 . 技能竞赛选手流畅状态与心理疲劳、领悟社会支持的关系研究 [D]. 天津：天津职业技术师范大学，2015.

② JOWETT S, ADIE J W, et al.Motivational processes in the coach–athlete relationship: a multi-cultural self–determination approach[J]. Psychology of sport and exercise, 2017, 32: 143–152.

③ GOMES A R, ARAUJO V, Resende R, et al. Leadership of elite coaches:the relationship among philosophy, practice and effectiveness criteria[J]. International journal of sports science & coaching, 2018, 13(8): 1120–1133.

④ 江广和，戴海琦，胡竹菁 . 我国运动员主观幸福感内部结构及外部影响因素研究 [J]. 心理学探新，2013，33(6)：554–558.

⑤ BURNS L, Weissensteiner J R, Cohen M.Supportive interpersonal relationships: a key component to high–performance sport[J]. British journal of sports medicine, 2019.

兄弟姐妹与精英运动员的良好关系也有助于他们的心理健康 [1][2]。

（3）其他因素

教练的领导行为会对精英运动员心理健康的诸多方面产生影响。Stenling 等研究证实了教练的变革型领导行为可以通过满足运动员心理需求从而正向预测他们的幸福感。[3] 还有研究发现，积极的教练领导行为对创建掌握型的激励氛围、满足精英运动员的心理需要、提升他们的运动自信和降低竞赛焦虑都有重要的促进作用。[4][5]

此外，教练创造的良好激励氛围、关怀的执教风格以及运动员对发展环境的积极感知等因素也会对他们的心理健康产生积极影响。[6][7][8]Fisher 等以道德关怀理论为框架，指出关怀取向的教练风格在精英运动员追求卓越的压力情境中可能是最重要的，它能让运动员感受到人际间的支持，体验到自己

① CLARKE N J, HARWOOD C G, Cushion C J. A phenomenological interpretation of the parent-child relationship in elite youth football[J]. Sport,exercise, and performance psychology, 2016, 5(2): 125-143.

② NELSON K, STRACHAN L. Friend, foe, or both? a retrospective exploration of sibling relationships in elite youth sport[J]. International journal of sports science & coaching, 2017, 12(2): 207-218.

③ STENLING A, TAFVELIN S. Transformational leadership and well-being in sports: the mediating role of need satisfaction[J]. Journal of applied sport psychology, 2014, 26(2):182-196.

④ 蔡端伟. 教练员领导行为、激励氛围对运动员动机内化影响研究 [D]. 上海：上海体育学院，2016.

⑤ 程宏宇，王进，胡桂英. 教练员领导行为与运动员竞赛焦虑：运动自信的中介效应和认知风格的调节效应 [J]. 体育科学，2013，33(12)：29-38.

⑥ ÇAGLAR E, ASCI F H, UYGURTAS M. Roles of perceived motivational climates created by coach,peer,and parent on dispositional flow in young athletes[J]. Perceptual and motor skills, 2016, 124(2): 462-476.

⑦ DAVIS L, JOWETT S. Coach-athlete attachment and the quality of the coach-athlete relationship: implications for athlete's well-being[J]. Journal of sports sciences, 2014, 32(15): 1454-1464.

⑧ IVARSSON A, STENLING A, et al.The predictive ability of the talent development environment on youth elite football players' well-being: a person-centered approach[J]. Psychology of sport and exercise, 2015: 16,15-23.

是有价值的、被尊重的，也有助于他们潜能开发和良好竞技水平的展现。[①]
研究者基于美国在这方面的实践，提出了一个由七方面因素构成的启发式模
型来解释教练的关怀是如何影响精英运动员心理感受和运动表现的，同时呼
吁，在精英运动员教练培养课程中应尤其关注如何为运动员塑造一种关怀的
氛围。

精英运动员心理健康的情境性保护因素的现有研究主要集中在人际环境
方面，健康的人际环境应当是尊重的、关怀的、承认运动员价值的、赋予其
权利的，并能够激发他们任务卷入的和自我决定的动机。其中，教练的影响
最需要引起重视。虽然目前精英运动员心理健康领域的研究已经取得一定进
展，但 Rice 等认为仍然不够，未来还有很大的空间来开展一些项目以提高精
英运动员幸福感。这不仅可能增强他们的竞技表现，还有助于增加他们成功
过渡到退役状态的可能性。[②]

1.4 精英运动员心理健康问题的应对

1.4.1 心理服务的提供者

体育组织中与运动员有交集的每一个人都有责任了解运动员心理健康状
况，这些人包括教练、运动心理学家、医务人员、经理、双重职业支持提供
者以及其他综合支持团队的成员。[③]

Moesch 等采用目的性抽样选取了法国、德国、英国、匈牙利、意大利和
瑞典六个具有代表性的欧洲国家，分析了它们的心理健康服务体系，指出运
动心理学家、运动心理治疗师或临床运动心理学家以及医生是目前精英运动

---

① FISHER L A, LARSEN L K,et al. A heuristic for the relationship between caring coaching and elite athlete performance[J]. International journal of sports science & coaching, 2019, 14(2): 126–137.

② RICE S M, PUECELL R, DE SILVA S, et al.The mental health of elite athletes: a narrative systematic review[J]. Sports medicine, 2016, 46(9): 1333–1353.

③ HENRIKSEN K, SCHINKE R, MOESCH K, et al. Consensus statement on improving the mental health of high performance athletes[J]. International journal of sport and exercise psychology, 2019, 18(5): 1–8.

员心理健康服务的主要提供者。① 运动心理学家主要负责提升运动员的运动表现，并在亚临床问题上提供支持，他们几乎是精英运动员心理问题的第一接触人。运动心理治疗师或临床运动心理学家需要接受心理咨询和治疗的临床培训，同时具备运动领域的特定知识，他们一般在监督下提供心理支持，并在必要时刻进行转诊。医生主要是指精神病学家和运动医学家，他们拥有处方权，一般提供药物治疗，但也可能会与家庭医生一起参与最初的心理问题筛查。在支持机构方面，六个国家基本都以国家卫生保健系统为依托，不同的机构又发挥着不同的职能。总体而言，支持模式可以概括为三种，分别是以法国为代表的"公立模式"、以意大利和英国为代表的"私立依托公立模式"，以及以德国和瑞典为代表的"专项联合模式"。在法国，几乎所有的地区中心学校和国立学校都有心理学家。值得注意的是，自 2006 年以来，高水平的持证运动员每年都必须依照法律接受临床心理学家和运动医学医生的强制性访谈以评估其心理健康状况。这使得精英运动员有机会接受更有针对性的心理服务。在意大利、英国，没有专门的公共机构或组织为患有心理健康问题的运动员提供护理服务，但受资助的精英运动员会接受专门的私人医疗保健，还可享受官方机构相应的心理健康转介服务。在德国和瑞典，专门的诊所和专项计划将运动员、教练、俱乐部、体育组织和运动心理学协会的专家联合起来并进行协调，可以为精英运动员提供更有针对性的心理服务。

我国在精英运动员心理健康方面的工作主要由国家体育总局牵头，通过邀请心理专家下队开展培训、开设基础心理教育课程等形式，为不同层次需求的运动员与教练员提供心理健康教育。虽然针对国家级别以上的大型比赛，运动队会邀请运动心理学家对精英运动员进行心理训练和咨询，并随队提供临场支持服务②，但是我国心理咨询职业资格认证体系仍不够系统和完善、公立和私立的心理服务机构都相对缺乏，拥有临床心理咨询经验同时又熟悉精

---

① MOESCH K, KENTTA G, et al. FEPSAC position statement:mental health disorders in elite athletes and models of service provision[J]. Psychology of sport and exercise, 2018, 38: 61–71.

② 姒刚彦，等.运动心理学临场支持服务实证研究 [J]. 体育科学，2009，29（4）：27–34.

英体育的专业人才更是十分稀缺，心理服务提供者数量的缺口极大程度地制约了我国精英运动员心理健康服务事业的发展。

1.4.2 心理健康问题的筛查、评估与诊断

在精英运动员心理健康状况筛查、评估与诊断方面，法国拥有一套十分独特的制度。从 2006 年起，国家级运动员每年都要依法接受专业人员的强制性访谈。最初，对成人运动员采用结构化的精神病学诊断性访谈，旨在调查包括焦虑、抑郁等 17 种精神心理类问题；对 15 岁以下的儿童则采用其他适应性测试。后来，访谈形式更加开放，运动员可以与专业人员就学校、就业、家庭、社会环境、运动和精神心理等方面的问题展开探讨。访谈结束后，根据运动员自身需求（如预防、护理或提升表现），结合专家的结论或诊断，他们会被转介给最适合的专业人员。在瑞典有两家专门服务于精英运动员心理健康的诊所，对精英运动员心理健康问题的评估过程与法国类似，也是采用针对症状的访谈，结合临床量表进行评估，必要时还会对运动员进行血样和身体状况的评估以及功能行为分析。在其他国家，包括中国，目前都没有针对精英运动员的相对系统和全面的心理健康问题评估过程，但各国在评估精英运动员的心理健康状况时一般都会采用标准化的工具，包括一些公认的诊断标准，如 DSM-5 和 ICD-11，以及一些标准化的量表或问卷（表10-2）。

表 10-2　精英运动员常见心理健康问题的评估工具

心理健康障碍 / 症状	评估工具	研究举例
多种临床心理障碍 / 症状	DSM; ICD; Symptom Checklist 90（SCL-90）	①；①

---

① 吕吉勇，李海霞. 我国优秀单板滑雪 U 型场地技巧运动员心理健康状况的调查研究 [J]. 哈尔滨体育学院学报，2017，38（2）：25-29.

续表

心理健康障碍 / 症状	评估工具	研究举例
一般心理痛苦	General Health Questionnaire（GHQ）； a three-item distress screener based on the Four Dimensional Symptom Questionnaire（4DSQ）； Hopkins' Symptom Checklist（HSCL-5）: short version; Kessler 10 Scale（K-10）	①；②；③；④
抑郁	Center for Epidemiologic Studies Depression（CES-D）Scale; Beck Depression Inventory（BDI）	①；⑤；⑥
焦虑、惊恐	Generalised Anxiety Disorder 7（GAD-7）Scale; Social Phobia Inventory（SPIN）； Panic Disorder Severity Scale（PDSS）	④
饮食问题	The Eating Disorder Inventory（EDI）； SCOFF questionnaire（SCOFF）	④；⑥
睡眠问题	Patient-Reported Outcomes Measurement Information System（PROMIS）: short form	⑤
不良饮酒问题	Alcohol Use Disorders Identification Test （AUDIT）	⑤

① FOSKETT R L, LONGSTAFF F. The mental health of elite athletes in the United Kingdom[J]. Journal of Science and Medicine in Sport, 2018, 21(8): 765-770.

② GULLIVER A, GRIFFITHS K M, Mackinnon A, et al. The mental health of Australian elite athletes[J]. Journal of science and medicine in sport, 2015, 18(3): 255-261.

③ GOUTTEBARGE V, AOKI H, et al.Are severe musculoskeletal injuries associated with symptoms of common mental disorders among male European professional footballers?[J]. Knee Surgery, sports traumatology, arthroscopy, 2015, 24(12): 3934-3942.

④ ROSENVINGE J, SUNDGOT BORGEN, et al. Are adolescent elite athletes less psychologically distressed than controls? A cross-sectional study of 966 Norwegian adolescents[J]. Open access journal of sport medicine, 2018, 9: 115-123.

⑤ BEABLE S, FULCHER et al. Sharp—sports mental health awareness research project: prevalence and risk factors of depressive symptoms and life stress in elite athletes[J]. British journal of sports medicine, 2017, 51(4): 293.

⑥ HAERENS L, et al. Different combinations of perceived autonomy support and control: identifying the most optimal motivating style[J]. Physical education and sport pedagogy, 2018, 23(1): 16-36.

综上，精英运动员心理健康状况的现有评估方式以标准化的量表结合诊断性访谈为主。然而，这些评估工具测量的大多是精英运动员心理疾病或症状，而非其心理健康。[①]首先，这种评估方式将心理健康的概念内涵定义得过于狭窄了，也不利于医生、教练等相关人员以一种积极的成长的方式来看待运动员心理健康问题。其次，这种聚焦于疾病诊断和症状筛查的评估工具发现的更多是运动员呈现出的浮于表面的心理问题和症状表现，而对于发现问题的深层原因很可能作用有限。最后，这些标准化的工具是否在不同文化背景和环境条件中都是普适的，这也在很大程度上影响了量表评估的准确性。Rice 等指出，精英运动员心理健康的相关研究多数采用的是自我报告而非诊断性访谈，这可能导致精英运动员群体中精神健康症状或疾病的实际人数在很大程度上仍然未知。[②]Hammond 等研究也发现，采用诊断性访谈比自我报告的形式发现了更多表现出重度抑郁的精英运动员。[③]

1.4.3　心理健康问题的干预

（1）干预方式

无论精英运动员处在何种心理状态下，有针对性的支持都能让他们从中获益。目前对精英运动员心理健康状态进行支持的方式主要有药物干预和心理干预。

药物干预主要针对已经表现出较严重的精神病理学症状或心理干预效果不好的精英运动员。Reardon 等在一项系统综述中指出，给运动员开精神类药物时需要就该群体的特殊性考虑一些特别重要的问题，包括副作用、安全风险和反兴奋剂政策；他们还对运动员常用的各种精神类药物的优缺点及使

① HENRIKSEN K, SCHINKE R, et al. Consensus statement on improving the mental health of high performance athletes[J]. International journal of sport and exercise psychology,2019, 18(5): 1–8.

② RICE S M, PUECELL R, DE SILVA S, et al.The mental health of elite athletes:a narrative systematic review[J]. Sports medicine, 2016, 46(9): 1333–1353.

③ HAMMOND T, GIALLORETO C, KUBAS H, et al. The prevalence of failure–based depression among elite athletes[J]. Clinical journal of sport medicine, 2013, 23(4): 273–277.

用情况进行了综述。^①后来，Reardon 等调查了国际运动精神病学协会 40%
的医师与患有各种心理健康问题的运动员合作时对精神药物的处方偏好，结
果发现，医生们治疗时首选的精神药物包括：采用安非他酮治疗不伴有焦虑
和双向谱系障碍的抑郁症；采用艾司西酞普兰治疗广泛性焦虑症；采用褪黑
素治疗失眠；采用阿托西汀治疗注意缺陷 / 多动障碍；采用拉莫三嗪治疗双
向谱系障碍；采用阿立哌唑治疗精神病性问题。[2]由于精英运动员的特殊性，
对他们进行药物治疗的过程远远不是选择药物那么简单，必须依据他们的个
体情况，综合评估他们的年龄、性别、竞技项目、耐受性等情况，并在此基
础上制定个体化的针对性处方。Reardon 对运动员使用精神药物的研究进展
进行了评述，指出该领域的相关研究存在许多方法论上的问题，包括样本量
小，缺少女性被试，药物的使用不是在真实竞赛环境中等，但他仍然基于已
有研究为临床医生提供了一些有益的用药建议。[3]

　　考虑到对精英运动员这一群体实施药物干预的复杂性和接受心理干预
所具有的优势，心理干预被认为是更合适该群体的一线选择。Moesch 等指
出，在精英运动员心理问题的临床治疗方面，不同国家会依据问题的表现形
式和各自的专长采用不同处理方法，如系统干预、心理动力学干预、人本主
义干预等，但认知行为疗法（CBT）是得到广泛应用的一种干预方式。[4]不
少研究都已证实 CBT 在精英运动员心理干预方面展示出的有效性和优势，包
括为运动员提供一个简短的干预，教他们新技能来控制症状，提升愉快情绪

①　REARDON C L, FACTOR R M.Sport psychiatry: a systematic review of diagnosis and medical treatment of mental illness in athletes[J]. Sports medicine, 2010, 40(11): 961–980.

②　REARDON C L, CREADO S. Psychiatric medication preferences of sports psychiatrists[J]. The physician and sports medicine, 2016, 44(4): 397–402.

③　REARDON C L. The sports psychiatrist and psychiatric medication[J]. International review of psychiatry, 2016, 28(6): 606–613.

④　MOESCH K, KENTTA G, et al. FEPSAC position statement: mental health disorders in elite athletes and models of service provision[J]. Psychology of sport and exercise, 2018, 38:61–71.

和运动表现满意度等。①② 此外，近年来和 CBT 密切相关的基于正念的干预
（Mindfulness-Based Interventions）也经常使用且效果良好。这一大类技术既
可以帮助纠正精英运动员的临床和亚临床心理问题，也有助于提升他们的幸
福感和运动表现。③ 还有研究指出，精英运动员在家庭治疗和团体治疗中也
能不同程度地获益。④

　　我国关于采用精神心理类药物干预精英运动员心理健康问题的研究几乎
处于空白状态。在心理干预方面，石岩等（2006）总结了针对运动员、教练
员和运动心理学家的 9 种心理干预模式，但这些模式全部来源于国外。⑤ 相
对而言，国内学者关注最多的是基于正念的干预方式⑥，对认知行为疗法、音
乐疗法等方式也有涉及 ⑦⑧。此外，一些具有中国文化特色的干预方式也得到
了研究者们的关注，如太极拳等。⑨ 总体来看，国内精英运动员心理干预的
相关研究数量较少，方式相对单一，短时间内的横向研究居多，缺少纵向系

　①　DIDYMUS F F, Fletcher D. Effects of a cognitive-behavioral intervention on field hockey players'
　　　appraisals of organizational stressors[J]. Psychology of sport and exercise, 2017, 30, 173-185.

　②　STILLMAN M A, BROWN T, RITVO E C, et al. Sport psychiatry and psychotherapeutic
　　　intervention, circa 2016[J]. International review of psychiatry, 2016, 28(6): 614-622.

　③　SCHINKE R J, STAMBULOVA N B, et al. International society of sport psychology position stand:
　　　athletes' mental health, performance, and development[J]. International journal of sport and exercise
　　　psychology, 2017, 16(6): 622-639.

　④　GARDNER F L, MOORE Z E. Mindfulness and acceptance models in sport psychology: a decade of
　　　basic and applied scientific advancements[J]. Canadian psychology/psychologie canadienne, 2012,
　　　53(4): 309-318.

　⑤　石岩，王伟. 竞技体育心理干预理论模式、方法与应用 [J]. 成都体育学院学报，2006，32（3）:
　　　99-105.

　⑥　刘涛，等. 正念心理训练干预武术套路效果评价研究——以香港武术队为例 [J]. 成都体育学
　　　院学报，2016，42（5）：88-92.

　⑦　王海景. 竞技运动中降低运动员焦虑的表象认知—行为干预的运用 [J]. 首都体育学院学报，
　　　2007，19（1）：97-99.

　⑧　商徽. 音乐放松法对改善高水平乒乓球运动员 Choking 现象的实验研究 [D]. 扬州：扬州大学，
　　　2016.

　⑨　刘晓芳. 太极拳结合心理干预改善大学生运动员赛前睡眠质量的研究 [J]. 长春大学学报
　　　2015，24（6）：73-76.

统性较强的报告。

（2）障碍与助力

精英运动员在遭遇心理健康问题时普遍不愿意求助。Reardon 等指出，患有抑郁症或其他精神心理症状的精英运动员往往对服用性能和安全性未知的药物持保留态度，因为即使是对成绩最微小的影响，也可能意味着成功和失败的区别。[①]Castaldelli-Maia 等通过一项系统综述指出，对精神心理问题的污名化以及由此导致的耻辱感、缺乏心理健康素养、过去寻求帮助的消极经历、繁忙的日程以及过度崇尚男性文化（hypermasculinit）是阻碍精英运动员寻求心理支持的因素。[②] 还有研究发现，精英运动员对心理健康服务的消极态度与一些因素有关，包括男性自我认同、年轻、黑种人、美国籍、较低的开放性、较高的责任心、性别角色冲突和参与身体接触运动。[③] 目前，普遍认为对心理问题的污名化及其带来的病耻感是制约精英运动员寻求心理支持最重要的因素。精英运动强调成功、重视盈利，运动员通常被教练、亲友和公众媒体看作是心理坚韧的，这种优胜劣汰的文化环境和来自他人的额外期望很容易让他们将寻求心理服务看作是脆弱和无能的表现，从而使他们面临失去上场时间、首发角色甚至比赛合同的风险。[④] 因此研究者们呼吁，精英运动中对精神心理问题的污名化问题亟待解决。

此外，研究还发现一些促进精英运动员寻求心理健康支持服务的因素，包括他人的鼓励，与心理服务提供者的良好关系和愉快互动，他人（尤其是教练）对寻求心理服务的积极态度，互联网的接入，对接受心理支持服务的

① REARDON C L, FACTOR R M.Sport psychiatry: a systematic review of diagnosis and medical treatment of mental illness in athletes[J]. Sports medicine, 2010, 40(11): 961–980.

② CASTALDELLI MAIA J M, GALLINARO J G D M, et al.Mental health symptoms and disorders in elite athletes: a systematic review on cultural influencers and barriers to athletes seeking treatment[J]. British journal of sports medicine, 2019, 53(11): 707–721.

③ REARDON C L, HAINLINE B, et al.Mental health in elite athletes: International Olympic Committee consensus statement[J]. British journal of sports medicine, 2019, 53(11): 667–699.

④ BAUMAN N J. The stigma of mental health in athletes:are mental toughness and mental health seen as contradictory in elite sport?[J].British journal of sports medicine,2016, 50(3): 135–136.

好处的认知和寻求心理服务的自我效能感。① 其中，运动员自身的素质和教练的态度十分重要。我国精英游泳运动员叶诗文在采访中也曾说道："自从开始恢复训练，我就没有时间和心理专家进行沟通，但现在我可以慢慢自我调节。"可见，运动员意识到心理健康的重要性并发挥自身的主动性是至关重要的。

1.5　总结与展望

1.5.1　精英运动员心理健康的定义与影响因素

尽管 WHO 等国际组织对心理健康已经有了较为明确的定义，但精英运动员心理健康有其独特性，已有研究对这一问题可能关注不足。

未来研究至少应当基于以下几个方面的认识对精英运动员心理健康的概念和影响因素进行深入探讨：

首先，关注精英运动员与其他群体的差异。Ford 指出，大学生运动员的酗酒行为比非运动员更常见②，但 Diehl 等对精英大学生运动员的研究却发现，他们在酗酒、吸烟和大麻等物质使用方面的比例都明显低于非运动员③。这些不一致的结果表明，仅仅对比运动员和非运动员可能是不够的，未来研究还应当关注精英运动员与普通运动员在心理健康及其相关问题方面的差异，以便为这一群体提供更有针对性的心理服务。

其次，在识别和探讨精英运动员的心理健康问题与影响因素时，应当密切结合精英运动的独特背景。从已有研究可以看出，过度训练、运动损伤和退役等问题都是精英运动员要面临的独特的情境性因素，而在识别精英运动员心理健康问题的时候，若不考虑这些因素，很可能造成心理健康问题的误

① STILLMAN M A,BROWN T, RITVO E C, et al.Sport psychiatry and psychotherapeutic intervention, circa 2016[J]. International review of psychiatry, 2016,28(6): 614–622.

② FORD J A. Alcohol use among college students:a comparison of athletes and nonathletes[J]. Substance use & misuse, 2009, 42(9): 1367–1377.

③ DIEHL K, THIEL A, et al.Substance use among elite adolescent athletes: findings from the GOAL Study[J]. Scandinavian journal of medicine & science in sports, 2014, 24(1): 250–258.

诊，如将 OTS 误诊为重度抑郁症。还有一些研究者指出可能存在一些运动情境特定的心理健康问题（sport-specific MHD），尽管这种看法仍未得到充分的证据支持，但他们呼吁未来应当关注这类心理问题并为其确定具体的诊断标准。[①]

再次，加强对精英运动员心理健康积极内涵的关注。心理健康除了指没有相关的心理问题，还包含更积极的内涵。目前虽然也有一些探讨精英运动员的流畅体验和幸福感等内容的研究[②③]，但现有研究多数仍然是问题和疾病导向的。因此，未来研究可以积极心理学为背景，更多地关注精英运动员的自我实现、潜能发挥等心理健康的积极方面。这不仅有利于提升他们的竞赛表现，还能帮助他们从精英运动的工具中摆脱出来，成为真正自我实现的、完整的"人"。

最后，在研究方法上应当关注纵向研究。心理状态是个动态发展的过程，且精英运动员的心理健康状态与训练和比赛情境密切相关。因此，对该群体进行不同时间和事件条件下的追踪研究有助于进一步获得他们在面对不同风险因子时心理健康状况变化的信息，从而帮助相关人员为运动员提供更有针对性的心理服务。

1.5.2　精英运动员心理健康问题的应对

目前，在精英运动员心理健康问题的应对方面还存在以下具有争议和尚待解决的问题：

（1）专业的精英运动员心理健康服务机构不完善，专业人才稀缺，且职责不明确。

---

① MOESCH K, KENTTA G, et al. FEPSAC position statement: mental health disorders in elite athletes and models of service provision[J]. Psychology of sport and exercise, 2018, 38: 61-71.

② JEON H, LEE K, KWON S. Investigation of the structural relationships between social support, self-compassion,and subjective well-being in Korean elite student athletes[J]. Psychological reports, 2016, 119(1): 39-54.

③ 路瑾 . 技能竞赛选手流畅状态与心理疲劳、领悟社会支持的关系研究 [D]. 天津：天津职业技术师范大学，2015.

（2）精英运动员心理健康问题的筛查缺乏系统性与针对性，心理健康问题的评估与诊断方式主要是临床症状导向的且较多依赖于运动员的自我报告。

（3）精英运动员接受心理支持普遍不足，对精神心理的污名化问题尤为突出，而现有干预措施存在一定跨文化和方法论上的问题，纵向的基于证据的干预措施可能不足。

基于此，未来研究可以关注以下几个方面：

首先，为精英运动员设立专门的心理服务通道，培养专业人才，明确职责。不论是公立还是私立机构，至少应当保证精英运动员在遭遇心理问题时能找到途径寻求帮助。当然，在这一过程中，注重保护他们的个人隐私是十分重要的。虽然 Henriksen 等指出，体育组织中与运动员有交集的每一个人都有责任了解运动员的心理健康状况，但"每个人的义务"也可能带来责任分散等问题。[①] 据此，这些研究者提出了一个新的职位——精神 / 心理健康干事（Mental Health Officer），他们主张精神 / 心理健康干事应当肩负起解决精神心理问题的首要责任，是健康精英体育体系的核心组成部分，并对该职位的功能和所需要的素质进行了具体阐述。其实，设立这一职位背后所反映的还是谁来为精英运动员心理健康负起责任的本质问题，而要解决这一问题，除了需要从政府和国家层面对这一问题给予高度重视，培养具有心理学和精英运动相关知识经验的专业人才，充分发挥教练员的促进作用和运动员自身的主动性，培养他们的心理健康素养也具有重要意义。

其次，结合情境，关注早期筛查，拓展评估方式。心理状态从正常发展到异常通常需要一定的时间和过程，但如果等精英运动员的心理健康问题发展到临床障碍的程度再进行干预，不仅对相关从业者的挑战巨大，其效果也可能不甚理想。因此，未来需要关注这一群体心理健康问题的早期筛查，与运动心理学家进行阶段性强制性面谈可能会有所助益。考虑到精英运动情境性特点，筛查时机把握以及亚临床症状识别也非常重要。此外，在精英运动

---

① HENRIKSEN K,SCHINKE R, MOESCH K, et al.Consensus statement on improving the mental health of high performance athletes[J]. International journal of sport and exercise psychology, 2019: 1–8.

员心理健康状态评估方面，除了要在标准化工具评估的基础上结合诊断性访谈，还应当充分考虑情境因素，了解他们的独特症状表现，拓展评估方式，如结合生理指标、对重要他人的访谈等方式进行评估与诊断。开发专门针对精英运动的诊断工具也是一种可行的尝试[①]。

　　再次，重视减少污名化问题，改进研究方法，结合情境因素制定个体化干预措施。精英运动员不愿求助与他们对精神心理问题的污名化理解有很大关系。未来在实践领域应当重视如何减少这一问题。Reardon 等指出，对运动员和教练员进行短程心理健康素养和去污名化干预可能是有帮助的。[②] 在药物干预方面，应当针对已有的方法学问题进行改进，如增大样本量等。在心理干预方面，应当增加纵向研究，尤其是当精英运动员遇到心理健康问题的风险因素时，应对他们给予高度关注，并考虑如何充分发挥心理健康促进因素的作用，为他们制定个体化的干预措施。

　　最后，考虑到精英运动员心理健康领域的相关研究多数来自使用英语的国家，文化特点应当成为相关研究与实践本土化的重要因素。我国研究者对这一问题已有一定认识。董传升等指出，我国的体育团队具有鲜明的三元结构特点，人际关系在其中的作用尤其重要。[③] 这可能提示在我国精英运动员心理健康问题处理上，应当更加注重运动员的人际关系，从教练入手可能会取得更好效果。可见，未来研究与实践应当在本土化领域继续深入，为建立、健全我国精英运动员心理健康服务体系提供更有针对性的建议。

---

① MOESCH K, KENTTA G, KLEINERT J, et al. FEPSAC position statement:mental health disorders in elite athletes and models of service provision[J]. Psychology of sport and exercise, 2018, 38:61-71.

② REARDON C L, HAINLINE B, ARON C M, et al. Mental health in elite athletes:International Olympic Committee consensus statement[J]. British journal of sports medicine, 2019, 53(11): 667-699.

③ 董传升，等. 竞争与合作：中国情境下体育团队冲突研究 [J]. 沈阳体育学院学报，2015，34（4）：1-6.

2 运动员心理干预

2.1 运动员心理干预概述

2.1.1 运动员心理干预的定义

（1）"运动员心理干预"的提出

研究发现，运动员长期处于高焦虑和高压力的状态，对其竞技表现会产生一定的负面效应（Cox，1985，2002；Gill，1986）。另外，通过心理干预措施可以有效地帮助运动员缓解压力、降低焦虑水平并促进其运动技能的发挥（Greenspan & Feltz，1989；Vealey，1994）。

一名射击运动员的心理干预实例[①]

一名双向飞碟射击女运动员，曾一度在国内外比赛中取得过好成绩，但由于心理障碍导致成绩下降而不能自制。经心理诊断发现其：教学关系紧张，在生活矛盾面前烦躁不安，情绪及注意的波动和动作变形使她在训练和比赛中往往看不清准星，不能准确估计"提前量"，而经常脱靶；面对自己忽然不会打枪的逆境悲观失望，日常生活也变得极度紊乱。

1. 运动项目规律分析

双向飞碟射击项目运动员完成全套动作主要特点是"以我为中心"，竞技特点是无身体接触的间接对抗性质。这要求运动员对自身的动作序列具备成熟的感觉反应，即对动作能敏感地调整到位，达到一致、稳定、协调、连贯到自动化。这需要运动员的注意力既能高度集中又能稳定延长适当时间。除此以外，由于两个碟靶是反向高速飞行的，运动员不但要举枪、运枪平稳并

全神贯注紧跟目标，而且下身不能转体，要轻松灵活，以利于快速捕获目标，实现快打，而且，为了减轻心理压力，在击发后不允许改变注意的惯性而停下来去看刚打的目标是否击中了，更不能过早抬头去看，而要保持继续运枪的动作，把注意力集中到为击中目标而要做的事情和动作上。

2. 访谈、跟踪她实弹训练及比赛

通过谈心了解她的思想状况，分析其在生活和训练中出现的心理问题并观察她训练和比赛的状况。

3. 主要心理障碍分析

第一，举枪、运枪、跟踪时往往看不清准星和靶，无法估计提前量；成绩的剧烈波动不仅有技术动作的问题，而且还有情绪和注意的不稳定问题。

第二，缺乏"内在广阔注意"的能力。

第三，由于和教练长期关系紧张，因此失去了对技术动作的及时反馈，加上她自尊心甚强，不愿学习同伴的优点。

第四，日常生活安排极不规律，终日处于矛盾焦虑之中，缺乏身体训练，反应速度慢、灵活性差。

4. 心理干预计划

第一步采用认知训练方法，首先通过讲座启发她认识自己有利和不良的心理因素，找到焦虑烦躁的根源，认识到与教练关系的重要性。其次，引导她学会正确处理生活中的矛盾。

第二步进行情绪的自我控制技术训练，解决情绪及注意的不稳定问题。

最后一步，把技术、心理和身体训练密切结合进行。

5. 具体的心理干预方法

（1）认知训练

第一，改善与教练员的关系，争取教练员对错误技术动作的及时反馈及矫正。

第二，学会正确处理生活矛盾，运用画图表及比较优选的方法，通过认知矫正方法去解决一些非理性思维、犹豫不决的问题。

（2）自我控制技术及集中注意力的训练

（3）技术、心理、身体密切结合起来的某些训练方法

第一，根据国外飞碟射击技术资料，介绍飞碟射击队员必须具备的心理要求。

第二，通过世界第一流女子运动员的六点个性特征来启发"向上动机"。

第三，解除精神疲劳，每天技术训练后去打球或跑步。

6. 效果

对该运动员实施心理干预约半年，取得以下效果：

（1）和教练关系不断改善。

（2）过去中午睡不着，现在立即就能入睡了，晚上也是如此。

（3）随着自制力的加强，生活安排有节奏，情绪障碍排除了。

（4）过去好强，不愿学习别人的优点。这次在委内瑞拉加拉加斯却十分注意苏联女子双向飞碟射击运动员亚基莫娃的优点。

（5）在临近比赛前和比赛期间，一直应用信息回避技术排除外界干扰，在比赛中，严格遵守不过早抬头去看命中没有，不计命中靶数，保持动作严格一致性。所以，命中靶数大大提高了，发挥了最好水平。

（改编自：董经武等，1979）

可见，传统上采用的心理技能训练方法已不能满足运动员的心理需求，而心理干预针对运动员出现的心理问题进行干涉、治疗，可以更快捷地解决其心理问题。

从运动心理学发展史上看，运动员心理训练兴起于 1965 年前后，Rainer Martens 于 1981 年正式提出心理技能训练（Psychological Skills Training，简称 PST），而运动心理干预的出现是以 1995 年 Murphy, S. M. 的《Sport psychology interventions》一书为标志的。[1]

---

[1]　马腾斯. 心理技能训练指南 [M]. 王惠民，等编译. 北京：人民体育出版社，1992.

（2）运动员心理干预的界定

干预（intervention）一词，最早在医学上有广泛应用。20 世纪 60 年代，国外心理学家开始把它引入心理学领域，主要指心理学家为了避免来访者（client）（通常指有适应上的问题需要得到援助的人）的不适应行为继续恶化，直接采取某种方法予以治疗的过程，这种方法也称为干预策略（intervention strategies）。[①]

具体而言，心理干预（psychological intervention）是心理学家运用心理手段，对存在心理问题的个人或集体采取明确、有效的措施，使其战胜心理障碍，提高适应能力，最终达到心理健康的一种心理调节方法，包括心理咨询、认知行为治疗等内容。

运动员参赛过程中的心理干预（psychological interventions in competitive sports）是心理干预方法在竞技运动领域中的应用，是运动心理学家对运动员、教练员以及运动队中出现的心理问题所采取的干预措施，可以使运动员有效地克服运动训练和比赛过程中出现的一系列心理问题，有利于教练员或运动队与运动员之间关系的改善，进而充分发挥运动员运动潜力，提高其运动成绩（Murphy，1995）。

运动员心理干预（sport psychology interventions in competition）是运动心理学家有目的地改变运动员的心理与行为的过程。

运动员心理干预主要包括三种方式[②]：

第一，心理技能训练，主要针对心理正常的竞技运动员，以教育和训练的方式，使他们掌握相应的心理技能（如放松、目标设置、积极想象、积极自我对话等），以促进健康、积极的行为，提高竞技表现水平。

第二，预防运动员心理问题和障碍的干预，主要针对遇到各种困惑（如运动损伤、角色转换、人际冲突、运动退役等）的运动员，以咨询的方式，帮助他们顺利应对各种难题，促进适应，降低出现心理问题与障碍的可能性。

---

① 杨宗义，等 . 体育心理学 [M]. 重庆：西南师范大学出版社，1991.

② 张忠秋，等 . 优秀运动员心理训练实用指南 [M]. 北京：人民体育出版社，2007.

第三，运动员心理治疗，即对有心理障碍（如各种神经症、情绪障碍、饮食障碍、愤怒控制障碍、创伤后应激障碍、物质滥用等）的运动员进行矫正性的心理干预。

2.1.2 运动员心理干预意义和作用

（1）运动员心理干预的意义

一个风华正茂、蒸蒸日上的优秀运动员若出现严重的心理障碍，不仅无法在比赛中再创佳绩，而且可能很快结束运动生涯。出现这种情况的一个主要原因是心理干预工作缺失或滞后。

运动员在训练和比赛过程中经常会碰到失败、心理冲突和挫折等心理问题，加之他们多数又处在个性心理不成熟的青年期。如果他们不能妥善地应对出现的心理问题，积累下去就会产生心理疾病。因此，在心理方面给运动员以帮助、劝慰和指导，使他们在训练和比赛过程中出现的心理问题能及时解决。

及时给予运动员心理干预，不仅能帮助他们获得心理知识、注意心理卫生、保持心理健康，更重要的是能防微杜渐，使其不良心理体验消除在初起状态，防止不良心理反应发展成心理疾病，同时能提高他们的心理适应能力，挖掘心理潜能，从而获得更强的竞技能力。

若运动员患上心理疾病再进行干预，那就不是心理干预，而要进行心理治疗。对心理医生来说，这是不愿看到的事情，因为心理治疗很复杂，且需要双方长期配合，对运动员来说这就不是一个简单的问题了。

在运动队心理服务工作中，发现需要进行心理干预的运动员占的比例不小，说明目前运动队心理干预工作还需要加强，一些教练员、运动员及有关领导还没有认识到心理干预的重要性和实效性。

鉴于运动员心理问题不断增多的情况，建议在有条件的地方尽快开设运动员心理干预机构，积极开展心理干预活动，贯彻"预防为主，防治结合"的原则，及时有效地解决运动员的心理问题，更好地为运动训练服务。

（2）运动员心理干预的作用

目前，心理干预方法在竞技体育中的运用已取得良好的效果。

1973 年，拳击手 Norton 在与拳王 Ali 的重量级拳击比赛中，因雇用专业的催眠师进行自信心和焦虑状态的调整而赢得了比赛，这充分证明了催眠作为一种心理干预策略的重要性。美国跳高运动员 Stones、高尔夫球手Nicklaus 和乒乓球运动员 Chris 利用社会支持、制定计划、咨询等手段，在比赛中进行心理干预，同样取得了胜利（Cox，1985）。

在 1996 年亚特兰大奥运会上，第一次为中国香港夺得奥运金牌的帆板运动员李丽珊就是接受过较系统心理干预的优秀运动员之一。[①] 李丽珊早在1991 年就开始接受运动心理学家帮助。在对她的心理能力和个性特点进行全面诊断的基础上，运动心理学家根据她性格活泼外向但易受外界干扰的特点，对她进行专门的情绪控制和集中注意能力的训练。这些训练主要采用生物反馈技术，借助生物反馈测试分析系统使她对自己的心理状态有一个客观的了解。从生理指标的变化曲线波动较大可明显看出，她情绪不够稳定，注意力不够集中。对此，运动心理学家教会她掌握放松技能的训练方法，并要求每天坚持自我训练，定期到心理实验室接受检测。每次大型比赛前，除了常规的赛前心理准备和目标设置等心理训练之外，心理学家还要带上笔记本电脑跟随她到赛场，随时为她提供心理状态变化的客观资料，同时给予必要的、及时的心理调整。在亚特兰大奥运会决赛期间，李丽珊每天晚上至少要有一个小时的时间和运动心理学家在一起，利用生物反馈仪分析她当时的心理状态，进一步明确当前的目标。运动心理学家根据她的具体情况提供心理辅导，包括调节情绪状态，通过表象训练进一步增强信心。因此，李丽珊在亚特兰大奥运会上始终以稳定而高昂的情绪状态超水平发挥，她的成功又一次证明了心理干预的科学性和对运动员比赛成功的积极作用。

可见，心理干预作为一种专业的心理训练手段，可以消除焦虑和应激反应，并有效地进行心理调控。

2.1.3　运动员心理干预简史、现状与展望

20 世纪 60 年代以后，运动员心理问题逐渐引起心理学界和体育科学界

---

① 丁雪琴，等 . 运动心理训练与评价 [M]. 北京：文津出版社，1997.

的高度重视，国外运动心理学家开始从事有关运动员心理训练（心理干预的早期形式）方面的研究。

运动员为了在比赛中获得优异成绩，长期进行高负荷、高压力和大强度的训练，导致一些心理问题频繁出现。当这些问题得不到及时解决时，就会逐渐积累膨胀，使运动员出现过激的行为，并且带有攻击性，严重的甚至会导致自杀。

20世纪90年代以来，国内外运动心理学家借鉴现代心理学的研究成果，进行竞技体育心理干预方面的研究（表10-3、表10-4），提出一些心理干预模式，并针对不同的运动对象提出相应的干预方法，积极帮助运动员调整情绪状态，效果显著。

表10-3　近些年来国外竞技体育心理干预的部分研究

作者、时间	论文名称	发表刊物、卷、期
Weinberg（1994）	竞技体育中心理干预的效用	《运动医学》Vol.18 No.6
Vealey（1994）	运动心理干预的现状和突出问题	《运动锻炼医学》Vol.26 No.4
Holm，Beckwit（1996）	提高竞技运动员成绩的认知行为干预方法研究	《国际运动心理学杂志》Vol.27 No.4
Cupal（1998）	运动损伤预防和恢复的心理干预研究	《应用运动心理学杂志》Vol.10 No.1
Martin，Kelley（1999）	高校男性运动指导员压力和心理耗竭模式	《运动与锻炼心理学杂志》Vol.21 No.3
Cote（1999）	家庭对天才儿童运动发展过程的影响	《运动心理学家》Vol.13 No.4
Bianco，Eklund（2001）	运动锻炼领域中社会支持的概念研究：以运动损伤为例	《运动与锻炼心理学杂志》Vol.23 No.2
Lavallee（2005）	终身发展干预对运动生涯转变调节的影响	《运动心理学家》Vol.19 No.4

（引自：石岩，王伟，2006）[①]

[①]　石岩，王伟. 竞技体育心理干预理论模式、方法与应用 [J]. 成都体育学院学报，2006，32(3)：99–105.

表 10-4　1990—2009 年中国运动心理学家开展的主要运动心理干预研究

时间	作者	论文题目	研究设计
1990	张力为	儿童乒乓球运动员表象训练的实验研究	组间实验设计
1991	王惠民	利用肌电反馈技术进行心理控制训练研究	实验组前后测
1993	王惠民	借助 EMG 值对优秀女子手枪运动员实施表象技能基础训练初步研究	个案实验设计
1993	刘淑慧	高级射手比赛发挥的心理研究	个案实验设计
1994	石　岩	女子射箭运动员心理镇定性的控制训练	个案实验设计
1996	李京诚	共定目标对排球发球技术教学中练习者心理和练习效果的影响	非随机对照实验
1998	丁雪琴	几种心理训练方法的应用效果及综合评价手段的研究	非随机对照实验
1998	季　浏	短期目标和长期目标设置对投篮成绩、努力程度和状态焦虑的影响	随机组间实验
1999	张忠秋	实施系统性心理能力培养增强短道速滑运动员竞技心理稳定性研究	个案实验设计
1999	刘淑慧	26 届奥运会提高射手比赛发挥能力的综合性心理建设研究	个案实验设计
2000	丁雪琴	国家帆板帆船队备战 2000 年奥运会的心理训练及其效果	个案实验设计
2000	丁雪琴	MC2StudyTM 对减轻优秀运动员心理疲劳和增强表象演练能力的研究	随机组间实验
2000	殷恒婵	生物反馈技术在运动员心理训练过程中的应用	实验组前后测
2002	李京诚	不同放松方法的心理训练对主观松弛感和自主生理反应的影响	被试间 / 被试内
2002	王　斌	自行车运动员在恢复过程中运用冥想训练的现场实验研究	随机组间设计
2003	张忠秋	增强我国短道速滑和花样滑冰运动员参加冬奥会比赛心理能力发挥的综合性研究	实验组前后测
2003	王长生	关于体育教学中认知策略与目标定向关系训练的实验研究	随机组间设计
2004	周成林	自由式滑雪空中技巧运动员主要技术和心理控制研究	组间 / 实验组 / 个案
2005	冯　燕	优秀运动员大负荷训练评价的心理认知干预效应	实验组前后测

续表

时间	作者	论文题目	研究设计
2006	林　岭	运动性心理疲劳的概念模型、多维检测、影响因素及干预措施	个案实验设计
2006	韩　玲	"心境管理"对艺术体操运动员训练质量的影响	个案实验设计
2007	林　岭	备战雅典奥运会女子柔道控降体重的个案研究	个案实验设计
2008	姒刚彦	改变"低挫折容忍度"的心理干预及效果评估——一位奥运银牌运动员的个案研究	个案实验设计
2009	黄志剑	视觉表象与自我谈话技术对情绪调节效果的比较	随机组间实验
2009	张忠秋	中国跳水队备战北京奥运会的心理训练与监控	单组前后测 /个案

（引自：刘丽，石岩，2010）[①]

从近些年的研究进展来看，国外对运动员心理干预理论模式已经有了初步认识，每一种干预模式都有其自身的特点，但事物的发展不是单一因素作用的结果，而是受很多因素影响。因此，在面对运动员心理问题时，应该具体分析问题的实质内容，把各种心理干预模式综合起来考虑，采取多种模式结合的方式进行运动员心理干预，这样才会收到较好的效果。

另外，在心理干预过程中，应注意运动心理学家的道德问题，这是一个不容忽视的关键问题。在对运动员进行心理干预的过程中，要尊重每一位运动员，应向运动员交代清楚各种技术问题，不应盲目地采取一些方法进行干预，以防适得其反。

总之，随着这方面理论研究的不断深入，会有更多的模式适用于运动员参赛过程中的心理干预。这需要多学科的共同合作，促进运动心理学的不断发展，把理论建设做得更完美，为实践提供更有效的指导，从而有利于竞技体育事业的发展。

[①]　刘丽，石岩.临床运动心理干预效果评价实验设计的现状、困境与出路[J].体育科学，2010，30（9）：30-36，96.

2.2 运动员心理干预模式与方法

2.2.1 运动员心理干预模式

运动员心理干预模式有九种，主要针对运动员、教练员、运动队和运动心理学家之间的关系进行划分，包括认知行为模式、多系统模式、整合组织模式、终身发展模式、家庭系统模式、婚姻治疗模式、社会教育模式、发展心理模式和儿童教育模式。

（1）认知行为模式

认知因素对人们产生抑郁、情绪障碍起重要作用，错误观念或不正确的认知过程，常导致不良情绪和行为（Beck，1985）。认知行为模式（cognitive-behavioral model）是指从认知、心理意向和思维方式的角度，帮助运动员克服情绪障碍和行为问题的心理干预模式。

Murphy（1995）把认知行为模式分成八个模块，包括咨询定位、熟悉运动、评估、目标同一性、集体干预、个体干预、结果评价和目标再审定。具体的心理干预方法是：①进行放松训练，减轻运动员的焦虑程度；②进行认知重构，弄清情绪、行为和认知三者之间的关系，检测不合理信念，用合理信念取代不合理信念，培养运动员正确的认知行为；③进行表象训练，消除焦虑；④进行应对技巧训练，让运动员不断想象事情的结果以及如何应付，最终学会调节焦虑。[①]

刘淑慧等（1999）在"高级射手比赛发挥的心理研究"中提出的认知行为模式包括认知干扰、认知改变、认知策略和实践活动四个环节（图10-1）。具体来说就是，根据运动员现实想法进行分析，对积极想法加以明确和肯定，对消极想法加以干扰，对原有认知加以重新调整，并提出解决问题的基本方法。[②]

① MURPHY S M. Sport psychology interventions [M]. Champaign, IL: Human Kinetics. 1995.

② 刘淑慧，张恒，黄小丁，等 . 26 届奥运会提高射手比赛发挥能力的综合性心理建设研究 [J]. 北京体育师范学院学报，1999，10（1）：22-33.

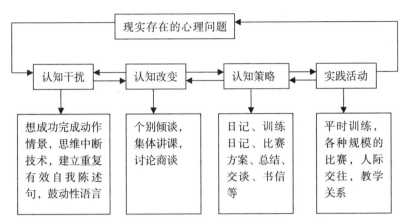

图 10-1　优秀运动员认知行为模式（刘淑慧等，1999）

（2）多系统模式

在国外，有一种运动员被称为竞技娱乐运动员（competitive recreational athletes），指有家庭、工作、孩子的成年运动员，国内称之为业余运动员。他们所处的环境复杂，面临多方面的心理压力（图 10-2），因而比赛成绩起伏很大。

为了帮助他们处理好各方面的关系，运动心理学家提出了多系统模式（the multisystemic model）（Whelan，1989）。

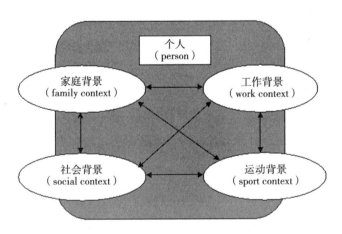

图 10-2　竞技娱乐运动员的多系统背景

（引自：Murphy,S.M.，1995）

Bandura（1969）提出的交互决定论认为，人的行为是由个人和所处的环境因素共同决定的，人和环境是相互影响的，不仅环境会影响人的行为，而且人也可以使自己归属于某种环境中，对环境产生影响。

其心理干预的具体方法是：①专家分析影响运动员的各方面因素，从各个角度收集运动员的资料，以备进一步分析；②制定干预的目标；③进行多方位的评估；④建立良好的合作关系，进行合理的心理干预。在干预过程中，运动心理学家应对运动员个人资料保密，未经当事人同意，不得擅自泄露资料。

（3）整合组织模式

在运动队中，教练员与运动员之间、教练员之间、运动员之间，运动心理学家与教练员之间、运动心理学家与运动员之间的矛盾与冲突不断增加，其中，最为关键的环节是运动心理学家与教练员之间的矛盾与冲突，会影响团体的凝聚力和效率（Landers，Wilkinson，Hatfield & Barber，1982）。

针对此问题，Gardner（1991）提出心理干预的整合组织模式（integrated organizational model），强调团队中教练员和运动心理学家的关系问题，注意二者的融合，互相配合对运动员进行帮助。

一方面，运动心理学家帮助教练员理解运动员，促进他们之间的交流与沟通，讲授有关动机、团体动力学和个人行为取向的知识；另一方面，教练员向运动心理学家介绍技术知识，加深他们对体育运动的理解，使他们自愿从事工作和遵循道德准则。

其心理干预的主要方法有：①让运动心理学家认清自己在团队中的角色，知道自己是团队的一分子，一举一动都会影响整个队伍的状态；②让教练员明白自己的职责，与运动心理学家多交流，搞好关系；③加强教练员与运动心理学家的交流，通过一些活动，增进团队中各成员的关系，增强团体凝聚力。

（4）终身发展模式

人的任何一种行为发展过程都是复杂的，是生长和衰退的结合，生活中的各种变化都可能会导致问题和危机的出现，使个体部分能力衰退，甚至丧失（Baltes，1980）。心理学家把这种能引起生活变化的事情，称为关键生活事件（critical life event）（Watzlawick，Weakland & Fisch，1974）。

终身发展模式（life-span development model）就是在人自身发展的理论基础上，调整人们应对关键生活事件可能引发心理问题的一种心理干预模式。

在关键生活事件发生的前、中、后阶段采取的心理干预措施，因运动员以往的经验不同而不同（Danish，Petitpas，Hale，1990）（表 10-5）。运动员面对关键生活事件的发生，应注意随时调节，不断适应新变化、新形势的需要，更新自身的观念，使自己处于最佳状态。

表 10-5　心理干预的终身发展模式

事件（event）	目标（goal）	策略（strategies）	方法（methods）
前（before）	增加自我效能感 增加自信心	提高策略（enhancement strategies）	预测生活事件的发生，找到合理的应对策略
中（during）	提高运动参与者在生涯发展过程中的适应能力	支持策略（supportive strategies）	学会应对技巧的迁移 提高解决问题的技巧 设定一生发展目标 发展社会支持系统
后（after）	提高认知水平 提高情绪控制能力	咨询策略（counseling strategies）	通过教育了解自身扮演的角色，发展人际关系网 与专家进行感情交流 学习解决情绪障碍的方法

（引自：石岩，王伟，2006）[①]

（5）家庭系统模式

20 世纪 70 年代的研究发现，父母、教练员和运动心理学家对青年运动员的发展有潜在的情绪影响（Martens，1978）。其中，从少年到青年的发展阶段中，父母是最重要的影响因素（Sage，1980）。

家庭系统模式（family systems model）就是把家庭作为一个具有一定组成、结构和功能的整体，从家庭与环境、家庭与成员、成员与成员之间的相

---

① 石岩，王伟.竞技体育心理干预理论模式、方法与应用[J].成都体育学院学报，2006，32（3）：99-105.

互联系、相互制约的关系中综合地研究运动员的心理特点，找到解决运动员心理问题的方法（Hellstedt，1990）。它主要通过交流、角色扮演、建立联盟、达到认同等方式，运用家庭各成员之间的个性、行为模式相互影响、互为连锁的效应，改进家庭心理功能，促进运动员的心理健康。

其心理干预的主要方法是：①对青年运动员的家庭做整体评估，通过对家庭背景、环境和父母的了解，总结出运动员生活环境的框架，分析家庭给运动员带来压力的原因，以及其适应的程度；②在分析家庭压力原因的基础上，制定心理康复的目标；③进行家庭内部关系的教育，让运动员和家庭成员互相理解和体谅，增进双方的交流，增进感情；④鼓励双方互相支持，家庭的支持对运动员以后的发展有至关重要的作用；⑤家庭成员与运动员一起奋斗，运动员的目标与家庭的目标达成一致，加强家庭成员之间的凝聚力。

（6）婚姻治疗模式

在团队、家庭和婚姻中，运动员人际交往关系的好坏直接影响到他们的成绩高低，其中伴侣是支持系统中最重要的影响因素。

婚姻治疗模式（marital therapy model）就是运动心理学家采取社会习得认知行为方法，调解双方的行为，如交流技巧、解决问题的能力等，来帮助运动员消除婚姻问题所带来的心理压力（Jacobson & Gurman，1986）。

其合理的心理干预方法是通过专家的治疗，制定一套合理的方案，包括：①创设一个安逸的环境，让双方一起参加活动以增进感情；②改变各自的行为，从自身找问题，调整行为方式，促进二者关系的发展；③讲授交流的技巧，通过言语、行动、眼神等途径，使关系融洽；④提高解决问题的能力，当问题出现时，双方互相理解，找到合理的解决办法；⑤建立中间位置，当双方产生矛盾，互相埋怨时，利用中间位置，让二者都能以第三者的身份分析问题，有利于问题的解决。

（7）社会教育模式

在早期研究中，性别差异问题一直不被人们重视（McClelland，Atkinson，Clark，Lowell，1953）。男性和女性在社会中扮演的角色不同，社会按照人的性别而分配的社会行为模式也不同，导致社会对人的教育方式不同（Deaux，

Major，1987）。

20世纪80年代，Gill（1992）开始性别问题研究。她发现性别问题与社会背景之间有相互制约的关系，提出利用社会教育模式（social-educational perspective model）对女性运动员心理问题进行干预。

具体的心理干预方法有：①运动心理学家应该本着男女平等的原则，通过无性别差异的途径进行诊断；②注意女性运动员不同的运动经历，采取"非层次的过程定向（nonhierarchical process-oriented）"途径，把个人变化转向社会变化。所谓非层次的过程定向就是指在训练中提高，在生活中进步，考虑性别差异的基础上，不要带有歧视，平等对待每一位运动员，共同向着目标奋斗。

（8）发展心理模式

在学校里，青少年运动员要面临高难度、高强度的训练和高度紧张的比赛，心理上也承受巨大的压力，而且他们要经历一个由学生向运动员角色转换的过程，面临角色冲突、运动损伤、过度训练、体重控制（Borgen，Corbin，1987）等问题，往往会产生焦虑，影响比赛成绩。

从临床、咨询和透视三个角度对学生运动员的需求进行研究，发现学生运动员的发展需要有效的外界帮助，使他们清楚地认识到个人的力量与价值，了解认知因素与理性选择的关系，使得个人能够合理地适应、利用和改造环境（Ogilvie，Harris，1990）。针对此问题，运动心理学家引入了发展心理模式（developmental psychology model）（Andersen，1992），以克服心理障碍和改善心理状态。

其心理干预的方法是：①注意与其他运动员的交流，发现自身的缺点，取长补短，提高思想认识，促进身心发展；②教练员应从各个方面给予学生运动员指导，从生活、学习与比赛中帮助运动员进步，及时发现问题，解决问题；③与管理人员搞好关系，遵守运动队的规则。

（9）儿童教育模式

儿童参加体育活动对身体、心理和社会关系认知的发展有积极作用，但也会产生一些负面影响。Harter（1978）提出的能力动机理论，认为能力高的儿童在学习过程中有信心、兴趣浓厚；能力低的儿童，特质焦虑高，对自己信心不足，影响比赛成绩，其中教练员行为对儿童学习有重要的影响。Weiss（1990）在分析儿童成就动机的基础上，提出了儿童教育模式（children educational model）。

其心理干预的具体方法有：①教练员应注意外界环境的影响，并限定训练任务的难度，同时对儿童的成绩给予肯定的态度、适当的行为反应，鼓励他们；②教练员要通过目标设置理论，为儿童建立体育活动的模型，帮助他们有计划地进行体育活动；③教练员应对儿童在活动中的心理状态进行及时的反馈和强化活动模型；④培养儿童个人控制技巧和准确目标定向的能力，如自我观察、自我判断和自我反省，及时改正错误，帮助儿童在运动中向正确的心理方向发展。

2.2.2　运动员心理干预方法

（1）行为干预方法

在体育运动中，可以采用行为干预方法，如放松调节、生物反馈训练、系统脱敏训练和模拟训练等来降低运动员的应激反应。

①放松调节

由于比赛时情绪紧张必然引起心跳加快、血压升高、呼吸急促、皮温升高和皮电阻下降等生理变化。这种情绪紧张的生理变化不能只依靠谈话或思想政治工作就能得到解决，而有效的方法是让运动员学会调节植物性神经系统机能活动水平。

放松训练是最常用、最基本的一种心理训练方法。放松训练至少有以下作用：第一，减轻心理压力；第二，获得生理益处；第三，调节兴奋水平；第四，作为心理训练的基础。面对众多的放松训练方式方法，重要的是要选用适合运动员自己的那一种。能让运动员身心放松的方法就是最好的放松方法。

单一的放松训练方法是不能很好解决运动员比赛的情绪紧张问题的。过去在这种做法（如练气功或听放松磁带等）上我们走过一段弯路。我们的研究表明：不是所有人都能从放松训练中受益；有的人放松训练虽有效果，但其比赛时情绪紧张症状并未减轻。

放松训练在我国得到了最广泛的应用。早期大量使用放松训练让人产生一种误解：心理训练等于放松训练。事实上，放松训练只不过是运动员心理训练的一种方法而已，而优秀运动员仅有放松能力是远远不够的。

第一种：渐进放松训练。渐进放松训练（progressive relaxation training）是利用全身各部位肌肉的紧张和放松，并辅以深呼吸和表象来调控人们紧张情绪的一种训练方法。

渐进放松训练主要来自 Jacobson（1929）的研究。其基本假设是当肌肉完全放松时，身上其他部位肌肉也随之放松和减缓生理消耗作用，骨骼肌紧张的水平和变化与内部情绪唤醒状态紧密相关。根据 Jacobson 的观点，如果有关的骨骼肌放松的话，不随意肌或内脏器官的活动也会随之降低，即从外周肌肉输入的信号直接影响中枢神经系统，外周输入信号减少时，脑部的紧张将趋于缓解。

渐进放松训练的方法是主观地让某一肌肉群先紧张收缩，然后充分放松，通过对比可以更深刻地体验放松一刹那间的肌肉感觉。例如，将自己的手腕后屈，体会其紧张的感觉，然后马上放松，即刻体会其紧张感觉消失的情况和肌肉放松的体验。

渐进放松训练的基本做法是：让练习者平躺，两手放置身旁，处于一个舒适的体位，且双手和双脚不可交叉。训练环境必须非常安静、光线柔和，以免引起不必要的刺激。渐进放松训练的目的在于帮助练习者获得身体各个部位，特别是头部和颈部等肌肉紧张的精确感觉，使练习者在几分钟内全身完全放松。例如，一开始要求个体尽可能收缩全身肌肉，然后放松，要求其用刚才一半或 1/4 的力量收缩全身肌肉，随后要求利用不同程度的力量收缩身体某一部位的肌肉以及某一部位的某一肌肉。总之，这一方法是使个体的各肌肉群紧张与放松，最终基本学会区分肌肉紧张和放松的感觉。

进行渐进放松训练可分为三个阶段实施：第一个阶段是基本渐进放松法的练习，第二个阶段是加上暗示语的渐进放松训练，第三个阶段是在不同场地的渐进放松训练。

第二种：自生训练。自生训练（autogenic training）又称自主训练、自律训练、自我训练或自发训练。它是在催眠术的启发之下，由德国生理学家Vogt（1890）提出，由德国精神病家Schultz（1958）完成，后来又由他的学生Luthe（1959）加以完善，并使之广为流传的一种自我调节的方法。[①] 使用自生训练进行各种各样的练习和自我暗示，可以达到引起放松反应的目的。

自生训练包括三个部分：

第一部分包括六个基本步骤：肢体沉重感训练（limb heaviness exercise）、呼吸训练（breath exercise）、腹部发暖训练（solar plexus warmth exercise）、前额发凉训练（forehead cool exercise）、肢体发暖训练（limb warmth exercise）、心脏训练（cardiac exercise）。这六种训练中，最常见、应用最多的是肢体发暖训练，而肢体发暖训练中最常用的是使手或手指发暖训练。设计这六个步骤的目的是在心理上引起一种身体的温暖感和四肢的沉重感。

自生训练的第二部分包括运用表象等。在这一步，要鼓励训练者想象能够让自己放松的情景，同时将注意力集中在胳膊和腿的温暖感和沉重感上。

自生训练的第三部分包括使用特殊主题来帮助诱发放松反应。其中一种比较有效的特殊主题就是运用自我暗示提示自己身体确实已经放松了。

第三种：三线放松功。我国传统气功中的三线放松功主要是从身体的三个侧面依次进行放松的功法。

所谓三线，即把人体分为前、后和两边三个侧面，每个侧面为一条线。放松训练时，从每条线的上部，依次向下进行放松。

三线放松功的基本方法是：

第一条线（两侧）：头部两侧→颈部两侧→上臂→肘关节→前臂→腕关节→两手→十个手指。

第二条线（前面）：面部→颈部→胸部→腹部→两大腿→膝关节→两小腿

---

① GARDNER F L, MOORE Z E. Clinical sport psychology [M]. Champaign, IL: Human Kinetics. 2006.

→两脚→十个脚趾。

第三条线（后面）：后脑部→后颈部→背部→腰部→两条腿后面→两膝窝→两小腿 →两脚底。

先注意一个部位，然后静默"松"，再注意下一个部位，再静默"松"。从一条线开始放松，待放松完第一条线后，再放松第二条线，然后再放松第三条线。每放松完一条线后，在一定部位的止息点上轻轻意守1~2分钟。第一条线的止息点是中指，第二条线的止息点是拇指，第三条线的止息点是前脚心。

三线放松功与国外的放松训练比较起来有以下特点：它不需要事先绷紧肌肉，而是直接进行放松；三线放松功着眼于宏观控制，不要求对个别肌肉逐一进行放松。

三线放松功有促进身心健康的作用，也可以作为一种辅助手段用来治疗失眠、恐惧症、焦虑症等心理疾患。

石岩等（1994）采用肌电反馈结合中国的三线放松功的方法来研究射箭运动员应激控制。研究表明，肌电反馈结合中国的三线放松功可以降低射箭运动员的应激水平，是对抗应激的有效方法之一。

②生物反馈训练

生物反馈训练（biofeedback training）又称"内脏学习"或"自主神经学习"，是通过生物反馈达到控制生理指标的变化或维持这种变化的过程。其特点是运用特定的仪器，将人体发出的微弱反应放大成为人的视觉、听觉所能感知的信号，如用音响或屏幕上的图像同步反映血压和心率的起伏波动等，并通过奖励或强化，使生理变化朝着需要的方向发展。它包括训练个体改变多种不同的生理指标（如心率、肌紧张、脑的活动）和依靠仪器调节生理状态，然后把这种能力应用到没有仪器的情境中。

生物反馈训练的目的是借助反馈仪所提供的生物信息，实现自主神经系统的学习和强化，促进练习者调节自身生理功能的能力。换言之，生物反馈训练就是为了使个体认知和使用不易被觉察到的生理过程，并使之能够被有意识地控制，最终让练习者在没有反馈的情况下，仍能够控制自身生理反应，即实现自我调节。

生物反馈训练实际上是生物反馈技术与放松训练方法结合起来的一种高级放松训练。这种生物反馈训练的突出特点是克服放松训练的盲目性，加速放松训练的进程，提高放松训练的效果。

进行生物反馈训练，必须具备生物反馈仪。常用生物反馈仪有肌电、皮电、心率、血压以及皮温生物反馈仪等。近年来，脑电生物反馈仪在一定范围内得到应用，计算机生物反馈测试分析系统受到欢迎。现在国内外一些公司看到了生物反馈仪的市场卖点，开发出小型智能化的生物反馈仪（配放松磁带）。

20 世纪 70 年代末，生物反馈技术开始在体育界被研究与运用。研究表明，运动员在做表象训练时，从其某块肌肉中得到的肌电图变化与实际运动中得到的肌电图在形式上是一致的；优秀运动员内部表象比外部表象能产生更多的肌电活动。这些研究结果为以后生物反馈在体育运动领域中的实际运用无疑起到了非常积极的作用。当然，也有学者持反对意见，认为在表象练习时，肌肉所出现的活动形式不同于实际运动所产生的形式。这说明采用肌电反馈技术进行心理控制能力方面还存在一些不确定的因素，还需进一步地研究来加以解决。

自 20 世纪 80 年代，特别是进入 90 年代以来，生物反馈技术在运动训练中的应用得到了进一步的发展。直观的视觉形象生物反馈，通过视觉刺激的激发可改变自主神经冲动的速率。这种直接的刺激导致心率、皮肤上的汗液（由皮肤电反应检测）、呼吸频率以及由肌电图测量到的肌肉状态的改变。生物反馈提供的关于个体的生物状态的信息，其增强被试身体反应的作用超过了认知的方法。如果将生物反馈与其他紧张调整方法结合起来，在练习和运动的不同领域，能帮助人们改善他们的心理健康和改变他们与健康相关的行为。

总之，生物反馈训练方法可以改善运动员的情绪状态，对达到其个人特殊的心理状态是有效的。

③系统脱敏训练

系统脱敏疗法（systematic desensitization）又称交互抑制法，是一种以渐进方式克服神经症焦虑的技术。利用这种方法主要是诱导求治者缓慢地暴露出导致神经症焦虑的情境，并通过心理的放松状态来对抗这种焦虑情绪，从而达到消除神经症焦虑的目的。该方法是临床使用最广泛、实验研究最多的方法之一，目前也常用于运动情境，主要用于矫正以焦虑反应为主的不适行为或躲避反应。

系统脱敏法由精神病学家 Wolpe（1958）首创。他认为，可以系统地创造一些条件来克服习得的恐惧，而克制焦虑最有效的方法是肌肉松弛。心理医生应与患者（或运动员）共同设计一个引起恐惧反应的刺激情境等级表，即从想象一个引起最小恐惧反应的情境开始到想象一个引起最强烈恐惧的情境。等级设计好后，就将恐惧等级与放松训练结合起来。先要求运动员放松，然后想象他碰到的一个个引起恐惧的刺激，从下端最小的恐惧等级逐渐向上想象，如果运动员想象某一等级时感到恐惧，就要求其放松，一直到其想象最大的恐惧等级而仍然保持放松状态时为止。如果运动员想象某一情境时总是引起焦虑反应，就应该中止这一等级情境的想象，并回到前一层次。只有在想象某一恐惧情境而不再焦虑时，才能转入较高的层次。整个过程可能需要一次或多次治疗。这个方法的成败取决于放松的反应能否从想象的情景转移至实际的情境。事实表明，在绝大多数下，这种转移是成功的。

系统脱敏训练有两种具体方法：想象系统脱敏（SD—I）与现实系统脱敏（SD—R）。就实际效果而言，系统脱敏训练应主要采用现实系统脱敏，但是在过去的研究和实际应用中许多人则选用了想象系统脱敏，这主要是由于想象系统脱敏比现实系统脱敏操作起来容易得多。近年来，现实系统脱敏的使用明显增多。

近些年来，认知训练被引入系统脱敏训练，即让练习者分辨那些不合理的引起焦虑或恐惧的观念，并用合理的自我解释去抑制这些观念，从而增加了系统脱敏训练的有效性。

④模拟训练

美国空军有一句格言：像实战那样进行训练，像训练那样进行实战。这种在平时训练中让练习者在接近实战条件下进行训练的心理训练方法就是模拟训练。

模拟训练（simulation training）也称"比赛模式化训练""比赛适应性训练"，是指在训练中模仿比赛条件，用于运动员演练技术、战术和比赛应对策略的一种训练方法。

模拟训练主要针对比赛中即将出现或可能出现的情况和问题进行模拟与演练，特别是对那些可能使运动员心理、生理产生不良影响的刺激进行模拟，以增强排除干扰、适应内外环境的能力。因此，它是一种适应性训练或脱敏训练，目的是为运动员参加各类比赛做好适应性准备，包括生理机能和心理结构上都产生改变，与比赛环境保持平衡状态。

模拟训练中的模拟不是"原物的还原或重现"，而是"原物的简化"，是原物某些重要特征的简化描述。在全面获取模拟对象信息的基础上，应根据比赛的性质和任务来确定模拟训练的主要内容。国内外研究表明，使训练条件接近实战情况，其训练效果较为理想。

模拟训练分类如下：

第一，根据被模拟的实现方式，可将模拟训练分为言语图像模拟和实战情景模拟两类。

言语图像模拟训练是通过录像、电影、图片、录音、语言等手段展示正式的比赛情境，并结合暗示、想象等，在运动员心理上造成比赛气氛和情境的模拟训练。进行这种训练不需要设置比赛的条件，不需要对手、裁判员及观众，只需要在头脑中去想象。这是一种比较简便易行的模拟训练方法，但是进行这种训练时，要求运动员具有比较强的语言和表象能力。

所谓实战情景模拟就是在训练中，特别是在比赛前的训练时，尽可能地创设或选择与比赛条件相同或相类似的情境下进行训练，包括模拟比赛形式、赛程安排、场地器材设备、对手的技术与战术、观众行为或裁判的误判以及气候情况等。由于实景模拟要给运动员提供各种仿真条件，所以，训练效果都比较好。此外，实景模拟需要确保使运动员进入角色，才能获得好的训练效果。

第二，根据被模拟系统的不同，可将模拟训练分为比赛对手的模拟训练、比赛状态的模拟训练和比赛环境的模拟训练。在实施过程中，具体包括对手、裁判、关键情境、地理气候、时差等模拟。

（2）认知干预方法

①认知训练

"人不是被事情本身所困扰，而是被其对事情的看法所困扰"。这是古罗马哲学家 Epictetus（约55—130）的一句名言。意思是说，情绪或不良行为并非都由外部诱发事件本身所引起，而是由于个体对这些事件的评价和解释造成的。

20世纪60年代，美国学者提出了情绪的认知理论，认为在情绪发生过程中认知因素起着重要的作用。与此同时，以改变人的认知从而改变人的情绪和行为的认知疗法也相继问世。最初认知疗法主要用于治疗有心理障碍的病人，后来被应用于正常人，因此也称认知训练、认知调整、思维控制训练等。在这方面，Albert Ellis 的 ABC 理论和合理情绪疗法影响较大。

Albert Ellis 指出：人的情绪不是由某一诱发性事件的本身所引起，而是由经历了这一事件的人对这一事件的解释和评价所引起的。在 ABC 理论模式中，A 是指诱发事件（activating event）；B 是指个体在遇到诱发事件之后相应而生的信念（belief），即他对这一事件的看法、解释和评价；C 是指特定情景下，个体的情绪及行为的结果（consequence）。通常人们认为，人的情绪的行为反应是直接由诱发性事件 A 引起的，即 A 引起了 C。ABC 理论则指出，诱发事件 A 只是引起情绪及行为反应的间接原因，而人们对诱发事件所持的信念、看法、解释 B 才是引起人的情绪及行为反应的更直接的原因。

合理情绪治疗（Rational-Emotive Therapy，简称 RET）的基本理论主要是 ABC 理论。合理情绪疗法认为，人们的情绪障碍是由人们的不合理信念所造成，因此简要地说，这种疗法就是要以理性治疗非理性，帮助求治者以合理的思维方式代表不合理的思维方式，以合理的信念代表不合理的信念，从而最大限度地减少不合理的信念给情绪带来的不良影响，通过以改变认知为主的治疗方式，来帮助求治者减少或消除他们已有的情绪障碍。

运动员参赛过程中的认知训练（cognitive training）主要有两种：第一，要进行合理思维，如"比赛就会出现情绪紧张，情绪紧张是理所当然的""比赛赢了固然好，输了也没什么可怕的""比赛中偶有失误也是正常的"等。第二，要把思维集中在比赛中，不要用结果来干扰自己，结果是无法控制的东西，起码是你当时无法控制的，所以应注重把当前的问题处理好，把注意力集中于过程，而较少去想结果。这就是现在大家都能接受的"心理定向理论"。

认知训练的理论与方法被应用于运动员心理干预活动中。刘淑慧在中国射击队20多年的心理干预工作中很好地运用了这一方法，帮助很多射击运动员登上了国际大赛的最高领奖台。刘淑慧（2001）总结出了运动员心理干预过程中运用的主要心理学理论及认知调整的要点与作用（表10-6）。

表10-6　心理干预中运用的心理学理论及认知调整的要点与作用

序号	理论名称	认知调整的要点与作用
1	心理定向理论	把握自己、把握现在、把握技（战）术
2	心理控制点理论	控制住比赛中能控制的事物，对不能控制的事物心理认可
3	成就动机理论	丢掉想打好怕打坏的包袱，做到想赢不怕输
4	心理能量控制理论	恰当的比赛期望与对比赛的能力知觉相匹配，促进流畅状态的出现
5	意识结构理论	促进下意识、意识、自我意识的协调统一，强调自我意识的发展（自强、自信、自控）
6	目标取向理论	树立任务取向目标，自己和自己比；淡化自我取向目标，避免过早、过强的社会比较
7	情绪ABC理论	了解情绪反应C不是由客观事物A所引起，而是由对A的评价B所引起
8	观念系统理论	促进被咨询者本人进行自我探索、自省，认识自己的问题的重要性，确信能够处理好自己的问题

（引自：刘淑慧，2001）

目前国内认知训练比较流行，但需要指出的是，认知训练并不是万能的，对于那些消极思维、不合理思维严重的运动员而言，认知训练效果并不理想。

②表象训练

表象训练（imagery training），也称想象训练、念动训练和心理演练等。

国外把表象分为内表象（动觉表象）与外表象（视觉表象）。表象训练开始阶段，运动员大多使用外表象训练；只有一些优秀运动员可以进入到高级阶段，才会运用内表象训练。如何实现外表象训练向内表象训练的顺利转变以及怎样表征内表象是令人感兴趣的问题。

Rainer Martens 等提出表象训练的四个步骤，即表象能力测定、传授表象知识、基础表象训练和结合专项的表象练习。其中的基础表象训练尤为重要，它是由感觉意识训练、清晰性训练与控制性训练三部分组成的。①

表象训练究竟有什么实际效果？过去国内外一些研究大都强调它对动作技能形成有明显的促进作用，其理论基础是 Edmund Jacobson 提出的心理神经肌肉理论（psychoneuro muscular theory）。这个理论认为，在表象动作时会伴随着微弱的，但是可以测量到的与实际动作相似的神经肌肉活动，而这种神经肌肉反应的多次激发可以完善和巩固动作的动力定型。但是，Denial Landers 等（1983）的一项研究却发现表象训练在动作技能学习方面的效果并不大。

作为一种心理训练方法，表象训练在增强运动员自信心、改善内部动机与做好比赛心理准备等方面有帮助，因此现在仍广泛使用。

2.3　运动员常见心理问题的干预

2.3.1　失眠

人在一生中或多或少都有过失眠的体验。多数人失眠是偶然的、暂时的，故无须治疗。运动员在训练、比赛期间也会出现暂时性心理生理失眠现象，这种失眠一般也无须求医吃药。需要注意的是，一些运动员把情绪障碍和其

① 马腾斯．心理技能训练指南 [M]．王惠民，等，编译．北京：人民体育出版社，1992．

他不良因素引起的暂时性失眠归到别的原因上，这样就很可能发展成持久性的心理生理失眠症。调查发现，一些运动员的确患有失眠症，且女运动员多于男运动员，老运动员多于新运动员。

失眠症的表现一般有三种类型：入睡困难，早醒，中途醒转增多。个别人患有通宵不能入睡的严重失眠症，自诉白天精力分散、头昏、头重和疲倦等，无法参加日常训练。对于这种失眠必须及时治疗。

美国精神病学会（APA）1985 年出版的《DSM —Ⅲ –R 草案》将失眠定义为："失眠是指自诉难以入睡或维持睡眠困难，每周至少四个晚上，至少连续四周。"

失眠症的诊断一方面要听取失眠者的诉说，另一方面要用多导睡眠图检查证实。研究表明，失眠者的诉说一般与多导睡眠图相符，说明自我诉说是可信的。但有时患者也会不自觉地夸大失眠症状。运动员失眠症的诊断多以其口述为依据。

治疗失眠症多使用安眠药。对一般失眠症患者来说，使用安眠药弊多利少，长期使用更是如此。运动员服用安眠药尤其要注意，因为安眠药最常见的副作用是服药次日白天出现精神萎靡不振、困倦和运动能力下降等反应。临床实践表明，仅靠安眠药无法治愈运动员失眠症。

由紧张焦虑、忧愁烦闷、思虑过度或激动愤怒等心理因素引起的失眠症患者很多，但他们不易察觉，一般也不重视或回避这些心理原因。运动员失眠症患者多属这种情况。对于心理性失眠，药物治疗只是一种症状治疗法、一种辅助措施，唯有心理治疗才能解决根本问题。可见，运动员失眠症更适宜用心理治疗。

目前失眠症的心理疗法有：支持性疗法、松弛疗法、音乐疗法及行为疗法等。支持性疗法是给失眠者以关心和安慰，向他们解释失眠的性质，说明失眠并不可怕，是可以治愈的，并向他们宣传睡眠卫生知识。松弛疗法首先是放松全身肌肉，促使自主神经活动朝着有利于睡眠的方向转化，使警醒水平下降，诱导睡眠发生。音乐疗法是利用柔和、单调的音乐或轻柔的催眠曲，使失眠症患者入睡。行为疗法就是改变那些可使失眠发生的不良行为，如睡前从事不妨碍入睡的活动，以消除失眠发生的因素。

运动员失眠症的心理治疗要有针对性。若发现某种心理疗法效果不显著，应及时调整，选择合适的心理疗法。另外，中医中药、针灸、气功等治疗运动员失眠症也有一定疗效，可配合心理治疗使用。运动员失眠症在心理医生的帮助下，一般经过一段时间以心理疗法为主的综合治疗，均可痊愈，切勿滥用安眠药。

2.3.2　焦虑

在运动员心理干预工作中，常听一些教练员反映：离比赛还有一两个月时间，个别运动员就出现了一些异常反应，如吃不下、睡不好、心跳加快、注意力分散、担心、害怕、整日忧心忡忡以及对任何事情都不感兴趣等。有些运动员还有口干、上腹不适、恶心、腹泻、呼吸困难和尿频尿急等反应。这些反应用心理学的术语来说，就叫患上慢性焦虑症。

焦虑症又称焦虑性神经症，是神经症中最常见的一种。患者以焦虑反应为主要症状，同时伴有明显的植物性神经系统紊乱。此症在临床上有慢性和急性之分，以慢性焦虑症较常见。个别运动员赛前出现的植物性神经症状，如心悸、剧烈心跳、心慌、呼吸困难、胸闷、胸痛、四肢发麻、发抖和出汗等为急性焦虑症。此时，他们有如大难临头，十分惊恐。发作时间短的不到半小时，长则数小时，一般在比赛结束后症状很快就消失。

一般认为，运动员赛前焦虑情绪的产生源自未来比赛结果的不确定性，但这种不确定性并不是个别运动员产生焦虑症的主要原因。那么，产生焦虑症的原因是什么？研究表明：焦虑症一部分是社会心理因素所致，另一部分无明确原因。也有人认为，焦虑症可能与先天遗传素质有关。还有人认为，焦虑症源于内在心理冲突，即儿童期被压抑下来的心理冲突到成年后在某种条件下又被唤起。此外，还有人认为是生化和内分泌方面的原因。焦虑症病因的不确定，无疑给治疗工作增加了难度。

目前，用于运动员焦虑症诊断的量表较多，如国内外广泛使用的Spielberger的《状态－特质焦虑量表》（STAI）、Martens的《运动竞赛焦虑量表》（SCAT）、Taylor 的《显性焦虑量表》（MAS）以及《自评焦虑量表》（SAS）等。这些量表具有较高的信度与效度，并附有详细的使用说明，适用于临床诊断。除使用专用量表进行测试外，还要听取患者的主诉。由于焦虑症状常出现于其他的心理疾病（如抑郁症、神经衰弱等）中，因此，要认真进行鉴别与诊断。

运动员焦虑症的治疗应以心理治疗为主，必要时配以药物治疗。

下面介绍几种自我心理疗法：

（1）自生训练法

此法实用有效，简单易学。它包括 6 个标准公式：重感公式、温感公式、心脏调整公式、呼吸调整公式、腹部温感公式和额部凉感公式。可 6 个都做，亦可选择 1~2 个做，具体做法可请教心理医生。每天至少做 2 次。根据自己的情况，可尽量多做几次。临床实践表明，焦虑症患者最适宜用自生训练法治疗。

（2）积极性自我暗示法（也称自我积极思维法）

焦虑症患者常胡思乱想，无端怀疑自己，看事物往往多从坏的方面去想，缺乏竞争意识，自卑，兴趣丧失。对此可用积极的、增力的语言暗示自己，强化正确的思想，弱化消极、忧郁的不良心境。通过暗示，可帮助患者建立自信心，相信自己能力，正确评估自己。随着自信心的提高，焦虑度就会降低。

（3）自我转移法

在训练之余或比赛期间可采用转移法来转移自己的注意力，如焦虑不安、胡思乱想时可找一本有趣的、自己喜欢的书刊来读；参加集体娱乐活动，如下棋、打牌、看电影、看电视、唱歌、跳舞等；听喜欢的歌曲，不宜听过于伤感、低沉的曲调，以欢快、节奏感较强的轻音乐为佳；其他类似的方法。

采用自我心理疗法的同时，可视焦虑症的严重程度，遵医嘱，适当服用抗焦虑药物。常用的抗焦虑药物有利眠宁、安定、硝西泮和艾司唑仑等，可口服，也可肌肉或静脉注射。应注意，使用药物有一定的副作用，且赛前服用会违反国际体育比赛有关兴奋剂使用的规定，故应尽量不使用药物。

总之，患焦虑症的运动员应在运动心理学家的指导下进行有针对性的自我心理治疗，以调动自己的主观能动性去战胜疾病。另外，在治疗过程中，教练员应给予积极的支持和协助，以取得更好的效果。

2.3.3 抑郁

抑郁症是追求个人目标失败后产生的一种情绪反应，表现为带有心理病态的心情冷漠。我们在对运动员进行心理调查中发现，一些运动员存在不同程度的抑郁症状，个别运动员的抑郁症还比较严重，表现为悲观失望、自我否定、冷漠孤独、苦闷忧郁等。大多数人的这种不愉快情绪体验经自我调节后会很快消失，恢复心理平衡。少数症状较重的往往不能自行恢复，严重影响训练和比赛。

运动员抑郁症产生的心理原因是多方面的，如连续多次失利或遭受较大挫折导致心理失衡；自身对失败的归因和态度不正确，加之缺少必要的外界鼓励等，均可引起抑郁症。

抑郁症的临床诊断有一定的标准，即心境抑郁至少持续两周以上，并有晨重夜轻的节律变化，还要有以下所列四种以上的症状：兴趣丧失、自责或内疚、乏力、思维及注意力减退、行动迟缓、睡眠障碍、食欲不振、体重减轻、想死或有消极言行、社会适应能力差。

诊断多采用自我评定量表，如流调抑郁自评量表（CES-D）、Hamilton 抑郁自评量表（HAMD）、Zung 自评抑郁量表（SDS)等。量表提出一些有关问题，要求患者根据自己最近 1~2 周的实际情况和感觉进行填写。这些量表具有较高的信度和效度，是目前国内外临床心理诊断常用的工具。

治疗运动员抑郁症的方法很多，其中以心理疗法为主，同时辅以药物治疗。目前，三环类抗抑郁剂被视为抑郁症的首选治疗药物。三环类抗抑郁剂有丙咪嗪、阿米替林、去甲替林和多虑平等，不过这些药物都有一定的适应证和副作用，故要遵医嘱，慎重选用，不可滥用。

研究表明，用心理疗法治疗抑郁症比药物治疗效果好。这也说明了"心病还须心药治"。心理治疗方法中以认知疗法更受欢迎。认知疗法是使患者重建一种对未来事件的理性预想。Beck 的认知重建疗法就是治疗抑郁症的一种有效方法。患了抑郁症的运动员要找心理医生治疗，以免延误病情。只要发现、治疗及时，一般不会产生不良后果。

2.3.4　比赛恐惧

运动员比赛恐惧症是指运动员在训练和比赛过程中表现出来的对比赛十分强烈的惧怕心理。这种情境恐惧症一般是在运动员参加重大比赛失利后发生的，比赛则成为恐惧的对象。

例如，有一名运动员在一次有望出线的全国比赛中失利，该运动员不肯接受这一事实，认为比赛不公平，加上别人的议论，后来只要谁和他谈起比赛，他就回避或以消极的话语来应付。在以后的一些比赛中，他的运动成绩每况愈下，不尽如人意。谈到那次失利以后的想法时，他说："我害怕比赛，失利的阴影一直伴随着我，我不想再参加任何比赛了。"

恐惧作为一种情绪体验，对于保护人类的生存是有益的，但是，恐惧症患者表现出一种偏态、常人无法理解的惧怕情绪，这种惧怕情绪会严重影响患者正常的工作、学习和生活。

运动员在比赛过程中产生一定的焦虑和害怕也是正常的，这并不会妨碍运动员在比赛中发挥自己水平取得好成绩。然而，有时在比赛中预想不到地受挫或连续几次失利等情况下，加剧了这种焦虑和害怕的严重程度，这时，个别运动员就会表现出对比赛的"失利恐惧"，这样则会严重地干扰运动员的正常训练和今后的比赛。患有比赛恐惧症的运动员在平时训练中会出现一些技术问题和心理障碍症状等，这时他对"考核"或"比赛"等字眼很敏感，不愿参加这类活动；在必须参加的考核或比赛中，运动成绩下降，有时下降幅度较大。对此教练员和运动员都感到疑惑不解。

对于恐惧情绪的成因有许多说法。一般认为，取决于人的先天遗传素质、个性特征和后天社会经验的影响。行为主义学者认为：恐惧情绪是后天习得的。目前，这种行为主义学说较受人们认可。

具体到运动员比赛恐惧症的成因上，赛前运动员较高的期望值与较低的比赛成绩之间形成的强烈反差，有时会使过去成绩很好的运动员对比赛产生畏惧感；参加比赛安排的不合理及赛前准备不足导致运动员连续几次成绩不理想，也可引起运动员对今后比赛的惧怕感。当然，个别运动员的不良个性特征是产生比赛恐惧症的重要因素。另外，运动员比赛恐惧症的产生与运动员比赛失利后教练员和有关人员的不良态度表现是分不开的。运动员在比赛失利后，教练员及有关人员的态度表现将会影响到运动员失利后的心理反应。若对失利运动员加以斥责或埋怨，无疑是"雪上加霜"，会引起运动员消极心态。这时，教练员和有关人员不应在失利运动员面前流露出任何失望与不高兴的神情，要像比赛获胜时那样对待运动员，表现出"大将风度"，因为此时运动员非常想听到教练员和有关人员安慰和鼓励自己的话语，而不想听为什么比赛失利或指责和训斥自己的话。

患有比赛恐惧症的运动员，要及时征得教练员的同意去寻求治疗。目前主要是采用心理治疗，即采用心理学方法和手段来减轻或消除运动员比赛恐惧症。国内外较多地采用心理治疗中的行为疗法，并取得了很好的疗效。其中的系统脱敏疗法，就是逐步地由弱到强地让患者去接触各层次恐惧情境，使患者慢慢地学会适应恐惧情境和消除全部恐惧情绪症状。这种方法用于治疗运动员比赛恐惧症时最好由教练员或心理老师来指导进行，同时注意及早进行心理治疗，防止比赛恐惧症进一步发展。

俗话说：在哪里跌倒就在哪里爬起来。个别运动员患上比赛恐惧症后，让运动员停训休息一段时间的做法并不会收到"消除或减缓"的效果，相反，可以及时地让患有比赛恐惧症的运动员尽快地再参加一些比赛，而不是回避比赛，这样做会在一定程度上减轻运动员对比赛的恐惧。这是"以毒攻毒""以恐治恐"的方法，国外称此为"暴露疗法（exposure therapy）"或"满灌疗法（flooding therapy）"。

在运动员比赛恐惧症的心理干预中，特别需要运动员正视对比赛的恐惧，并要有坚定的信心和意志表现来克服对比赛的恐惧。那种消极逃避比赛和厌恶比赛的想法或做法只会使病情加重。另外，教练员和运动心理学家在运动员比赛恐惧症的预防中可以发挥各自应有的作用，如帮助运动员做好赛前心理准备、做好比赛的技术与心理指导以及处理好运动员赛后的不良心理反应等。

值得注意的是，虽然运动员中患上比赛恐惧症的是个别人，但是在运动队中则会对其他运动员产生消极不良影响，尤其是在赛前，其传染性较强。因此，需要警惕这种心病"传染"。赛前可采取适当的隔离控制措施，防止引起其他运动员的"比赛恐惧"。

2.3.5　过度训练与心理耗竭

优秀运动员为了在比赛中取得优异成绩，长期参加大运动量、高强度的训练，使得身心疲惫，出现自信心下降、动机减退、焦躁不安等反应。运动员取得的成绩越大，所面临的压力也越大。为了使运动员取得最佳竞赛成绩，许多运动员和教练员都不断加大训练的时间和强度。研究表明，训练压力的不断增大对运动员成绩的危害很大，影响是显而易见的（Levin，1991）。当这种不良反应持续发展，过度训练和心理耗竭问题也就随之而来了。

（1）过度训练与心理耗竭的关系

过度训练（over-training）是指对训练压力的一种不适应反应，是人体运动到一定时候，运动能力及身体功能出现暂时下降的现象。经常处于高压力状态下进行体育活动，最终会导致心理疲劳现象的出现，人们称这种状态为过度训练综合征（overtraining syndrome）。它伴随有各种心理、生理等方面的症状。[①]

疲劳（staleness）是过度训练的一种消极结果，而耗竭（burnout）是用来描述从事服务领域里工作的人由于情绪和精神压力而出现烦恼的心理现象。它和过度训练的症状很相似。有人认为耗竭是长期过度训练的结果，而有人认为二者作用等同，相互影响。实际上，过度训练重视的是训练的负荷和症状，而耗竭更重视的是运动员对耗竭的认知。过度训练和心理耗竭的症状与特征见表 10-7。

---

① MARTIN HAGGER, NIKOS CHATZISARANTIS. The Social Psychology of Exercise and Sport[M]. Open University Press, 2005.

表 10-7 过度训练和心理耗竭的症状与特征

过度训练	心理耗竭
冷漠	低动机或活力，不容易专心
昏睡	失去比赛的欲望
睡眠困扰	缺乏关怀
体重减轻	睡眠困扰
安静心率提高	身体和精神耗竭，低自尊
肌肉疼痛或酸痛	负面情绪，心情改变
心情改变	物质滥用
安静血压升高	价值和信念改变
肠胃不适	情绪孤立
延迟从疲劳中复原	增加焦虑
没胃口	

（引自：Robert S Weinberg，Daniel Gould，1999）

过度训练、疲劳和心理耗竭三者之间既有联系，又有区别。过度训练是针对训练过程和手段而言；疲劳常由过度训练导致，主要表现为生理上的不适应，使运动员不能依照训练计划训练，而且也不能保持以前的成绩。心理耗竭则是更为复杂的现象，它具有多层次的含义，影响因素众多，除了训练造成的身心负担之外，还有压力、运动投入、过早加入竞技运动、外在期望、运动员人格等，都可能导致心理耗竭的发生，进而影响运动员的生理、心理状态的变化，最终可能导致他们从压力环境中退出。

（2）过度训练与心理耗竭的心理干预方法

目前消除过度训练的手段和措施日趋丰富和多样化，其消除手段是否合理、有效，会直接影响运动员竞技体育成绩的高低。运动心理学家在对运动员的过度训练进行干预之前，必须先考虑自身角色和价值问题。如果不清楚这些问题，可能在干预过程中引起价值冲突，最终导致干预无法进行。

其主要方法是：①进行过度训练诊断，了解过度训练的生理、心理症状以及出现过度训练问题的运动负荷有多大；②通过运动员与教练员的日记报告，对运动员自身的状况进行调整；③通过教育使心理得到恢复；④增进与教练员的交流。

心理耗竭的干预手段丰富、多样，日益发展。无论是教练员还是运动员都应及时地发现问题，解决问题，在出现训练压力的初期，就采取有效的措施对其进行干预，避免运动员这种消极压力发展至心理耗竭阶段，从而导致运动员退出体育赛场。

Fender（1989）提出通过三个步骤的干预措施来解决运动员的心理耗竭状态。

第一步是自我意识。运动员必须首先认识到自己处于疲惫状态，并告诉自己的父母、教练或运动心理医生。

第二步是暂时停止当前训练。如果心理耗竭症状发现得早，休息几天就足够了。如果心理耗竭状态发展到了运动员要退出训练时，运动员应完全休息和放松。

第三步是采用放松策略。放松有助于改变压力和心理耗竭产生的不良反应。

Weinberg 和 Gould（1999）认为，应通过学习制定计划或策略来帮助运动员预防和处理心理耗竭问题。[①]

①设定比赛和练习的短期目标。设定具有诱因性质的短期目标让运动员完成，不但可以反馈给运动员，让他们知道正确的方法，而且也可以提高长期动机，进而增加自我概念。

②沟通。对运动员的感觉进行有建设性的分析，并且鼓励他们与别人沟通，把他们在训练或比赛中遇到的挫折、焦虑和失望的感情表达出来，向同伴、家人或朋友寻求支持，即使出现了心理耗竭现象，也不要认为很严重。

③放松休息。当训练或比赛的压力很大时，可以从工作压力中解脱出来，适当地休息，减少训练量和强度，对心理耗竭的产生可以起到预防的作用。

④学习自我调整技巧。学习一些心理技巧如放松、意象、目标设置和自

---

① ROBERT S WEINBERG, DANIEL GOULD, Foundations of sport and exercise psychology [M]. Champaign, IL: Human Kinetics. 1999.

我谈话等，可以消除导致心理耗竭的压力。

⑤保持正面看法。对于在比赛或训练中，教练、裁判或同伴给予的评价，新闻媒体报道的相关内容，应正确对待，不要因为评价不好而情绪低落。应当保持正面看法，就是自己努力控制情绪，而不要沉闷于无法掌握的批评。

⑥处理赛后情绪。一方面，比赛虽然结束了，但比赛中引起的紧张心理感觉并没有结束。紧张情绪总是在赛后争执、打架、痛饮狂欢和其他破坏性的行为中强化和爆发出来。另一方面，运动员在比赛失败或表现不好后变得沮丧、意气消沉和退缩。

⑦保持良好体能状况。身体和心理是一种相互作用的关系，长期压力会反映在身体上，因此，当压力过大时，要注意锻炼身体以帮助自己调整合理的心理状态。

2.3.6　运动损伤

通常，研究者和临床医学专家都会把注意力放在导致运动损伤（sport injury）的外部因素上，通过运动设备、训练条件和方法上的改善，降低事故发生的频率（Yaffe，1983）。事实上，心理因素也是造成运动损伤的重要原因之一。通过对运动损伤心理致因的研究发现，运动员在运动损伤治疗的不同阶段会有不同的心理反应。

早期有关运动损伤的研究，多注重利用心理技能训练手段配合干预，如注意集中训练、表象训练和放松训练等。现在利用终身发展模式，分四个阶段进行治疗，这四个阶段看起来彼此独立，实际上互相依赖和相互作用（图10-3）。

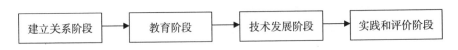

图10-3　运动损伤心理干预的四个阶段

其具体的操作方法有:（1）运动心理学家应该了解运动员受伤的情况，为他们制定目标和计划，同时，让他们清楚自己所扮演的角色，采取最优化选择方法（Danish，Hale，1983），找到适合自己的位置，以提高自己的自尊心、自信心和能力表现；（2）运动员学习解决问题的技巧，减轻自身的心理压力，激励自己积极参加比赛；（3）对自己运动损伤的程度做客观的评价，分析问题的根源，消除焦虑情绪；（4）发展强大的社会支持系统，运动员在受伤时更需要别人的关心与支持，帮助他们从困境中走出来，所以要注意发挥社会支持系统的作用。

2.3.7 酒精依赖与药物滥用

早在公元前3世纪，希腊运动员就曾经使用过酒精和药物类的物质来提高运动成绩。时至今日，奥运会赛场上这样的问题依然存在并有不断发展的趋势。酒精和药物的使用虽然能使运动员产生一定的兴奋感，但它们对身体的副作用会使运动员精神、情绪及成绩各方面都出现问题，带来不良后果（Chappel，1987）。

（1）饮酒与药物使用的动机

运动员饮酒和使用药物的原因主要有两个方面。一方面是社会的原因：①同伴效应，同伴中有人使用药物或饮酒并取得了良好的效果，运动员之间就会互相效仿；②运动员想体验药物所带来的特殊效用，寻求刺激；③现代社会发展迅速，生物学新发明的不断出现，引诱一些运动员去试用，希望能提高自己的成绩。另一方面是临床的原因：运动员在不了解药物、酒精作用的基础上，服用各种药物、饮酒，导致自身出现某些不良反应，最终对药物或酒精产生一定的依赖性，而无法戒断。

（2）酒精依赖与药物滥用的心理干预方法

当问题确定以后，要注意情绪的调节和寻求别人的帮助，严重者要进行住院治疗。经过一段时间的调养以后，酒精依赖（alcohol dependence）和药物滥用（drug abuse）的症状会有一定的变化（图10-4），当症状逐渐消失之后就要进行控制，要定时与运动心理学家联系，进行交流，防止问题的再次出现。而症状一般者，可以直接与运动心理学家交流，制定相关的计划，逐渐摆脱对酒精与药物的依赖。

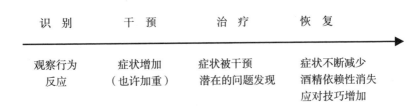

图 10-4　心理干预过程中伴随的一些症状反应

2.3.8　饮食失调与体重失控

运动员由于专业项目的要求、比赛规定的要求、成绩的要求，以及来自教练员和同伴等方面的压力，需要进行体重控制。但是，他们往往利用各种不科学的方法进行减肥，如吃减肥药、泻药，不按时吃饭等，导致饮食失调（eating disorders），结果影响了比赛成绩。

在处理这类问题时，具体的干预方法是：

（1）通过专业标准的检测，测量运动员体重和饮食的平衡水平，让运动员认识到控制体重引起饮食失调的危害性，进而用合理的方法帮助运动员进行体重控制（weight management），达到饮食的最佳状态。

（2）心理干预方法分为个体干预、团体干预、家庭干预等几大类，针对不同的症状，选用不同的干预方法或几种干预方法综合运用。

（3）帮助他们制订健康的体重管理计划，并进行营养教育，同时为了防止饮食失调，应该让运动员提高对体重变化的敏感度，在饮食没变化之前就进行合理的控制，但不要过度看重自己的体重。

2.4　运动员心理干预误区与效果评价

2.4.1　运动员心理干预的误区

（1）把心理干预等同于思想政治教育

思想政治教育是运动队管理的一项重要内容，在保障训练和竞赛等方面发挥了应有的积极作用。然而，在当今的竞技运动实践中，人们发现运动员的一些心理问题，采用过去的思想政治教育方式难以有效解决。于是，开始寻求运动心理学家来帮助运动员应对心理问题。

我国运动员心理干预工作源于20世纪70年代末和80年代初。当时，一些运动心理学家应邀到运动队开展心理干预工作，并取得了很好的效果。伴随着中国的改革开放进程，中国运动心理学家们用他们的实际行动，助力于中国运动员在世界比赛中的出色表现，从而也确立了运动员心理干预工作的地位。

运动员参赛过程中的心理干预与思想政治教育的主要区别是：

①目的不同，心理干预是着眼于运动员心理维护和心理状态调控，而思想政治教育则是旨在提高运动员的政治觉悟、思想作风、道德纪律和集体主义精神等。

②内容不同，心理干预的主要内容是心理诊断、心理训练、心理调节和心理恢复等，而思想政治教育则是政治教育、思想教育和品德教育等。

③方式、方法不同，心理干预是采用心理学方式、方法来进行，如心理训练中的放松、表象、认知训练，心理咨询中的倾听技术和助人自主的方法，比赛中的心理调节方法等，而思想政治教育则侧重于正面教育，集体教育居多，"说教"方式广泛采用，倡导言传身教和榜样的力量等。

需要指出的是，运动员参赛过程中的心理干预不等同于思想政治教育，它们是相辅相成的关系，各自有自己明确的目的和任务，不存在谁取代谁的问题，重要的是在运动员成功参赛过程中能够发挥应有的效用。

（2）追求心理干预"立竿见影"效果

在竞技运动实践中，通常是一些运动队急于求成，在大赛前夕才找运动心理学家"临阵磨枪"，开设心理课程和进行心理辅导，而且往往是一个心理专家要面对很多运动员，如此仓促的应对，怎么可能真正做到心与心的交流，怎么可能真正摸准运动员们的"心理脉搏"对症下药？而国外一些优秀运动员通常自己聘请运动心理学家，定期去接受心理辅导。这些运动心理学家对运动员长期跟踪、观察入微、了如指掌，因此能及时敏锐地捕捉到他们心理上任何细小变化从而给予针对性的心理指导。

任何一项高超的运动技能，如足球射门、排球扣球、篮球三分投篮等，都需要在技术训练中进行上万次的重复练习及在比赛中千百次地重复运用，才能达到动作技能的自动化阶段，并在比赛中发挥出效力。同样，任何一项心理调控的技术，如焦虑水平的调控能力、注意力的调控能力、动作表象的能力等，也必须经过千百次的技术练习，才能在比赛的关键时刻发挥其效力。

运动员比赛心理能力和技术能力、战术能力、身体能力一样受后天环境和实践活动的影响，可通过训练获得和提高。比赛心理能力的训练遵循一般技能训练的规律，必须长期地、系统地进行。

需要指出的是，心理干预不是"魔术"，不是一次工作就能解决的，它需要连续跟踪反复做工作才能达到最好效果，指望它一学就会、一会就用、一用就灵、立竿见影是不现实的。心理干预是一项长期的系统工程，需要各方面的辅助，需要渗入到运动员训练、比赛和生活的每一个细节之中。

（3）只注重运动员的心理干预

随着竞技体育的飞速发展，国际上是从 20 世纪 60 年代开始关注运动员心理方面的研究，而我国这项工作则始于 20 世纪 70 年代末。虽然我国起步晚，但是近三十年来，发展速度很快，特别是在高水平运动员心理干预上，取得了理论研究与应用效果"双丰收"。

运动心理干预在我国射击、跳水等项目上的成功应用带动和促进了其他一些项目的"学习与实践"。这预示着运动员参赛过程中心理干预工作的"春天的到来"，也是多年来中国运动心理学工作者深入运动一线理论联系实践的结果。然而，在"学习与实践"过程中也出现了"只注重运动员的心理干预"的现象。这是从一个极端走向另一个极端的表现。过去，运动队大部分是不重视和不开展心理干预，始终处于荒芜的状态。现在，看到或听到他人的成功事例，就高度重视和全身心投入，把它当成一根提高成绩的"稻草"或一服"灵丹妙药"。这种"孤注一掷"的现象在竞技运动实践中屡见不鲜。

运动员参赛过程中心理干预固然重要，但是就运动员成功参赛而言，体能、技术和战术等方面的训练和准备也是必不可少的，不能顾此失彼。

（4）过分依赖运动心理学家

现在，越来越多的教练员和运动员认识到"竞技赛场上不仅比技战术，更要比拼心理素质"，但是在如何提高运动员心理素质问题上却有不同的认识和做法。

有一种观点认为，这是运动心理学家的事情，突出表现是，聘请与委托运动心理学家来"全权"处理运动员训练与比赛心理方面的问题。表面上看，这种做法重视了运动员心理干预工作，但是这种运动心理学家"单枪匹马"式介入的效果通常是不理想的。

实际上，运动员参赛过程中心理干预的关键在于教练员。离开教练员积极参与的心理干预是很难成功的。不可否认，运动心理学家参与运动员心理干预工作的重要价值，但是最终还是要靠教练员实施。教练员需要在平时训练时传授和训练心理技能，就像每天进行技术、战术和体能训练那样，同时在运动员参赛过程中，与运动心理学家一起，对运动员心理状态进行监测，及时发现心理问题，及时进行有效的心理干预。

尽管"过分依赖运动心理学家"的现象只是个别的，但是它也从另一个方面提醒我们，离开了教练员的支持与参与，再好的运动心理学家也难以做好工作，运动员心理问题需要教练员、运动员和运动心理学家的共同努力才会得以妥善解决。

（5）心理干预过度或不足

值得注意的是，运动员参赛过程中的心理干预过度或不足的现象时有发生。一方面，对运动员心理干预的过度会干扰运动员比赛正常发挥，直接导致比赛成绩的降低。在这种情况下，心理干预成为消极影响的重要或主要因素。另一方面，对运动员心理干预的不足，放任运动员心理问题的存在，将会使运动员由于心理问题丧失取得优异成绩的机会。

因此，运动员参赛过程中的心理干预要掌握适度的原则，要学会把握分寸、火候，防止"过犹不及"。

运动员参赛过程中心理干预能否成功，其核心、本质就是看能否把握好"度"。把握"度"，就是把握界限，使我们所被把握对象的结果，限定在一个最佳的质的范围之内。如何把握好"度"？①对心理干预要有合理认识与正确态度；②建立科学的评价指标与标准，加强运动员心理监控；③因人而异，

"对症下药"。

2.4.2   运动员心理干预效果评价

（1）运动员心理干预效果评价方法

如何对运动员心理干预效果进行科学评价是摆在我们面前的难题。

通常是采用 3 种方法来评价：①以参加心理干预的运动员比赛成绩的好坏来评价心理干预效果；②以心理干预过程中一些相关生理、生化或心理指标的显著变化来说明心理干预情况；③把上述两种方法结合起来。

（2）运动员心理干预效果评价标准

在心理干预研究中有这样一种倾向：如果研究对象在比赛中成绩好，那就用成绩来说明心理干预效果；反之，则用指标数据来说明。显然，我们希望看到心理干预在运动员比赛中能够发挥"神奇"的作用，但是，运动员比赛成绩是综合因素共同作用的结果，而不是单一因素所能决定的。有时，运动员比赛成绩的好坏是不能完全说明心理干预效果的。

对于用指标数据来定量评定心理干预效果，通常认为是一种值得重视的方法。但是，在使用这种方法过程中，遇到的主要问题是指标的效度低和评价标准不好确定。

石岩等（1994）在心理干预研究中，测定生物反馈训练与表象训练时运动员额肌的肌电变化，并用肌电变化这一指标来评价运动员放松能力和表象能力，取得了较好的效果。在模拟训练等效果的评定上则采用观察、口语报告等方法。

（3）运动员心理干预效果评价存在的问题

中国运动心理学研究起步较晚，20 世纪 90 年代以后，运动员心理干预研究才逐渐兴盛起来。回顾二十年来中国主要的临床运动心理干预研究发现：中国的运动心理干预研究以个案实验设计为主（约占总数的一半），个案实验设计绝大多数为简单的 A—B 设计；20 世纪 90 年代末开始采用随机组间实验来考察心理干预的效果，但为数不多（约占总数的四分之一）。

另外，心理技能训练作为提高运动员竞技表现的主要措施已经有几十年的历史。传统心理技能训练的基本目标是通过自我控制内部状态而提高运动表现水平。普遍应用的运动心理技能训练的技术主要有：目标设置（goal setting）、表象训练（imagery training）、唤醒水平控制（arousal regulation）、自我对话（self-talk）和放松训练（relaxation training）等。

虽然有一些研究支持传统心理技能训练的作用，但是，近些年来，这些研究受到方法学的质疑，越来越多的研究不支持传统心理技能训练提高运动表现的结果。

Moore（2003）收集了从1960年开始的104个心理技能训练研究，用实证支持有效的心理干预标准考核了这些心理技能训练的效果。结果表明，有44项研究不符合研究设计及方法学要求（26项没有随机分组或缺乏控制，18项研究采用了单因素实验设计而没有与其他干预方法相比较）；60项符合设计要求的研究中只有19项研究选取了真正的运动员作为被试，大部分研究未采用双盲法，没有一项研究评估治疗关系、参加者期望等对研究结果的影响。

Feltz和Landers（1983）对60项表象训练研究进行了元分析，探讨了表象训练对运动技能学习和操作成绩的影响，得出平均效果量为0.48，即不到半个标准差单位，由此认为表象训练的效果很小。张力为（1990）研究未发现表象训练可改善运动员的注意力和念动能力。Callow & Hardy（2005）研究表明，在20年的时间里，只有7个研究用实际的运动者作为被试评估了表象训练的效果，这些研究只得出了模棱两可的结果。

Daw和Burton（1994）和Holm（1996）研究发现，尽管心理技能训练显著降低了运动员的焦虑并增强了他们的自信，但并没有有效提高他们的运动表现水平。季浏（1998）研究发现，目标设置训练提高了运动员的运动表现水平，但对其焦虑并无显著影响。Cohen（2003）等认为，降低焦虑并不是提高运动表现水平的内在机制。

由于传统心理技能训练提高运动表现效果缺乏实证研究的充分支持，Moore & Gardner（2004）提出了提高运动表现水平的"正念—接受—承诺"方案（Mindfulness-Acceptance-Commitment，简称MAC）。该方案的有效性已经得到众多实证研究的支持（Wolanin，2005；Gardner et al，2006；

Lutkenhouse et al，2007；Schwanhausser，2009）。但是，令人遗憾的是，传统心理技能训练仍然支配着运动表现增强的实践与研究（Mellalieu & Hanton，2009）。从我国运动心理学家为北京奥运会、残奥会运动员开展心理训练工作可以看出，在中国情况也是如此。由此可见，运动心理干预研究与临床实践存在脱节现象，运动心理实践者采用实证支持的心理干预方法的意识比较淡漠。

总之，运动员参赛过程中心理干预效果评价是一个新的课题，从年轻到成熟需要运动心理学专业人员的不断探索和总结。

附录：中美应用运动心理学交流的"破冰"之旅

——"鹰与龙：美中奥运会心理训练最佳实践论坛"随笔

1 "破冰"之旅

2014 年 10 月 12 日至 14 日，科罗拉多州斯普林斯市，美国奥委会（USOC）及奥林匹克训练中心（United States Olympic Training Center）所在地，"鹰与龙：美中奥运会心理训练最佳实践论坛"（The Eagle and the Dragon–A Best Practices Sport Psychology Exchange between China and the USA）在这里的运动医学部报告厅举行。本次论坛是在美国奥委会运动心理学团队主管 Peter Haberl 和美国奥委会注册心理学家王晋教授共同策划下，由美国奥委会运动心理学团队（Sport Psychology Team）和竞技体育部（Sport Performance Division）具体承办。

应美国奥委会运动心理学团队和竞技体育部的邀请，中国国家体育总局体育科学研究所张忠秋研究员、北京体育大学张力为教授及王英春博士、山西大学石岩教授，以及作为美中双方代表的美国坎纳绍州立大学（Kennasaw State University）王晋教授分别在此次"鹰与龙：美中奥运会心理训练最佳实践论坛"上做了专题报告。美国奥委会竞技体育部的一位官员和运动心理学团队的 4 位资深运动心理学家（Senior Sport Psychologists）作为美方成员参加并做报告。

中美应用运动心理学初始的学术交流可以追溯到 20 世纪 80 年代，那时曾邀请一些美国运动心理学家来华讲学。印象深刻的一次是 1985 年 6 月 10 日至 14 日，国家体委科教司邀请美国运动心理学家 Jarry May 到北京体育学院讲学。Jarry May 时任美国奥委会运动医学心理咨询委员会主席，是 1984 年洛杉矶奥运会美国奥委会运动医学心理学团队负责人。他还专门介绍了"美国奥林匹克运动心理学计划"，事后出版了他讲学的内容，书名为《心理学在体育运动中的应用》①。与此同时，也有国内的运动心理学家开始赴美参加国际会议和到美国大学进修运动心理学，此后这种接触和交流一直持续进行。

这次中美应用运动心理学交流之所以用"破冰之旅"来形容，乃是由于这样规模和高层次的学术交流在中美运动心理学发展进程中还是第一次。作为世界两个体育强国，赛场上激烈较量的背后也是体育科技的比拼，2008 年北京奥运会上中国奥运军团勇夺金牌总数第一，无疑为中美体育科技领域的进一步交流奠定了良好基础。

在这次论坛期间，中方人员还被特许参观了被称为美国奥运冠军大本营的美国奥林匹克训练中心游泳馆、射击馆、力量训练馆、运动医学部和即将装修完毕的运动心理学团队办公室等场馆、部门和设施，较为详细地了解了美国奥委会及其奥林匹克训练中心组织运作、训练和科研管理等情况，并与美国奥委会运动心理学团队负责人 Peter Haberl 博士在科研交流与合作等方面进行了探讨。论坛临近结束时，美方组织者向参加论坛的中方人员颁发了证书并赠送了美国奥委会的纪念品。

华裔美籍运动心理学家、美国坎纳绍州立大学终身教授王晋博士作为本次论坛的合作组织者及协调人，在推动和促进中美运动心理学高层次学术交流过程中发挥了至关重要的作用。同时，美国奥委会运动心理学团队主管 Peter Haberl 博士为这次中美应用运动心理学的交流发挥了非常积极的作用。非常感谢 Peter Haberl 博士和王晋博士提议和共同组织召开这次"鹰与龙：美中奥运会心理训练最佳实践论坛"！此次"鹰与龙：美中奥运会心理训练最佳实践论坛"为今后中美运动心理学实践和理论的高层交流奠定了良好的基础。

---

① 梅伊. 心理学在体育运动中的应用 [M]. 陈大鹏，译. 北京：北京体育学院出版社，1985.

2　"鹰与龙：美中奥运会心理训练最佳实践论坛"报告述评

两天 11 人次的学术报告（见表 1）从独特的自我介绍开始，然后由美国奥委会 Michelle Brown 女士介绍美国奥委会竞技体育的资金与结构问题，让我们初步了解美国奥委会的组织运作和资金使用情况。

下面主要介绍美方学术报告的情况。

首先出场作报告的是 Peter Haberl 博士，其报告的主题是压力与奥运会：美国的视角。他以 2002 年盐湖城冬奥会、2004 年雅典奥运会、2008 年北京奥运会、2012 年伦敦奥运会上发生的一些典型事例来说明运动员在奥运会上承受的心理压力，特别是列举 2008 年北京奥运上中国射击选手邱健凭借良好的心理自控勇夺奥运会金牌的实例。Peter Haberl 的报告不同于我们通常的学术规范，他是通过展示与剖析近些年来奥运会上一些有代表性事件及优秀运动员的出色心理表现来提出问题并思考这些个案，符合高水平运动员竞技表现个性化的取向，符合奥运会这样大型赛事运动员心理表征特点。

第二个出场的是 Lindsay Thornton 女士，其报告的主题是美国奥委会心理训练的演进：心理生理学的角色。她首先提出心理生理学可以作为评估心理训练效果的一种方式，然后提出建立运动员数据库和评价常模的问题，接着重点说明了有助于提高自我控制技能（self regulation skill）的生物反馈训练，并图示英超切尔西足球队的"MindRoom"、皇家马德里足球队的"Biofeedback in 'high Performance Center'"、温哥华罗扎士体育馆的"Mindgym"等，同时介绍了美国奥委会心理生理学实验室、现场心理生理学训练以及美国杜克大学的"Training Surgeons to 'Perform Under Pressure'"。Lindsay Thornton 女士的报告让我想起二十多年前我在国内运动队开展运动员生物反馈训练的情景以及所进行的专题研究，真是感到既熟悉又陌生。这种陌生是对现在这些高大上的仪器设备，看到现在这么好的训练条件和装备，真是感慨万千。过去的梦想，如今已经变为现实。

第三个报告的是 Karen Cogan 女士，其报告的主题是奥运会选手成绩的障碍。她从基本心理技能训练、基于成绩的请求、个人应激源、临床和医学问题、团队干预和教练员咨询六个方面进行说明。基本心理技能训练部分谈及目标设置、激活管理和放松训练、表象、自信心和积极思维、注意和集中（如正念）、心理韧性、赛前计划（pre-performance plan）等。基于成绩的请求部分包括来自教练员、运动员操作的不一致、高操作焦虑、应对高水平比赛的困难、运动损伤恢复和长期恢复的应对、睡眠的关注以及比赛模拟等。个人应激源部分主要是一般应激（如财务、没有教练的训练等）、做决定（如生活、在哪里训练等）、人际关系（如父母与家庭、恋爱、教练、队友以及国家队管理部门等）。临床和医学问题主要有临床抑郁、临床诊断焦虑、自杀想法、饮食障碍、悲伤和失落、怀孕、脑震荡和癌症等。团队干预部分包括团队建设、沟通、团队冲突管理、团队项目的个体竞争、团队危机等。教练员咨询部分谈到教会运动员心理技能、管理自己应激、做决策、国家队成员的咨询、处理运动员、运动队及其成员的问题等。Karen Cogan 女士的报告是比较典型的从实际问题出发来讨论运动心理学在美国奥运选手中的应用，比较侧重于运动员心理咨询与心理训练，虽然没有数据来支持和论证，但是所涉及的问题都是应用型的。这也让我想起二十多年前我在国内运动队开展心理咨询服务时遇到的一些问题，当时还斗胆围绕这些问题撰写文章投稿给《中国体育报》（体育科学专栏），并有幸在 1990—1992 年期间发表 5 篇文章，分别是《运动员抑郁症及其治疗》《运动员焦虑症及其治疗》《运动员失眠症及其治疗》《新兴的生物反馈式放松训练》《迫切需要开设运动员心理咨询门诊》。聆听 Karen Cogan 女士的报告感到很亲切，就是基于自己当年的工作体验，1989—1993 年在国内射击、射箭等运动队的下队心理服务的实践让我积累了很多宝贵的实践经验。

第四位出场报告的是 Sean McCann 博士，他是目前在美国奥委会任职时间最长的运动心理学家，已经有 23 年，曾担任 2008—2009 年美国应用运动心理学会（AASP）主席，其报告的主题是国家队成功的长期咨询关系的关键步骤。Sean McCann 从奥运会成功的焦点、为咨询成功建立有效关系的重要性、发展和保持这种关系的关键步骤、可能犯的错误四个方面来阐述。奥运会成功的焦点部分是说明 2000 年美国奥委会运动心理学组将它们的使命确定在从国家队到奥运会成功，为此运动心理学家要密切与国家队接触并影响其行为。为咨询成功建立有效关系的重要性这部分内容强调运动心理学是一门人际关系的生意（Relationship business），只有拥有有效的人际关系才能影响教练员和运动员的行为，才可能应用运动心理学开展工作。发展和保持这种关系的关键步骤主要从介入这种关系前对运动队的评估（如能否成功、能否与教练员一起工作、他们或她们对运动心理学的态度、以往运动心理学工作在哪些方面等）、关键人物的自我介绍（如最为重要的教练员、领队、运动员等）、第一步工作（如团队会议、个人见面等）、有用和耐心（如你能提供什么帮助、在你施加影响取得效果前你能等多久等）、比赛露面和人员整合（如比赛旅行、如何成为工作人员的一部分、你是否愿意投入和帮助等）等方面介绍。可能犯的错误包括结构问题（如运动队不让与运动员有充分的接触、接触太不频繁、咨询者的行为受到很大限制、阻止咨询者参加比赛等）、咨询者与运动队间的不适应（如咨询者不信任教练员、咨询者无法确定何时何地进行干预、运动队对运动心理学的阻力、核心运动员对运动心理咨询的阻力等）、咨询者错误（如咨询者过度的攻击性和破坏性、咨询者太被动、咨询者不被教练员买账、咨询者太抢眼和抢功劳、咨询者损害教练员等）。这位资深的运动心理学家用他多年的一线心理咨询的实践经验述说人际关系的重要性，提醒我们应该如何与运动队打交道。这些问题和注意事项在中国高水平运动员心理咨询的实践中也同样存在，除了文化和语言差异而外，美国奥运会心理咨询的成功实践也值得我们借鉴与思考。

　　第五位出场报告的是 Lindsay Thornton 女士，前面她已经报告过关于美国奥委会心理训练的演进：心理生理学的角色。这次报告的主题是美国奥委会的研究与配合：两个比一个好。实际的内容是说将睡眠医学、睡眠安全与运动员成绩融合起来，先是关于适合运动员客观测量睡眠和主观评估睡眠的问题，其次是与生理学、营养结合，然后是使用放松训练，特别是神经反馈和生物反馈干预来提高运动员睡眠质量和时间，同时，提出将睡眠评估纳入优秀运动员健康检查等。

第六位出场报告的是 Karen Cogan 女士，前面她已经报告过有关奥运会选手成绩的障碍，这次报告的主题是与其他服务提供者协调。她从美国奥委会（USOC）模式谈起，提供服务的团队是由运动心理学家、体能教练、营养学家、生理学家和运动技术学家等组成。大家给同一运动队提供服务，分享信息和整合的知识，成对或成组随运动队旅行。她所在的这个团队包括运动心理学家、营养学家、体能教练、运动技术学家和高水平成绩的导师等。她举例说明如何与营养工作进行协调、如何与运动技术学家和高水平成绩的导师一起工作、如何协助运动医学开展工作等，最后介绍了如何使用运动心理学网络的问题。Karen Cogan 女士的报告说出了运动心理学在服务于高水平竞技体育实践的一个共性问题，是单打独斗，还是合作共赢？实际上，正如 Sean McCann 博士过去所言：在奥运会时，一切因素都关乎运动表现（Everything is a performance issue），因此，就奥运会科技服务工作而言，应该体现出全方位、多学科、综合性等特点，也就是只有大家共同努力才能帮助运动员取得理想的运动成绩。

下面简要介绍中方这次参会专家报告的情况。

首先是现任亚洲南太平洋运动心理学会主席的张力为教授，曾为国家艺术体操队、蹦床队和自由式滑雪空中技巧队提供心理咨询服务，其报告的主题是如何帮助运动员在高压力下获得自我控制：中国的方式。张力为教授的学术报告主要是比较了东西方运动员心理学的异同，并着重介绍了东方，特别是中国，在运动员心理训练方面取得的研究进展。紧接着是目前为中国射击队提供心理咨询服务的王英春博士进行报告，其报告的主题是中国射击队的心理训练，在肯定中国射击队心理咨询好的传统后，介绍了自己从 2010 年开始在中国射击（步枪手枪项目）国家队进行心理训练与心理咨询服务的具体情况，首先是明确短期和长期的目标，然后说明了心理训练的原则、心理训练的结构以及自己所做的七个方面工作。第三个报告的是张忠秋研究员，他是近几届我国备战奥运会心理专家组组长，其报告的主题是中国优秀运动员心理咨询与心理训练，主要介绍中国运动心理学家在备战和征战 2008 年北京奥运会中参与 28 个大项的心理服务工作（如制作心理光盘、音乐放松训练光盘、编制心理指导手册、提供心理调节车等）。第四位报告的是国际知名运动心理学家、美国奥委会注册心理学家、美国坎纳绍州立大学终身教授王晋博士，曾为中国自由式滑雪空中技巧队、女子足球队、橄榄球队和美国奥运会选手和职业队员等提供心理咨询服务，其报告的主题是中美高水平运动员心理咨询之比较。王晋博士少年时期从事足球专业训练，后毕业于杭州大学（现浙江大学）体育系并留校工作，于 1985 年赴美学习并获得明尼苏达大学运动心理学与运动技能学习的博士学位，曾获美国体育联合会的大奖（R. Tait McKenzie National Award），担任过国际体育联合会（International Council for Health, Physical Education, Recreation, Sport and Dance）运动心理学协会主席和美国体育联合会运动心理学协会（Sport Psychology Academy of American Alliance for Health, Physical Education, Recreation and Dance）主席。同时，在这次美国应用运动心理学会（AASP）第 29 届年会大会手册上，我们看到王晋博士获得 1993 年美国应用运动心理学会全国博士论文奖（Doctoral Dissertation Award）的记载，具有这样的学术与运动背景，在论及中美运动员心理咨询的异同上表现得心应手。其中谈及中国自由式滑雪空中技巧队 2006 年冬奥会时聘请的加拿大籍外教 Dustin Wilson 以及与之的合作案例很有说服力。基于为中美双方高水平运动员提供心理咨询的经历，王晋教授从多个层面介绍了中美双方运动员和教练员各自的心理特征和心理咨询体会。最后是我出场，报告的主题是中国优秀射击运动员训练方法的心理学研究，主要介绍了中国射击取得优异成绩的 4 种训练方法（流畅发射、夜间训练、定量负荷训练和模拟实战训练），重点强调这些训练方法的心理机理和操作方法，同时强调指出这些训练方法对中国射击运动员优秀心理品质和比赛心理状态的形成有积极的促进作用。从现场的反响来看，美国奥委会这几位运动心理学专家对我讲的这些内容比较感兴趣，我在报告的过程中曾被打断，经一番讨论后才得以继续。

　　总体来讲，这次中方 5 位报告人所讲内容的"含金量"一点都不逊色于美方，在某些方面我们的服务工作和研究水平甚至要好于他们。当然，这些都离不开中国竞技体育的迅猛发展，特别是在奥运会上取得的突出战绩，中国运动心理学在这一过程中逐渐发展起来，并很好地服务于中国竞技体育。

表1 "鹰与龙：美中奥运会心理训练最佳实践论坛"报告人与题目

报告人	题目
Michelle Brown	USOC Sport Performance–Funding and Structure of USOC Performance Services（美国奥委会竞技体育—美国奥委会竞技体育的资金与结构）
Peter Haberl	Pressure and the Olympic Games—a US Perspective（压力与奥运会：美国的视角）
Lindsay Thornton	The Evolution of Mental Training at the USOC—The role of Psycho-Physiology（美国奥委会心理训练的演进：生理心理学的角色）
Lindsay Thornton	Research and Collaboration at the USOC: Two Heads are Better than One（美国奥委会的研究与协调：两个比一个好）
Karen Cogan	Performance Barriers and the Olympic Athlete（奥运会选手成绩的障碍）
Sean McCann	Critical Steps in a Successful Long–term Consulting Relationship with a National Team（国家队成功的长期咨询关系的关键步骤）
张力为	How to Help Athletes Achieve Self–control Under High Pressure—a Chinese Way（如何帮助运动员在高压力下获得自我控制：中国的方式）
张忠秋	Psychological Consultation and Mental Training for Chinese Elite Athletes（中国优秀运动员心理咨询与心理训练）
王英春	Mental Training for the Chinese National Shooting Team（中国射击队的心理训练）
王晋	Comparative Perspectives of Providing Psychological Consultations to Elite Athletes Between the US and China（中美运动员心理咨询的比较）
石岩	Psychological Research on the Training Method of Elite Shooters in China（中国优秀射击运动员训练方法的心理学研究）

3　美国应用运动心理学会（AASP）第 29 届年会见闻

结束了在科罗拉多斯普林斯历时两天的论坛后，"论坛"移师内华达州拉斯维加斯，以工作坊形式（Workshops）参加国际重要的运动心理学会议——美国应用运动心理学会（AASP）第 29 届年会（29th Annual Conference）。其工作坊主题是：The Dragon（China）and the Eagle（USA）－Two Competitive Systems of Olympic Sport Psychology Service Provision。

一年一度的美国应用运动心理学会年会，早就有所耳闻。应该讲，从规模和水平上看，其并不逊于国际运动心理学会每四年一次的大会，这是出乎我的预料的。参会者来自世界各国，其论文入选的要求也较高。这次年会的主题报告人（Keynote Speaker）中有来自美国罗切斯特大学的著名心理学教授 Edward L. Deci，即动机的 Deci 效应和自我决定理论（Self-Determination Theory）的提出者。他在大会上报告的题目是 Promoting Optimal Motivation，时间是 1 小时 15 分钟 [1]。

"Mindfulness Training"（国内翻译为"正念训练"）是这次年会的热门话题。工作坊安排了法国体育研究所 Jean Fpurnier 等人主持的"Advanced Mindfulness Training in Sports"和美国哈定·西蒙斯大学 Melissa Madeson 等人主持的"Mindfulness Techniques: Health and Performance Benefits in Exercise and Sport"；专题报告安排了美国天普大学 Kathryn Longshore 等人的"Mindfulness Training for coaches（MTC）: An Exploratory Study"。当上百人在会场外面的走廊中来回走动时，我还以为是散场了，仔细打听才知道是在主讲人的诱导下进行正念训练。这让我想起了当年中国气功热时大家一起练功的情景。

---

[1]　AASP. Association for Applied Sport Psychology-2014Conference Proceedings & Program[C]. Indianapollis: the Association for Applied Sport Psychology, 2014.

在这次年会期间，美国奥委会运动心理学团队负责人 Peter Haberl 博士召集世界各国奥委会的运动心理学家开了一次小型的研讨会，有三十多人参加这个研讨会，会议的主题就是奥运会心理学。很难得的机会，让世界各国为奥运选手提供心理咨询服务的运动心理学家们聚在一起，研讨共同关心的话题，分享大家的工作体验。

当然，"论坛"移师到这次年会的情况也值得关注。在最后一天下午进行的历时 1 小时 15 分钟的"龙与鹰：中美奥运会运动心理学论坛"，中美双方代表又各自做了发言，然后接受提问，有些心理学家对这一论坛表现出浓厚的兴趣，频频发问。最后这次会议合作组织者 Peter Haberl 博士和王晋博士在会议结尾时作了简短的总结性发言，他们感谢来自世界各地的奥运会心理学家出席本次"龙与鹰：中美奥运会运动心理学论坛"，并鼓励各国学者能经常进行此类交流，会议是在非常友好和欢快的气氛中结束，参会者也希望今后能多举行此种有应用价值的会议，并在结束时与大家合影留念。

由于这次年会设立多个分会场，因此也只能有选择地旁听一些会议专题报告，留下些许多遗憾。不过，就会议组织、议题和学术报告水平来讲，的确是世界一流的。国内运动心理学学术会议在很多方面亟待改进，关键问题还是进一步提升中国运动心理学整体的学术水平，提高运动心理学应用和服务能力。

4　中美应用运动心理学交流的思考

4.1　中美奥运会代表团中的运动心理学家

二十多年前，我国运动心理学前辈邱宜均教授就发出呼吁：希望在中国奥运会代表团中有运动心理学专家的一席之地。此后这样的呼声一直都有。

在 2002 年盐湖城冬奥会中国体育代表团中出现了运动心理学家的身影，但是却发生了运动心理学家所谓"阻挠"代表团团长直接干预运动员的风波①，影响到 2004 年雅典奥运会中国运动心理学家的直接参与。2004 年一篇"让中国奥运健儿有颗勇敢的心"的报道②曾这样写道："就在中国奥运代表团抵达雅典奥运村之际，我们却发现这样一个有趣的现象：中国奥运代表团的行囊里虽然满载着高科技体育装备，但在这庞大的阵容中，并没有任何专职为运动员进行心理服务的专家。这不免让人心生疑窦，在心理因素如此重要的大赛中，我们如何解决运动员在奥运会期间可能产生的心理问题，又如何为中国体育健儿打造一颗'勇敢的心'。"为此，记者采访了国家体育总局体育科学研究所研究员丁雪琴。在问及"中国奥运代表团在心理学方面都进行了怎样的准备时"，丁雪琴回答道："首先，国家体育总局领导对这次奥运会的心理备战方面很重视，提供了大量的经费和设备，专门成立了由 18 名专家组成的心理专家组，为不同的竞赛项目在心理方面提供服务。而各支队伍的需求也很多，也越来越重视运动员参加比赛时的心理状态问题。"在回答"心理学专家是否会随中国奥运代表团去雅典"问题时，丁雪琴指出："我们这次不会随队前往雅典，但是我们已经为专门辅导过的队员提供了心理提示卡，并有一些心理辅导的软件和音乐，还对他们进入奥运村后业余活动的时间安排提供了心理学方面的建议。现在的通信技术那么发达，互联网和电话也可以实现前后方的沟通。2008 年北京奥运会时，我们也许可以近距离地在比赛现场为运动员提供心理方面的服务了。"就在 2008 年北京奥运会前夕，一则新华社记者采写的报道《中国心理专家希望随队出征北京奥运》再次引发关注，文中丁雪琴研究员强调：很多国家都在参赛队伍中专门拨出名额给心理学工作者，让运动员在比赛过程中及时接受辅导，而中国目前还无法做到这一点，"希望 2008 奥运会可以在自己的国家随队辅导，我们一定会尽自己所有的能力，帮助中国运动员取得好成绩"。言语中流露出些许无奈，也表达了中国运动心理学专家学者的愿望和信心。

曾几何时，运动心理学家加盟中国奥运军团还是一个梦，如今已经初步

---

① 远山 . 袁伟民与体坛风云 [M]. 南京：江苏人民出版社，2009.

② 王晨 . 让中国奥运健儿有颗勇敢的心 [N]. 中国青年报，2004-8-10.

变为现实，但是个别几个人的加盟并不等同于认可，在运动心理学家服务中国奥运军团的过程中也遭遇了一些阻力和争议事件。不过，现在回首这一历程，还是备感欣慰，争取席位需要我们付出更大的努力，未来运动心理学在中国奥运选手征战奥运会中有望发挥更大的作用。

反观美国，据 Jarry May1985 年在北京讲学时介绍，他是在 1977 年位于加利福尼亚州丘拉维斯塔（Chula Vista）的美国奥林匹克训练中心建成时被美国奥委会正式选到该中心来负责运动心理学计划。早前曾有一则报道指出"美国奥委会（USOC）从 1984 年开始长期聘用多位运动心理学家，组成一个运动心理服务部门，在美国科罗拉多州奥运训练基地为运动员服务。在当下备战 2008 奥运会期间，美国奥委会已聘用了 5 位全职运动心理学专家，同时还聘用了 10 名以上的兼职运动心理学家在美国多支重点项目的国家队工作，如田径、游泳、自行车、拳击、摔跤等"。这是由于美国运动心理学家在归纳总结出奥运会运动表现的影响因素后，惊讶地发现与运动表现相关的心理方面因素相当广泛和繁多。美国奥委会官员认为，这样的研究结果也在传达一个信息，即运动心理学家有必要，也应该去到奥运会现场，提供临场支持。尽管国际奥运会（IOC）在确认每个国家正式进驻奥运村的人数上有着严格的限制，但美国体育代表团在历届奥运会上都还是从这稀缺的资源中给运动心理学家留出了位置。[1]

巧合的是，这次我们深夜抵达斯普林斯机场时，偶遇从位于加利福尼亚州丘拉维斯塔的另一处美国奥林匹克训练中心赶来参加论坛的美国奥委会运动心理学家 Lindsay Thornton 女士。这次论坛让我们认识了这些全职运动心理学家，领略了他们的学术风采，并与他们进行了广泛深入的交流探讨。

总之，在这里谈及这个问题，一是简要梳理一下中国运动心理学家争取奥运代表团席位的艰难历程；二是思考一下：为什么如此艰难和曲折？除去外界因素，我们能为这些在奥运会上争金夺银的中国运动员做些什么？俗话说：打铁还需自身硬。应该加快提升中国运动心理学应用服务能力，"有为才

---

① 吴陈，刘阳 . 中国心理专家希望随队出征北京奥运 [N]. 中国体育报，2007-4-26.

能有位"。作为 2007 年中国首批运动心理咨询专家，我期待着中国应用运动心理学能为中国竞技体育，特别是参加奥运会，提供更加有效的心理咨询服务，造福于中国运动员。

4.2　奥运会重大比赛的临场心理支持工作

2008 年北京奥运会，美国奥委会原计划派 5 名运动心理学专家随团开展临场心理支持工作，而从这次论坛他们的报告中了解到实际有 4 名运动心理学专家参与，其中包括参加这次论坛的 Peter Haberl 和 Sean McCann。在前面我提到了从 2002 年盐湖城冬奥会就有中国的运动心理学专家随团进行临场心理支持，但是后来一直断断续续，时有时无，运动心理学专家在中国奥运会体育代表团中的地位可能还不及体能教练。

可喜的是，目前人们已经不再谈论奥运会重大比赛临场心理支持工作是否必要，"名额紧张说"也成为历史，而随着认识水平的提升和运动心理学专家服务的成功实践，现在中国运动心理学专家随队参加世界大赛的机会要比以往增加很多，多人出现在中国奥运体育代表团的名单也不再是什么新鲜事。让我们好好珍惜、把握这些机会，为中国教练员和运动员提供有力的心理支持吧！

4.3　小同行之间的交流

国内常见的学术活动是大同行的交流，几十人甚至几百人听专家讲课，结束前仅有的提问交流多是形式重于内容，由于参会收获受到大会形式所限，时间一长也就不愿意再参与这些活动，而久违的小同行交流出现在这次论坛，持续两天双方十余人次的报告与深入研讨，让我感觉不虚此行，已经多年没有这种感受了。由此我想到了建构主义心理学（Psychology in Constructivism）的主要学习方法——合作学习，这种小范围或小组的讨论在仁者见仁、智者见智中可以加深对问题的认识，在参与互动中体验学习与研究的乐趣。

据悉，此次美中应用运动心理学专家学术交流活动事先有约定，原则上不再邀请或接受其他人员参与，仅限于受邀做报告的美中运动心理学专家。

这是一次小范围、高层次的小同行交流。"小同行"是指所从事学科研究方向相同或相近的学者或专家。通常，大同行常见，而小同行难觅。小同行在一起，犹如偶遇"知音"，彼此交流起来很顺畅。国内体育界，特别是运动心理学界，今后还是多举办这样的专题学术研讨活动为好。

4.4　互惠的中美运动心理学双边交流

终于站在了科罗拉多高原上，实现了我儿少时的梦想。在第二天中午短暂的两个小时休会的时段，美方人员驱车带领我们来到科罗拉多山脚下的一处美国国家公园，这里蓝天白云，远处科罗拉多雪山清晰可见，随处都是景色，真是目不暇接。参加此次学术论坛的中美运动心理学专家一起站在高高的山冈之上合影留念，留下这一美好的历史瞬间，科罗拉多雪山见证了这一过程。

在记录这一历史时刻的同时，享受这种学术"大餐"，也强烈意识到中美两个体育强国在运动心理学应用领域中交流的意义与价值所在：互惠、互利。这次"破冰之旅"无疑进一步开启了中美双方在运动心理学领域的高层次学术交流的大门，"大幕已经拉开，好戏还在后面"。最后双方一致约定：两年后让我们相聚在中国北京，继续研讨奥运会心理学，关注 2016 年里约奥运会的备战与参赛。

后 记

在国内运动心理学界，我常被同行称为"年轻人里的老人，老人中的年轻人"。起步虽不算最早，但也不迟，有幸赶上中国运动心理学快速发展的黄金期，并见证和参与了这一重要的历史进程。

我的运动心理学情结源于 1985 年春天，那时正在读大学二年级的我，在学习体育教育专业的同时，逐渐对心理学产生浓厚的兴趣，于是报名参加中国科学院心理研究所函授大学的学习，成为第一批学员，并在此后的两年课余时间里系统学习了心理学的主要课程。这种相当于现在"双学位"的进修为我后来从事运动心理学教学与科研工作打下了坚实的基础。

在运动心理学应用领域，我是一个幸运儿，恰逢其时。1989 年从西南师范大学（现西南大学）运动心理学研究生毕业后，分配到山西省体育科学研究所工作。刚参加工作就被领导派到运动队"下队服务"，一干就是 5 年，成为我国早期为数不多的下队服务运动心理学工作者之一。现在回想起当年的"先驱"往事，不禁要感谢领导的"栽培"，让我有了自己的"试验田"，在具体工作中积累了很多宝贵的实践经验，也思考了很多实际问题，而这些问题让我在后来的教学科研工作中受益匪浅。

1994 年初，我回到母校山西大学任教，在做好教书育人工作的同时，坚持在运动心理学领域探索，先后在《体育科学》和《心理学报》上发表多篇论文，并于 1999 年出版了自己的第一部专著《射箭射击运动心理学》。2001—2004 年在北京体育大学攻读博士学位期间，专注于竞技参赛心理问题研究，完成博士学位论文《我国优势项目高水平运动员参赛风险识别评估与应对》，并在北京体育大学出版社出版，获得第五次高等学校科学研究优秀成果（人文社会科学）三等奖。2005 年 4 月应邀在"中德竞技体育科学研讨会"上做专题报告，分享运动心理应用的点滴经验与体会。2007 年 10 月至 2008

年3月，到英国诺丁汉大学（University of Nottingham）心理学院访学，在体育运动中的社会心理问题上收获满满。2013年10月至2014年3月赴美国肯尼索州立大学（Kennesaw State University）健康促进与体育教育系访学，在应用运动心理学领域学有所获，也促成后来的中美运动心理学家的直接对话，开启了中美应用运动心理学交流的"破冰"之旅。

近些年来我持续关注我国运动员心理健康问题，不断为运动员心理健康"发声"，从当年人们的"误解"到今日同行的关注，再到体育主管部门的重视，所有的努力与回应都在证明"为运动员心理健康而战是值得的"。

"天道酬勤""一分耕耘，一分收获"。目前已在国内一级学会主办的学术刊物上发表论文33篇（《体育科学》29篇，《心理学报》3篇，《教育研究》1篇），在其他CSSCI收录期刊上发表论文一百余篇，出版著作8部。在运动心理教学研究方面，主讲的课程"运动心理理论与应用"于2015年12月入选山西大学首批校级研究生精品课程建设项目名单，申报的项目"《运动心理理论与应用》优质课程建设"于2021年11月被批准为山西省研究生教育教学改革课题（编号：2021YJJG004）。

往事悠悠，回想起来，百感交集。学术研究从某种意义上讲，就是积累，离不开"日复一日，年复一年"一点一滴的积累，积少成多，聚沙成塔，集腋成裘。今天能出版这样一部运动心理学专著，得益于自己三十多年来持之以恒的钻研和坚持不懈的探索。从自身成长过程来看，所谓的捷径就是坚持、坚守、坚定地做好一件事，心无旁骛地投入到自己喜欢做的事中，享受这一过程，体验人生百态。在理论与实践相结合方面，认同"没有理论的实践是盲目的，没有实践的理论是空洞的"。运动心理学是一门应用性学科，不论是教学还是科研，都应坚持学以致用的原则。多年来，我一直秉持学习理论指导实践的理念，竭尽全力解决我国竞技运动实践中的心理问题，反对一切形式的理论空谈，少一些务虚，多一些务实。

本书是按专题形式谋篇布局的，在考虑运动心理学学科理论体系的基础上，进行了必要的扩展与延伸，基本覆盖了当今运动心理学的主要内容。书中很多事例来自运动实践第一线，这些鲜活的材料为本书增色不少。另外，近些年来，我经常为国家和省市一些运动队讲授运动心理专题讲座，与优秀教练员和运动员有过很多交流，书中的一些内容也是为他们讲课时使用的材料。

虽然本书在写作过程中已经尽心尽力，但是限于自身的能力和知识水平，书中在某些方面定有疏漏与商榷之处，敬请批评指正。

最后，我要感谢多年来给予我支持和帮助的专家学者、老师和同学们，特别是美国加州大学默塞德分校教授 Martin Hagger 博士（我在英国诺丁汉大学心理学院访学期间的合作导师），美国肯尼索州立大学王晋（Jin Wang）教授，华东师范大学季浏教授，北京体育大学张力为教授、毛志雄教授、迟立忠教授，浙江大学王进教授，上海体育学院周成林教授，扬州大学颜军教授，首都体育学院李京诚教授，天津体育学院姚家新教授、孙延林教授等；感谢我的本科毕业论文指导教师刘崇庚先生、硕士生导师杨宗义先生、博士生导师田麦久先生、博士后合作导师郭贵春先生；感谢我指导的研究生游茂林、何素艳、周浩、马虹、刘洋、张云和王婷等同学整理相关资料和参与校对工作，同时感谢山西人民出版社责任编辑的辛勤劳动。

石岩

2022 年 2 月于太原